· 大地测量与地球动力学丛书 ·

地震大地测量学进展与典型应用

单新建　屈春燕　宋小刚　张国宏　编著

科学出版社

北　京

内 容 简 介

大地测量技术是地震监测的主要手段之一，可实现不同尺度地壳运动时间演化过程提取，有助于对现今地壳形变特征及构造运动方式进行运动学与动力学方面的定量研究和解释，为地震危险性分析提供依据。本书系统阐述现代大地测量学中代表性技术的原理及其在地震监测领域的典型应用和关键技术，首先介绍地震大地测量学的最新进展；其次对以合成孔径雷达干涉测量和全球导航卫星系统为代表的地震大地测量技术原理及形变提取方法进行阐述；最后分地震同震、震间、震后不同阶段，以及临震预警和断层长期运动学特征研究等方面，给出典型应用示范和相关关键技术。本书内容涵盖作者在该领域取得的多年研究成果，具有系统性、新颖性和前沿性。

本书可作为从事地震大地测量学、地球物理学、地震动力学，以及地壳形变及动力学等相关领域研究的科研人员和相关专业研究生的参考用书。

图书在版编目（CIP）数据

地震大地测量学进展与典型应用 / 单新建等编著. -- 北京：科学出版社，2025.6. -- (大地测量与地球动力学丛书). -- ISBN 978-7-03-081800-3

I. P22

中国国家版本馆 CIP 数据核字第 2025CL1928 号

责任编辑：杜　权/责任校对：高　嵘
责任印制：徐晓晨/封面设计：苏　波

科 学 出 版 社 出版

北京东黄城根北街 16 号
邮政编码：100717
http://www.sciencep.com

北京中科印刷有限公司印刷
科学出版社发行　各地新华书店经销
*

开本：787×1092　1/16
2025 年 6 月第 一 版　　印张：14 3/4
2025 年 6 月第一次印刷　　字数：375 000

定价：228.00 元
（如有印装质量问题，我社负责调换）

"大地测量与地球动力学丛书"序

　　大地测量学是测量和描绘地球形状及其重力场并监测其变化的一门学科，属于地球科学的一个重要分支。它为人类活动提供地球空间信息，为国家经济建设、国防安全、资源开发、环境保护、减灾防灾等领域提供重要的基础信息和技术支撑，为地球科学和空间科学的研究提供基准信息和技术支撑。

　　大地测量学的发展历史悠久，早在公元前 3000 年，古埃及人就开始了大地测量的实践，用于解决尼罗河泛滥后的土地划分问题。随着人类对地球认识的不断深入，大地测量学也不断发展，从最初的平面测量，到后来的弧度测量、天文测量、重力测量、水准测量等，逐渐揭示了地球的形状、大小、重力场等基本特征。17 世纪以后，随着牛顿万有引力定律的提出，大地测量学进入了一个新的阶段，开始开展以地球为对象的物理研究，包括探索地球的内部结构、密度分布、自转运动等。20 世纪以来，随着空间技术、计算机技术和信息技术的飞跃发展，大地测量学又迎来了一个革命性的变化，出现了卫星大地测量、甚长基线干涉测量、电磁波测距、卫星导航定位等新技术，形成了现代大地测量学，使得大地测量的精度、效率、范围得到了前所未有的提高，同时也为地球动力学、行星学、大气学、海洋学、板块运动学和冰川学等提供了基准信息。现代大地测量学与地球科学和空间科学的多个分支相互交叉，已成为推动地球科学、空间科学和军事科学发展的前沿科学之一。

　　我国的大地测量学及应用有着辉煌的历史和成就。1956 年我国成立了国家测绘总局，颁布了大地测量法式和相应的细则规范。20 世纪 70~90 年代开始建立国家重力网，2000 年完成了国家似大地水准面的计算，并建立了 2000 国家大地坐标系（CGCS2000）及其坐标基准框架，为国家经济建设和大型工程建设提供了空间基准。2019 年以来，我国大地测量工作者面向国家经济发展和国防建设发展需求，顺利完成了多项有影响力的重大工程和研究工作：北斗卫星导航系统于 2021 年 7 月 31 日正式向全球用户提供定位、导航、定时（PNT）服务和国际搜救服务；历尽艰辛，综合运用多种大地测量技术，于 2020 年 12 月完成了 2020 珠峰高程测量；突破系列卫星平台和载荷关键技术，于 2021 年成功发射了我国第一组低-低跟踪重力测量卫星；于 2023 年 3 月成功发射了我国第一组低-低伴飞海洋测高卫星；初步实现了我国海底大地测量基准试验网建设，研制了成套海底信标装备，突破了海洋大地测量基准建设系列关键技术。

　　为了更好地推动我国大地测量学科的发展，中国科学院于 1989 年 11 月成立了动力大地测量学重点实验室，是中国科学院从事现代大地测量学、地球物理学和地球动力学交叉前沿学科研究的实验室。实验室面向国家重大战略需求，瞄准国际大地测量与地球动力学学科前沿，以地球系统动力过程为主线，利用现代大地测量技术和数值模拟方法，开展地球动力学过程的数值模拟研究，揭示地球各圈层相互作用的动力学机制；同时，发展大地测量新方法和新技术，解决国家航空航天、军事测绘、资源能源勘探开发、地质灾害监测及应急响应等方面战略需求中的重大科学问题和关键技术问题。2011 年，依托中国科学院测量与地球物理研究所（现中国科学院精密测量科学与技术创新研究院），科学技术部成立了大地测量与地球动力学国家重点实验室，标志着我国大地测量学科的研究水平和国际影响力达到了一个新的高度。围绕我国航空航天、军事国防等国民经济建设和社会发展的重大需求，大地测量与地球动力学学科领域的专家学者对重大科学和技术问题开展综合研究，取得了一系列成果。这些最新的研究成果为"大地测量与地球动力学丛书"的出版奠定了坚实的基础。

本套丛书由大地测量与地球动力学国家重点实验室组织撰写，丛书编委覆盖国内大地测量与地球动力学领域 20 余家研究单位的 30 余位资深专家及中青年科技骨干人才，能够切实反映我国大地测量和地球动力学的前沿研究成果。丛书分为重力场探测理论方法与应用，形变与地壳监测、动力学及应用，GNSS 与 InSAR 多源探测理论、方法应用，基准与海洋、极地、月球大地测量学 4 个板块；既有理论的深入探讨，又有实践的生动展示，既有国际的视野，又有国内的特色，既有基础的研究，又有应用的案例，力求做到全面、权威、前沿和实用。本套丛书面向国家重大战略需求，可以为深空、深地、深海、深测等领域的发展应用提供重要的指导作用，为国家安全、社会可持续发展和地球科学研究做出基础性、战略性、前瞻性的重大贡献，在推动学科交叉与融合、拓展学科应用领域、加速新兴分支学科发展等方面具有重要意义。

本套丛书的出版，既是为了满足广大大地测量与地球动力学工作者和相关领域的科研人员、教师、学生的学习和研究需求，也是为了展示大地测量与地球动力学的学科成果，激发读者的思考和创新。特别感谢大地测量与地球动力学国家重点实验室对本套丛书的编写和出版的大力支持和帮助，同时，也感谢所有参与本套丛书编写的作者，为本套丛书的出版提供了坚实的学术基础。由于时间仓促，编写和校对过程中难免会有一些疏漏，敬请读者批评指正，我们将不胜感激。希望本套丛书的出版，能够为我国大地测量与地球动力学的学科发展和应用贡献一份力量！

中国科学院院士

2024 年 1 月

我国是一个大震频发、地震灾害十分严重的国家，世界上约 35% 的 7 级以上大陆地震发生在我国，20 世纪全球因地震死亡的 120 余万人中，我国约占 59 万人。因此，加强地震监测预测研究、最大限度地减轻地震灾害一直是防震减灾的首要任务，也是社会的迫切需求。我国处在欧亚板块的东部，欧亚板块与周边印度板块、太平洋板块和菲律宾海板块的相互作用，以及欧亚板块内部的复杂地球动力学过程造就了我国大陆地区的活动构造格局，其中最显著的特征之一就是发育了一系列活动断裂，将中国大陆切割成不同级别的活动块体，而这些活动断裂及其围限的活动块体则控制着中国大陆强震的空间展布模式。研究表明，绝大部分的强震都发生在活动块体的边界断裂上，因此活动断裂带是地震孕育发生的载体。

地震的孕育、发生就是断裂带内地壳应力应变长期积累、突然破裂瞬间释放以及震后调整恢复再积累的周期过程，通常将地震周期分为震间（广义上包含震前阶段）、同震和震后三个阶段。震间阶段是断层周围地壳弹性应变不断积累、断层闭锁的阶段，时间尺度为数十年、数百年甚至数千年。同震阶段是地震成核、断层破裂传播以及终止的阶段，时间尺度为数十秒，同震破裂能够释放大部分震间的应变积累，但也会对周边的断层施加新的应力扰动。震后阶段是地震同震破裂终止后断层继续缓慢蠕动，同震应力扰动逐渐释放、松弛的阶段，时间尺度为数月、数年或数十年。在震间-同震-震后不同阶段的孕震区或断裂带均伴随着不同量级和不同时空演化模式的地壳形变，长期以来，人们一直试图通过各种大地测量手段来捕捉控制地震活动行为的这种地壳构造形变信号，从而认识地震的孕育发生过程及动力学机制。近 30 多年来，卫星大地测量技术的迅猛发展和广泛应用为地震周期形变观测研究带来了前所未有的崭新技术途径。

在地震监测和构造运动研究中，合成孔径雷达干涉测量（InSAR）和全球导航卫星系统（GNSS）等空间大地测量技术已经成为不可或缺的技术手段。这些技术能够精确获取不同空间尺度下与不同地震周期阶段的地壳运动及其随时间的演化过程，为定量研究和解释现今地壳形变特征和构造运动机制提供了重要依据。这些研究不仅为地震危险性分析提供了科学支撑，也在地震灾害减轻和防灾减灾工作中发挥着关键作用。随着 InSAR 数据的持续积累和 GNSS 观测站点的不断加密，空间大地测量技术在地震监测与研究中展现出无可替代的优势，已成为揭示地震周期各阶段地壳形变的重要工具。这些技术的进步极大地提升了在地壳形变监测中的精度、覆盖范围以及时间连续性。通过对地表位移的毫米级精确监测，空间大地测量技术能够捕捉从局部构造运动到大区域地壳变形的完整过程，为地震学和构造地质学的研究提供前所未有的技术支持。

在同震阶段，地壳形变具有瞬时、破坏性强且影响范围广的特征。在地震预警系统中，高频 GNSS 技术发挥着关键作用。相比传统的地震监测方法，GNSS 技术能以更高的时空分辨率实时捕捉震源的运动特征，并通过精确估算震级和断层破裂过程快速定位震中。这为地震预警系统提供了强有力的数据支持，显著提高了地震响应的时效性和准确性。与此同时，InSAR 技术凭借其高空间分辨率和广域覆盖能力，能够精确、快速地捕捉地震发生时地表大范围的形变分布，进而为震后应急工作快速、高效地展开提供关键支撑。此外，通过这些数据，学者能够重建震源破裂过程，深入分析断层的滑动分布、破裂规模及扩展特征，这对理解地震动力学机制和未来地震风险评估具有重要意义。尤其是在偏远或地形复杂的地区，传统的地面观测手段往往难以覆盖，而 InSAR 技术有效地弥补了这些观测盲区，极大地提升了地震形变监测的全面性和准确性。

震后阶段的形变往往是时间依赖性的，受到多种机制的共同作用，包括余滑、黏弹性松弛以及孔隙弹性回弹等。其中，余滑是同震破裂面浅部未破裂部分的继续滑动或沿断层面延伸的滑动；黏弹性松弛是同震破裂引发的应力扰动导致深部黏弹性物质流动；孔隙弹性回弹通常被认为是地震前后孔隙流体发生运移而产生的局部垂直形变。InSAR 与 GNSS 能够长期、持续监测震后地表形变，精确揭示断层及其周围地壳的缓慢恢复过程。通过对震后形变场的精细模拟，可以有效分离不同机制的震后形变信号，进一步深入了解地壳结构、深部物理参数以及地震周期中的关键机制。

在震间阶段，InSAR 和 GNSS 等大地测量技术能够获取断层两侧近场区域的震间形变场及应变率场。GNSS 技术凭借其高精度，能够提供大范围的三维形变数据，揭示广域应变速率的主要特征，帮助识别潜在的高应力积累区域，从而为地震危险性分析提供关键依据。InSAR 技术则凭借其广域覆盖能力，能够有效补充 GNSS 技术局部观测的不足，全面捕捉断层的形变信息。二者组合有助于识别震间阶段断层的闭锁区和滑动区，进而更准确地评估断层的潜在地震危险性。通过对震间形变场的模拟，能够为活动断层的深部运动学参数提供定量化约束，从而加深对断层震间滑动速率、闭锁程度、滑动亏损分布及应力应变积累状态的理解。

高分辨率影像技术在断层长期构造形变的判别与提取方面同样具有重要作用。通过高精度的三维地形重建和形变观测，可以实现真三维下的"类实地"断层精细三维几何和运动参数提取，同时进行水平位错和垂直位错的定量量测，能够定量化识别断层活动的长期积累形变，从而揭示地壳运动的复杂性，准确把握地震破裂模式和复发行为。结合断错构造地貌特征的细致分析，高分辨率影像数据为断层构造的几何学和运动学研究提供了更加清晰的图景。

多源数据的融合应用为解剖地震孕育过程提供了全新的手段。通过结合 InSAR、GNSS、光学影像、地震波形等多种数据源的综合分析，能够更加全面、精细地揭示地震周期中各个阶段的形变规律。不同数据源在时间分辨率、空间分辨率和监测精度上各具优势，彼此相辅相成，为地震活动的全局性理解提供了多维度的信息支持。多源数据的联合分析使学者有望构建"透明地壳"模型，将地壳内部的构造运动和应力变化可视化。这不仅能更加直观、清晰地了解地壳在地震孕育、发生及恢复过程中的形变演化，还揭示了潜在的应力集中区域和断层闭锁状态，从而使地震孕育的隐蔽过程不再"隐形"。通过多源数据融合，可以捕捉到更为复杂的地壳内部动力学过程，实现对震前应变累积、震中破裂扩展及震后恢复的精细化描述。这种多维度的数据整合与分析，为深入理解地震的触发机制及预测未来地震提供了强有力的科学依据。

本书系统地总结现代地震大地测量技术的最新进展，并通过大量的典型应用展示了这些技术在地震周期不同阶段的地壳形变监测中的实际应用效果。书中提供的丰富案例与技术细节，可为读者提供深入理解和应用这些技术的指导。本书具有较强的系统性和前沿性，不仅适合从事地震大地测量学、地球物理学和地震动力学等领域研究的科研人员和研究生阅读，而且可以为地壳形变和构造运动学的研究者提供实践性建议。

本书第 1 章由单新建、屈春燕、张国宏、宋小刚、李彦川、韩娜娜和高志钰等编撰；第 2 章由龚文瑜、刘云华、李彦川、赵德政、李成龙、华俊等编撰；第 3 章由张迎峰、单新建、赵德政、李成龙等编撰；第 4 章由刘云华、宋小刚、龚文瑜、李彦川等编撰；第 5 章由屈春燕、赵德政、张国宏、单新建等编撰；第 6 章由宋小刚、韩娜娜、单新建等编撰；第 7 章由李彦川、单新建、高志钰等编撰；全书由宋小刚、单新建、屈春燕、张国宏等统稿，由单新建审核检查定稿。焦中虎、范晓冉、张俊杰、穆晓亮、王兴艳、成帅帅等在书稿资料收集、整理、编辑和图件绘制过程中提供了帮助。

受研究深度和作者水平所限，书中难免存在不足之处，敬请读者批评指正。

作　者

2024 年 9 月 28 日

目 录

地震大地测量学进展

1.1 概　　述

地震大地测量学（earthquake geodesy）又可以称为"地壳形变大地测量学"（crustal deformation geodesy），是将大地测量学与固体地球物理学、地质学、力学、遥感学等相结合形成的当代前沿交叉新学科。地震大地测量学集成多种最先进的天、地观测技术，构建整体动态监测系统，空间尺度可达全球，时间尺度达到几秒至几十年，可揭示地壳形变及耦合的多种物理量及力学变化。

我国地震大地测量学的形成开始于 1962 年新丰江水库地震，地质学家将水准测量、激光测距、三角网测量与重力测量等结合应用于地震产生的地壳形变及重力变化监测上，开启了我国动态大地测量学篇章，促进了地震大地测量学发展。而后在多次大地震实战中，这套基于力学的地震监测手段发挥了重要的作用，也积累了多次失败经验，并尝试建立交叉学科来探索新理论和新技术。20 世纪 80～90 年代，观测技术取得了革命性进展，我国建立了地震监测台网，并在地壳运动和地球动力学以及地震研究中取得了大量成果，地震大地测量学逐步形成。1988 年我国建立了第一个全球定位系统（global positioning system，GPS）网，推动了 GPS 的应用，20 世纪末我国建成了"中国地壳运动观测网络"，标志着我国地震大地测量学开始向成熟发展。自 21 世纪初以来，全球定位技术已逐步演进为更精确的全球导航卫星系统（global navigation satellite system，GNSS），同时空间对地观测技术——合成孔径雷达干涉测量（interferometric synthetic aperture radar，InSAR）技术的出现实现了与 GPS 的互补，InSAR 空间连续，时间不连续，GPS 时间连续，空间不连续。在汶川等大地震的考验和启示下，地震大地测量学完成了统一框架、整合观测手段，并实现了探索地震背后的科学问题及演化规律，标志着我国地震大地测量学正式形成。

地震大地测量学的基础是观测技术和观测系统。近 30 多年来，InSAR 和 GPS 作为现代大地测量技术，在地震形变监测领域得到了迅速发展和应用，同时高频全球导航卫星系统在地震预警方向具有重要前景，高分辨率数字高程模型（digital elevation model，DEM）断层形变监测技术也随着高分辨率卫星分辨率的提高取得了更好的成果。这些观测技术的发展离不开观测系统的不断进步。我国在观测技术和系统上的创新取得了重要进展，包括多型号宽频带地震仪和重力仪等，国产高分辨率卫星已达到世界先进水平。而我们也在努力将地震大地测量学多种观测手段的观测结果放入统一的参考框架下，尝试相互验证、补充、融合。

地震大地测量学的主要研究思路是通过对数据的处理实现模拟运动学模型并预测未来演化机制，从而实现对地震的理解认识及预测。研究的基本途径是观测—理解—模型与模拟—预测与检验—试验。在研究过程中需要灵活创新地组合各种研究方法并结合多种数据来建模和预测。因此地震大地测量学目前已经发展为与地震学、地球物理学、地质学等实现互补的新学科，在大陆地壳运动及地球动力演化、地震灾害形成过程与预测预警等方面起到了不可替代的作用。

现今地震大地测量学主要使用大地测量学手段精细观测断裂带震间、同震和震后地壳形变时空微动态变化特征，准确识别断层带闭锁段应力、应变积累状态，进而对断裂带变形演化特征、孕震过程及发震机制进行深入认识，并为强震危险性预测提供重要依据。

中国地震局地质研究所地壳形变研究室团队以地震周期形变研究为主，多年来拥有大量的地震大地测量研究经验，并在 GNSS、InSAR、高分辨率 DEM 等技术方向取得了大量先进成果，并形成了系统性的研究经验体系。

本章将从 InSAR 地震形变监测研究进展、GNSS 地震形变监测研究进展、高频 GNSS 地震预警研究进展及高分辨率 DEM 断层形变研究进展 4 个方面展开，分别讲述这四种技术方法的发展历程及最新进展等。

1.2 InSAR 地震形变监测研究进展

合成孔径雷达干涉测量（InSAR）技术自 20 世纪 90 年代引入地震监测领域以来，已成为分析地震形变的核心工具之一，它是利用从卫星或飞机发射的雷达信号反射回来的数据，通过干涉处理来测量地表的微小位移。这种技术的出现和发展不仅极大提升了对震间、同震和震后地表形变的监测能力，也为地震周期形变的研究提供了新的视角。

最初，InSAR 技术的应用主要集中在地震同震地表形变监测上。在 1992 年的洛杉矶北部 Landers 地震后，研究人员首次利用 InSAR 技术分析了大规模地震的形变。这一时期，InSAR 技术的主要贡献在于验证其在同震地表形变分析中的有效性，通过高精度的形变数据揭示了断层滑移和地震影响区域。这些早期应用为 InSAR 技术的发展奠定了基础，推动了其在地震形变监测中的应用。

进入 21 世纪初，InSAR 技术的研究和应用进入了新的阶段。随着遥感卫星技术的发展，特别是如 ERS-1、ENVISAT 和 RADARSAT 系列卫星的发射，InSAR 技术的空间分辨率和时间分辨率得到了显著提升。在这一阶段，数据处理技术的进步也为 InSAR 的应用提供了更多可能性。相位解缠和大气效应校正技术的改进，使在复杂地形和不稳定大气条件下的数据处理变得更加可靠。同时，时域 InSAR 技术的引入，使研究人员能够从长时间序列中提取地表形变的长期趋势和周期性特征。这些技术的进步不仅扩展了 InSAR 在同震地表形变分析中的应用，也为震间和震后形变监测提供了支持。

近十多年，InSAR 技术的最新进展为地震形变监测带来了新的机遇。随着新一代高分辨率合成孔径雷达（synthetic aperture radar，SAR）卫星（TerraSAR/TanDEM-X、COSMO-SkyMed 星座、Radarsat 2、ALOS-2 等）的发射，SAR 观测能力向着多极化、多模式、多波段、多角度、星座联合、广域覆盖的方向发展，特别是欧洲空间局 Sentinel-1 A/B 卫星发射后，其全球数据免费共享的政策掀起了新一波 InSAR 技术发展的高潮，开发和应用的深度和广度被不断拓展。在 SAR 大数据时代背景的驱动下，InSAR 理论与方法不断创新，技术场景适应能力显著增强，这些新技术提高了对震间、同震和震后地表形变的检测能力，并增强了对地震周期形变的研究。同时，深度学习和人工智能的应用在 InSAR 数据处理和解译中发挥了重要作用，通过自动化的处理和分析，提升了数据的处理效率和准确性。此外，实时监测系统的建立有助于地震发生后的地表形变的快速响应，为震后救援和灾后恢复提供及时的信息。

目前高分辨率 InSAR 同震形变场不仅可以揭示地震破裂过程中的复杂地表运动特征，还可以通过融合 GPS 和地震波数据，实现对地震过程的动态分析和精细建模（Ren et al.，2024）；精细的震间 InSAR 形变观测可以清晰展现区域变形的整体趋势性和断层运动的局部差异性，从而能够精确定位断层能量积累区，提高断层发震潜能评估的准确度（Huang et al.，2022）；而震后高精度 InSAR 形变时间演化图像为复杂的断层震后形变机制及岩石圈流变属性研究提供了关键性的约束（Zhao et al.，2021）。

随着 SAR 卫星遥感技术的不断进步和 InSAR 技术的持续改进，可以预期其在地震形变研究中的应用将会更加广泛和深入。未来的发展趋势包括但不限于以下几点：结合人工智能和大数据分析技术，提高 InSAR 技术大范围高精度地壳形变场获取能力，推动多源数据融合和多尺度观测方法，构建新一代三维地壳运动速度场；加强地震运动学和动力学模型与 InSAR 观测数据的结合，实现对地震全周期过程的多维度、多尺度解析；深入研究地球物质的力学特性和地下断层结构，为地震周期形变的物理机制提供更深层次的理解；发展实时 InSAR 监测系统，促进 InSAR 在地震预警、风险评估和灾后应急管理等领域的应用。

总体而言，InSAR 技术在地震形变监测中的发展历程显示了其在震间、同震和震后地表形变分析中的重要作用。特别是在地震周期形变研究方面，InSAR 技术的应用不仅揭示了地震活动的复杂性，还为地震形变机制认识、地壳流变属性研究以及地震预测、风险评估和灾后恢复提供了宝贵的数据和理论支持。随着 InSAR 技术的持续进步，InSAR 的数据产品与服务开始向着工程化、业务化方向迈进，这将为全球-洲际-国家-区域-局域多尺度下的环境、资源与灾害问题的科学研究和产业应用提供丰富的基础数据资源和强有力的技术支撑，其在全球范围内的地震监测能力也将不断增强。

1.3　GNSS 地震形变监测研究进展

我国的 GNSS 地壳运动观测发展始于国际合作交流。在 1988 年，与德国合作在滇西地震试验场沿红河断裂带两侧布设了 16 个 GPS 观测站；在 1991 年，与美国合作在青藏高原东部及邻区布设了 27 个 GPS 观测站；在 1991 年，与美国、意大利合作完成了跨喜马拉雅 GPS 观测合作项目，建立了一批 GPS 观测站。这些国际合作，开启了我国 GPS 地壳运动观测的先河，也为我国后期自主进行 GPS 地壳运动观测奠定了基础（甘卫军，2021）。

1992 年国家攀登计划"现代地壳运动和地球动力学研究"项目在青藏高原部分地区进行了 GPS 试联测，并于 1994 年扩展建成了包含 22 个 GPS 观测站的全国性"中国地壳运动 GPS 监测网"（甘卫军，2021；王敏和沈正康，2020；朱文耀 等，1997；王琪 等，1996）。在之后的十多年里，逐渐建立了局域性的华北（42 个）（李延兴 等，1994）、新疆天山（15 个）（王琪 等，2000）、青藏高原（16 个）（蔡宏翔 等，1997；游新兆 等，1994）、河西走廊（29 个）（黄立人和马青，2003）、福建沿海（12 个）（刘序俨 等，1999）、山西地堑（40 个）（杨国华 等，

2000）、首都圈（57 个）（李延兴，1996）和滇西等 GPS 观测网（甘卫军，2021；王敏和沈正康，2020；刘经南和刘晖，2003）。随后在 1996～2001 年实施的重大科学工程"中国地壳运动观测网络"（简称"网络工程"），建成了 27 个连续观测基准站、56 个定期观测区域站和 1000 个不定期观测区域站，比较完整地给出了我国地壳变形图像（张锐 等；2013；Li et al.，2012；王敏 等，2003；牛之俊 等，2002；Wang et al.，2001）。2008～2011 年，在"中国地壳运动观测网络"的基础上，实施了"中国大陆构造环境监测网络"（简称"陆态网络"），新建了 233 个连续观测基准站和 1000 个定期观测区域站，测站密度大幅提高，并具备一定的动态监测能力（甘卫军，2021；王敏和沈正康，2020）。除此之外，全国各地区的一些行业部门，如中国气象局、自然资源部、国家海洋局、中国移动通信集团有限公司等，均建立了各自的连续 GNSS 观测站。

随着我国地壳运动观测 GNSS 观测站点数量和观测时间跨度的逐渐积累，科学家对我国现今地壳运动和构造形变的运动学特征有了逐渐清晰的认识，这也为探索青藏高原隆升扩展的地球动力学机制和构造形变模式提供基础数据（Hao et al.，2021a，2021b；王敏和沈正康，2020；Wang and Shen，2020；Su et al.，2019；Yu et al.，2019；Zheng et al.，2017；Liang et al.，2013；Gan et al.，2007）。利用现有 GNSS 测站数据获取相对稳定的欧亚板块中的中国大陆及其邻区现今地壳运动图像，可以看出，我国大陆活动构造主要受印度板块向北推挤作用控制。

目前正在稳步推进的川滇"地震科学试验场"项目，已在川滇地区加密布设了 360 个 GNSS 观测站（甘卫军，2021）。而在即将实施的下一步规划设计中，还将在川滇地区加密布设近 400 个 GNSS 观测站（图 1.1），这将为该区域地震科学观测、地震监测预测、地球动力学研究、强震预警等提供重要的数据支撑（甘卫军，2021）。

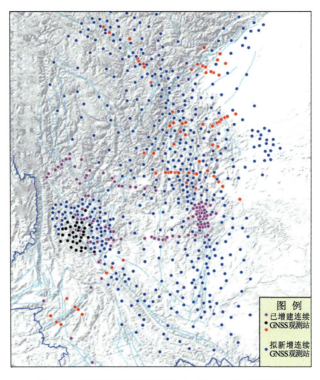

图 1.1 "地震科学试验场"加密 GNSS 观测站

此外，我国自主研发的北斗导航卫星系统（BeiDou navigation satellite system，BDS）于2020年建成并开始向全球提供服务（谭述森，2018；杨元喜，2010），如何提高其在防灾减灾领域的应用是目前关注的焦点。梳理国内外采用BDS数据开展地壳形变研究的现状，总结BDS数据的定位精度，并归纳出融入BDS数据的GNSS地壳形变监测需要进一步解决、有待拓展的关键问题如下所示。

（1）目前国内外基于GPS数据开展了大量的地壳形变监测研究，而基于BDS开展的形变研究大都处于试验验证阶段。已有结果均表明，BDS定位精度与GPS相当，且融合BDS后的多系统组合方式获取的点位精度优于单系统（Nie et al.，2020；施闯 等，2017；叶世榕 等，2016；Li et al.，2015）。急需扩展BDS地壳形变监测的内涵，采用GPS与BDS双模或多模算法提高形变解算精度。

（2）开展BDS实时形变监测与应用，是拓展BDS在地壳形变领域的重要途径。2015年尼泊尔M_w7.8地震（Geng et al.，2016）、2017年九寨沟M_w6.5地震（Li et al.，2019）与2021年玛多M_w7.3地震（柴海山 等，2022；Fang et al.，2022；Zang et al.，2022；Zheng et al.，2022）为BDS数据实时地表形变监测提供了实例，同时也表明BDS在有遮挡的区域定位精度优于GPS。尽管大地震在青藏高原复发周期较长，但滑坡、泥石流等地质灾害频发，且这些地质灾害往往发生于观测条件薄弱的山区，将BDS应用于灾害早期识别具有比GPS更大的优势。因此，迫切需要拓展BDS实时形变监测在地质灾害早期识别中的应用。

（3）BDS数据实时处理算法、事后高精度数据处理算法及解算软件相对滞后。相较于成熟的GPS数据解算算法，BDS轨道卫星不同，观测数据为三频信号，导致数据处理算法尤其是卫星轨道、钟差模型、周跳探测修复等尚有改进空间。此外，尽管国际上公认的GNSS高精度处理软件（如GAMIT）已经可以兼容解算BDS数据，但该软件中天线相位中心改正、太阳光压等相关误差改正模型还不够完善（李良发，2019）。因此，迫切需要开发相关数据处理算法及软件系统，切实推进BDS在高精度形变监测领域的应用（高志钰 等，2022）。随着多模GNSS在使用性能、可用性、现代化和综合应用等方面的不断改进和发展，多GNSS将成为地球观测和未来应用的一个里程碑（Jin et al.，2022）。

1.4　高频 GNSS 地震预警研究进展

我国大陆地区是全球地震高发区域之一，陆地面积仅占全球的约十四分之一，但在20世纪，全球约三分之一的内陆破坏性地震发生在我国大陆地区。在地震预报难以在短期内取得突破的情况下，地震监测预警关键技术研究和应用成为防震减灾重要内容，而其涉及的地震参数和破裂过程的快速确定也是地震预警中的重要内容之一。随着地震观测技术的进步、数据实时传输能力的提高和计算机处理速度的增强，实时地震学取得了很大的进步。人们已经开始将地震记录的处理时间由震后的数分钟内完成，逐步提前到震后数秒内完成。如果地震信息能在10 s内处理完成，利用电磁波比P波速度快，以及P波比破坏力大的S波速度快的特点，就可以开始向用户发送震源参数、烈度分布等地震信息（Kamigaichi，2004；Allen and Kanamori，2003；Wu，2002；Nakamura，1988），这也就是地震预警（earthquake early war-ning，EEW）。

1.4.1 基于高频 GNSS 的地震预警系统研究进展

Cooper（1868）最先提出了建立地震早期预警系统的构想，直至 20 世纪 60 年代，日本开始发展基于地震学的紧急地震监测和预警系统（urgent earthquake detection and alarm system，UrEDAS），并于 1992 年建成，之后逐渐升级完善；自 2007 年开始运行 EEW 系统，并向公众和高级技术用户发送有关即将发生强地面运动的信息（Hoshiba et al.，2008）。但该系统在日本东北冲（Tohoku-Oki）$M_w9.0$ 地震中暴露出震级被严重低估的问题：在震后 22.6 s 第一次处理震级仅为 4.3 级；在震后 25.8 s 向公众发布第一次预警信息时，预警震级为 7.2 级；在震后 39.4 s 发布第二次预警信息时，预警震级为 7.6 级；在震后 82.3 s 发布第三次预警信息时，预警震级为 7.9 级；在震后 122.2 s 后，震级才为 8.1 级；在震后 75 min 后，日本气象厅（Japan Meteorological Agency，JMA）将震级提升为 $M_w8.4$，3 h 后更改为 $M_w8.8$。Tohoku-Oki $M_w9.0$ 地震后，Kodera 等（2021）总结了日本目前正在运行的 EEW 系统的缺陷及以后的发展趋势，并克服点源算法的限制，进一步提高 EEW 系统性能。图 1.2 为 2011 年 Tohoku-Oki $M_w9.0$ 地震地震学方法与高频 GNSS 方法确定的震级与发布时间对比（Colombelli et al.，2013）。

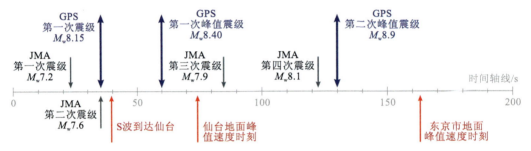

图 1.2　2011 年 Tohoku-Oki M_w 9.0 地震地震学方法与高频 GNSS 方法确定的震级与发布时间对比

起始时刻（0 s）为发震时刻；黑色箭头表示地震学方法确定的震级与时刻；蓝色双向箭头表示高频 GNSS 方法确定的震级与时刻；红色箭头分别表示仙台市（Sendai）S 波到达时刻、仙台市与东京市（Tokyo）峰值地动速度到达时刻

ElarmS 系统（Chung et al.，2019，2020；Brown et al.，2011；Allen et al.，2009）是目前覆盖美国加利福尼亚州的基于地震学的实时地震系统，该系统可以在灾害性地表运动之前几十秒发布预警信息，为震中附近地区提供服务（刘晓东 等，2019）。类似的基于地震学的预警系统还有墨西哥的 SAS、SASO 与 SASMEX（Santos-Reyes，2019；Suárez et al.，2018；Cuéllar et al.，2017；Espinosa-Aranda et al.，2011）、意大利南部的 Presto（Zollo et al.，2014，2009；Satriano et al.，2008）、以色列的 TRUAA（Nof et al.，2021；Nof and Kurzon，2020；Kurzon et al.，2020），以及智利（Lancieri et al.，2011）、中国（Peng et al.，2022，2021，2020，2019）等国家的预警系统。通过大量研究（Strauss and Allen，2016；Gasparini et al.，2011；Kamigaichi et al.，2009），这些基于地震学的预警系统的需求和实用性都得到了有效证实。然而这些基于地震学的预警系统主要依赖于来自宽频地震仪或强震动加速度计的地震数据，通常使用地震发生后前几秒的 P 波数据，计算得到 P 波触发时间、P 波地表峰值位移（peak displacement，P_d）或卓越周期（τ_p^{max}）、有效周期（τ_c）和信噪比，进一步快速确定事件的震级、震源位置和发震时刻，转而预测震中区域附近的地面运动状况（Crowell et al.，2018；Peng et al.，2017；Wu and Zhao，2006a；Allen et al.，2003）。此外，仪器在近场强震（如震

级大于 7）会出现振幅饱和现象，震级会被明显低估（Shu et al.，2018；Brown et al.，2011；Bilich et al.，2008；Wu et al.，2006b；Cassidy et al.，2004；Larson et al.，2003）；并且由于仪器的旋转和倾斜，在将加速度或速度向位移积分时可能会造成基线漂移和噪声放大的现象（Shu et al.，2018；Trifunac et al.，2001）。

在 2011 年日本 Tohoku-Oki M_w9.0 地震后，Colombelli 等（2013）利用距离震中 120～600 km 范围内的 847 个高频 GNSS 测站数据进行地震预警，在震后 39 s 获取的第一次震级为 M_w8.15；震后 60 s 时震级达到 M_w8.40，震后 80～90 s 时震级出现第二次抬升，震后 100 s 时震级达到 M_w 8.64，直到震后 120 s 时震级达到 M_w8.9（图 1.2），已经完全接近真实震级。近年来高频 GNSS 技术取得了突飞猛进的发展，观测频率已逐渐升级为 1～50 Hz，这使地震学数据与大地测量学数据之间的差异变得更加模糊，从而使高频 GNSS 技术在地震预警中的应用潜力得到广泛认识并成为研究热点。在地震预警中使用高频 GNSS 技术，可以在 S 波到达后提供静态位移，在快速确定震级和反演断层滑动分布时的精度更高，并且可以作为常规方法的一种有效补充（Allen and Melgar，2019；Ruhl et al.，2019，2017；Murray et al.，2018；Melgar et al.，2015a；Grapenthin et al.，2014；Crowell et al.，2009）。尽管实时处理的 GNSS 数据较测震仪数据具有明显的噪声（水平向约为 1 cm，垂向为 3～5 cm，Genrich and Bock，2006），但它已被证明可以在近场可靠地捕捉 M_w 6.0 以上地震的地面运动（Melgar et al.，2015b；Geng et al.，2013）。各国正逐渐将实时高频 GNSS 数据引入地震预警系统，如美国研发的 BEFORES（Minson et al.，2014）、GlarmS（Grapenthin et al.，2014）、G-FAST（Crowell et al.，2016），美国地质调查局（United States Geological Survey，USGS）正在研发的 ShakeAlert 预警系统（Given et al.，2018）也已将这些 GNSS 模块纳入其中。此外，日本研发了基于 GNSS 对地观测网络（GEONET）数据的 REGARD 预警系统（Kawamoto et al.，2018，2017）。经过大量的地震实测数据与合成地震数据的测试，这些基于高频 GNSS 的预警系统能够有效地避免震级饱和的问题，与现有地震学预警系统能够优势互补，还能够更加快速、准确地获取地震参数，并准确确定发震断层的滑动分布及破裂过程，这已成为未来发展的重要趋势（Shan et al.，2021；单新建 等，2019；Allen and Melgar，2019；Allen，2017）。

1.4.2 基于高频 GNSS 的震源参数获取研究进展

地震震中的快速确定一般基于 P 波探测法（Horiuchi，2005）、多台站几何中心法（Wu，2002）和网格搜索法（Crowell et al.，2009；Kamigaichi，2004）。从单一地震记录快速估计地震距离及震级是地震早期探测及预警系统非常重要的基础。Odaka（2003）提出了一种在短时间内从单一地震波形记录中估计震中距的方法。方荣新等（2014）和方荣新（2010）利用高频 GNSS 数据非差精密处理探索了其在地震学中的应用，并以 2008 年汶川 M_w7.9 地震为例获取了震中位置及震级。在震级估计方面，与地震学 P 波探测法相比，GNSS 方法的优势在于可以提供实时位移波形与永久静态位移，能够得到更加准确的地震震级估值。以 2010 年墨西哥埃尔迈约-库卡帕（El Mayor-Cucapah）M_w7.2 地震为例，采用地震学 P 波探测法在地震发生后 13 s 提供了初始震级为 M_w 5.9，持续 5～6 s 后稳定在 M_w 6.8（Allen and Ziv，2011）。而利用 GNSS 数据得到的第一个震级估值为 M_w6.9，随后每秒演化过程中震级估值均在 M_w 6.8～7.0，真实震级为 M_w 7.2，计算表明 GNSS 得到的矩震级具有很强的稳定性。在时间方面，地震学方法比 GNSS 方法快 16 s，但需要强调的是此次地震并不是强震，P 波探测法的缺陷可能会随着震级的增大而凸显（Sagiya et al.，2011）。当发生强震（$M_w \geqslant 7.0$）时，常规地震学方法提供的震级估值可能会出现饱和，而 GNSS 方法可以提供静态永久位移，使用 GNSS 方法可以提高预警的可靠性（Allen and Ziv，2011）。

通过高频 GNSS 数据估算的预警震级能够避免振幅饱和的问题，常用的利用 P_d 和峰值地动位移（peak ground displacements，PGD）震级不需要已知震源机制，仅需要计算得到的震源位置即可计算震级。相比较而言，PGD 方法在时间上较 P_d 方法拥有更多的震源信息，得到的震级更为准确可靠（宋闯 等，2017）。Crowell 等（2013）首次利用日本、加利福尼亚州的 5 个地震事件（M_w 5.3~9.0）的地震大地测量数据（并址的 GNSS 和强震台）建立了 PGD 震级估计的回归模型；Melgar 等（2015a）针对 10 个地震事件，利用高频 GNSS 数据得到的 PGD 与矩震级之间的关系进行了回归分析，震级标准差为 $\pm M_w$ 0.27；Crowell 等（2016）考虑了距离加权矩阵，利用日本三个地震事件的数据重新校准 Crowell 等（2013）的回归模型，震级标准差为 $\pm M_w$ 0.17；Ruhl 等（2019）将地震事件个数扩展到 29 个，进一步更新了 PGD 震级估计的回归模型（图 1.3）。Fang 等（2021）提出了一种基于高频 GNSS 速度波形的峰值地动速度（peak ground velo-city，PGV）实时估计地震震级的新方法，该方法利用全球震级范围从 M_w 6.0~9.1 的 22 个震例数据获得 PGV 与震级的经验关系，与 USGS 矩震级平均偏差为 $\pm M_w$ 0.26，与基于 PGD 的面波震级结果一致（图 1.3）（Fang et al.，2021；Ruhl et al.，2019）。PGD 与 PGV 震级快速估计方法已在诸多地震实例中得到充分验证（郑佳伟，2022；Ding et al.，2022；Fang et al.，2022；Wei et al.，2022；方进，2020；宋闯 等，2017）。

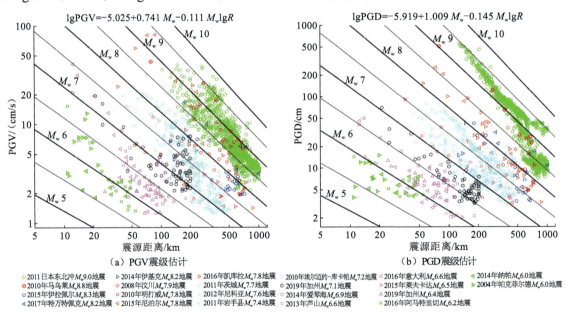

图 1.3　PGV 与 PGD 震级估计经验模型

1.4.3　基于高频 GNSS 的震源破裂过程反演研究进展

国内外学者在采用地震波反演地震破裂机制方面已经做了大量工作，取得了可喜的研究成果，已成为理解地震发震机制及震源破裂过程的重要手段（许力生 等，2020；张旭 等，2017；Xu and Chen，1999；Zheng et al.，1998；姚振兴 等，1994）。GNSS、InSAR 数据或联合反演地震断层滑动分布技术也逐渐成熟，得到广泛应用（He et al.，2021；Huang et al.，2019；Xu et al.，2013；Zhang et al.，2013；Shan et al.，2011，2004；Tong et al.，2010；Shen et al.，2009；Jonsson，2002）。利用大地测量（GNSS、InSAR）数据反演得到的断层滑动分布具有较高的空间分辨率，而利用地震波数据反演震源破裂过程具有较高的时间分辨率，如果将形变与地震波资料进行联合反演，能有效发挥各自数据的优势，获得的结果更为准确（Liu et al.，2020，2019；Zhang et al.，2013；Salichon，2004；Delouis，2002）。

随着高频 GNSS 技术的发展，GNSS 数据逐渐被用于有限断层破裂过程的反演中（Zheng et al.，2022；Shan et al.，2021；Fang et al.，2020；Colombelli et al.，2013；Crowell et al.，2012；Wright et al.，2012；Yue and Lay，2011；Ji et al.，2004）。Colombelli 等（2013）回溯性反演了 2011 年 Tohoku-Oki M_w 9.0 地震的准实时断层破裂过程，能够在短时间内获得准确的震级，并能够初步判断地震发生破裂的方向与范围（图 1.4）。Wright 等（2012）采用相同的断层模型，利用实时精密单点定位（precise point positioning，PPP）方法处理了高频 GNSS 数据，也回溯性研究了 Tohoku-Oki M_w 9.0 地震，结果表明本次地震破裂未完成时，利用高频 GNSS 数据就可以获得稳定的震级，并与真实震级一致，即更远地区断层面还在发生滑动时，震源附近的初始动态位移已达到平衡。尹昊等（2018）与 Shan 等（2021）利用基线偏移校正方法将近场强震动加速度数据积分得到位移数据（降采样至 1 Hz），回溯性反演了 2008 年汶川

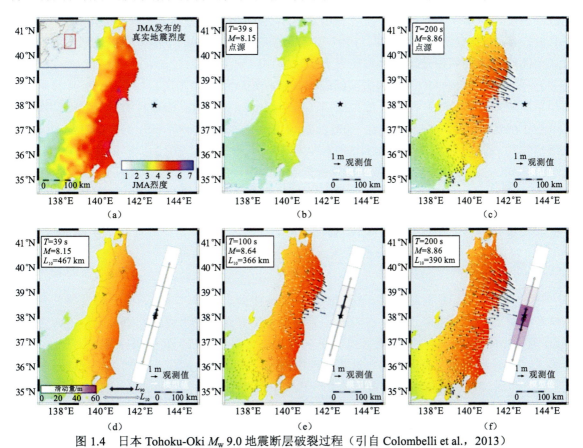

图 1.4　日本 Tohoku-Oki M_w 9.0 地震断层破裂过程（引自 Colombelli et al.，2013）

（a）为日本气象厅公布的烈度结果；（b）、（c）为点源模型在震后 39 s、200 s 时的震级估计结果及同震形变结果；
（d）～（f）分别为有限断层模型在 39 s、100 s、200 s 时的震级估计结果、滑动分布结果及同震形变结果；黑色
箭头表示观测结果；白色箭头表示模拟结果

M_W 7.9 地震的断层准实时破裂过程，表明实时地表位移数据可以快速准确获取强震震级和破裂方向，从而使高频 GNSS 数据对现有地震预警系统提供很好的补充。Ding 等（2022）针对破裂时间约为 40 s 的 2022 年玛多 M_W 7.3 地震，利用近场的高频 GNSS 数据在震后 20 s 时基本上可以确定稳定的震级，震后 29 s 即破裂完成前 10 s 就能够完全确定震中位置与破裂长度，并模拟验证表明青藏高原地区现有的 GNSS 布网分布能够在震后约 30 s 时间内对大地震（M_W 7.0+）提供快速震源参数的确定和预警。

1.5　高分辨率 DEM 断层形变研究进展

随着 DEM 数据的积累和发展，尤其是其空间分辨率（高达厘米级）的极大提升，基于高分辨率 DEM 的断层形变研究成为热点，本节重点从以下几个研究方向进行论述。

1. 活动断层识别

断层位置的准确识别和提取是活动断层研究的基础，亦是评价和研究断层体系的关键。高分辨率 DEM 数据可以表达真实的地形地貌，应用高分辨率 DEM 进行活动断裂解译、地震地表破裂带的识别以及地震灾害评估等越来越广泛，尤其是高分辨率激光雷达（light detection and ranging，LiDAR）DEM 数据。1997 年美国地质学家在利用 LiDAR 扫描地形过程中发现了一个高达 5 m 的断裂陡坎，相关研究者敏锐地洞察到了 LiDAR 的优势（Haugerud et al.，2003），随后利用 LiDAR 技术的大型断裂带精细扫描项目陆续开展，如美国 B4 项目对圣安德烈斯断层南段和圣哈辛托断裂带的扫描（Bevis et al.，2005），该项目的开展对活动断层研究产生了深远的影响（Zielke et al.，2012a，2012b，2010；Arrowsmith and Zielke，2009）。我国自汶川地震后开始应用该技术进行相关研究（袁小祥 等，2012；李峰 等，2008；马洪超 等，2008），并在 2011 年对海原断裂带开展了大范围的机载 LiDAR 扫描，获得了丰硕成果（李占飞 等，2016；Chen et al.，2014；刘静 等，2013）。Xu 等（2022）在鲜水河断裂带上，应用机载 LiDAR 进行了活动断裂扫描工作，促进了沿该断裂带的地震地表破裂的识别和破裂特征模式的深入认识。

2. 断层几何结构分析

除了需要准确识别断层位置，获取断层长度、走向、倾向、倾角、组合形式等几何要素同样非常重要。高分辨率 DEM 在断层几何结构分析方面的应用将是其重要发展方向之一。Zhou 等（2016）利用高分辨率立体像对提取的高分辨率 DEM 计算了 2013 年 9 月 24 日巴基斯坦 M_W 7.7 地震发震断层的倾角。计算发现霍沙布（Hoshab）断层西部端点处倾向发生了变化，进一步通过遥感解译发现断层在此处分成东、西两部分，存在抑制地表破裂发育的阶区，而此前的研究中均没有发现该阶区。需要注意的是 Zhou 等（2016）的模型计算的是近地表断层面倾角，即破裂面穿透地面的有限部分。

3. 地震断层形变获取

随着高分辨率 DEM 的发展，应用高分辨率 DEM 获取微小地表形变成为可能，甚至据此能够获取近场三维形变场。其方法大致有两种：断错地貌标志法和差分法。其中，断错地貌标志法虽然只需震后遥感数据，但需研究人员主观识别断错山脊、冲沟、阶地等（Chen et al.，2014；Arrowsmith and Zielke，2009）。Hudnut 等（2002）首次运用 LiDAR 技术获取了 1999 年 10 月 16 日 M_w 7.1 加利福尼亚州地震同震位移，对发震断层进行了全覆盖激光扫描，提取断层两侧地形剖面并进行了比较，与前人野外测量和 InSAR 观测结果相近。Zielke 等（2012a，2012b，2010）基于高分辨率 DEM 对 1857 年 1 月 9 日圣安德烈斯断层上发生的 M_w 7.9 地震开展了同震位移研究，在测量了大量的断错冲沟、洪积扇、阶地等后重新评定了此次地震的同震水平位移分布。Zielke 提出的位移测量原理及开发的 LaDiCaoz 软件，得到了相关研究者的认同，如 Chen 等（2014）基于 Zielke 的方法对海原断裂 1920 年 12 月 16 日 M_w 8.3 地震哨马饮区段进行了研究。差分法需要地震前后的 DEM 数据，数据处理过程自动化程度高且结果可靠，但该方法对遥感数据的空间分辨率和精度要求较高。Zhou 等（2015）首次评定了 Pléiades-1A/B 卫星提取的高分辨率 DEM 在获取 EI Mayor-Cucapah 地震同震垂直位移中的稳定性，认为在坡度较小、植被稀疏、特征地物丰富的地区所提取的高分辨率 DEM 具有较高精度，通过与震前 LiDAR DEM 差分获得了同震水平位移，其结果与 Oskin 等（2012）所得结果相近。

4. 古地震形变

古地震研究对认识断层活动时空规律及评价地震危险性具有重要意义。古地震的研究方法非常广泛，包括地貌标志法、地层分析法、树木年轮变异法等。确定断层的活动幅度、年代、次数、时间间隔和活动速率等是古地震研究的主要内容。例如，利用断错地貌标志测定累积位移，再结合相应的测年数据就可计算出断层长期活动速率（Cowgill et al.，2009；张培震 等，2008；Cowgill，2007）。

反映古地震的地质地貌现象常因被埋藏在地下而未受到侵蚀破坏，因此开挖探槽是进行古地震研究的常用手段（杨景春和李有利，2011）。Haddad 等（2012）利用地基 LiDAR 扫描古地震探槽，发现 LiDAR 技术比传统研究手段更具优势：传统人工手绘作业需要大量的作业时间，且易遗漏细节信息。对探槽壁拍照后需要对几百张照片进行室内拼接，不同拍摄角度和探槽壁粗糙度会加大拼接变形，后期校正处理工作量大；而 LiDAR 扫描的点云具有空间坐标，能够完整地保存和记录探槽信息，避免影像拼接造成的影响，最重要的是可避免塌方等危险对工作人员的伤害（郑文俊 等，2015）。何宏林等（2015）利用地基 LiDAR 扫描了霍山山前断裂的基岩断层面，生成了 2 mm×2 mm 的断面 DEM，高分辨率 DEM 可以精确反映断层面的粗糙程度，而粗糙程度与断层面出露的时间密切相关。基于分形理论计算断层面 2D 分维值并分析其在垂直方向上的变化，最终识别出三次古地震事件。另外，断层的垂直运动会造成河流的溯源侵蚀并形成河流裂点，裂点的分布可以揭示古地震活动特性。可见，高分辨率 DEM 给传统古地震研究带来了新的启示和研究策略。

高分辨率 DEM 获取技术众多，部分已经比较成熟，在实际应用时要综合考虑研究区本身的地形特点、数据处理的难度及精度，然后选择最有利的方法。高分辨率 DEM 使基于地形地貌的活动断层研究真正从宏观尺度进入精细化微观尺度，同时使地震地表近场三维形变提取成为可能。高分辨率 DEM 不仅为活动断层研究带来了新的启示和创新，也将在其他地球科学研究中发挥重要作用。

参 考 文 献

毕丽思, 何宏林, 徐岳仁, 等, 2011. 基于高分辨率 DEM 的裂点序列提取和古地震序列的识别: 以霍山山前断裂为实验区. 地震地质, 33(4): 963-977.

蔡宏翔, 宋成骅, 刘经南, 等, 1997. 青藏高原 1993 和 1995 年地壳运动与形变的 GPS 监测结果分析. 中国科学 D 辑: 地球科学, 27(3): 233-238.

柴海山, 陈克杰, 魏国光, 等, 2022. 北斗三号与超高频 GNSS 同震形变监测: 以 2021 年青海玛多 M_w 7.4 地震为例. 武汉大学学报(信息科学版), 47(6): 946-954.

方进, 2020. 高频 GPS 在地震预警速报中的应用研究. 武汉: 武汉大学.

方荣新, 2010. 高采样率 GPS 数据非差精密处理方法及其在地震学中的应用研究. 武汉: 武汉大学.

方荣新, 施闯, 王广兴, 等, 2014. 利用高频 GPS 确定大地震震中和震级研究: 2008 年汶川 8.0 级地震应用结果. 中国科学: 地球科学, 44(1): 90-97.

甘卫军, 2021. 中国大陆地壳运动 GPS 观测技术进展与展望. 城市与减灾(4): 39-44.

高志钰, 郭进义, 刘杰, 2022. 北斗在地壳形变监测中的应用进展. 测绘通报(3): 32-35.

韩娜娜, 2018. 基于高分辨率遥感数据的地震活动断层定量化研究. 东营: 中国石油大学(华东).

何宏林, 魏占玉, 毕丽思, 等, 2015. 利用基岩断层面形貌定量特征识别古地震: 以霍山山前断裂为例. 地震地质, 37(2): 400-412.

黄立人, 马青, 2003. 祁连山-河西走廊地区的现今水平形变. 大地测量与地球动力学, 23(4): 9-13.

李峰, 徐锡伟, 陈桂华, 等, 2008. 高精度测量方法在汶川 M_S 8.0 地震地表破裂带考察中的应用. 地震地质, 30(4): 1065-1075.

李良发, 2019. 高精度北斗数据处理及地形变监测应用. 武汉: 中国地震局地震研究所.

李延兴, 1996. 首都圈 GPS 地形变监测网的布设与观测. 中国空间科学技术(4): 60-64.

李延兴, 沈建华, 王敏, 1994. 华北地区 GPS 形变监测网的建立与精度分析. 测绘学报, 23(2): 142-149.

李占飞, 刘静, 邵延秀, 等, 2016. 基于 LiDAR 的海原断裂松山段断错地貌分析与古地震探槽选址实例. 地质通报, 35(1): 104-116.

刘经南, 刘晖, 2003. 建立我国卫星定位连续运行站网的若干思考. 武汉大学学报(信息科学版), 28(S1): 27-31.

刘静, 陈涛, 张培震, 等, 2013. 机载激光雷达扫描揭示海原断裂带微地貌的精细结构. 科学通报, 58(1): 41-45.

刘晓东, 单新建, 张迎峰, 等, 2019. 基于强震记录的汶川地震同震形变场及滑动反演. 地震地质, 41(4): 1027-1041.

刘序俨, 林继华, 王志鹏, 等, 1999. 福建沿海地壳运动与 GPS 测量结果初步分析. 地壳形变与地震, 19(3): 40-47.

马洪超, 姚春静, 张生德, 2008. 机载激光雷达在汶川地震应急响应中的若干关键问题探讨. 遥感学报, 12(6): 925-932.

牛之俊, 马宗晋, 陈鑫连, 等, 2002. 中国地壳运动观测网络. 大地测量与地球动力学, 22(3): 88-93.

单新建, 尹昊, 刘晓东, 等, 2019. 高频 GNSS 实时地震学与地震预警研究现状. 地球物理学报, 62(8): 3043-3052.

施闯, 郑福, 楼益栋, 2017. 北斗广域实时精密定位服务系统研究与评估分析. 测绘学报, 46(10): 1354-1363.

宋闯, 许才军, 温扬茂, 等, 2017. 利用高频 GPS 资料研究 2016 年新西兰凯库拉地震的地表形变及预警震级.

地球物理学报, 60(9): 3396-3405.

谭述森, 2018. 充满期待的北斗全球卫星导航系统. 科学通报, 63(27): 2802-2803.

谭锡斌, 徐锡伟, 于贵华, 等, 2015. 三维激光扫描技术在正断层型地表破裂调查中的应用: 以 2008 M_S7.3 于田地震为例. 震灾防御技术, 10(3): 1-12.

唐新明, 谢俊峰, 张过, 2012. 测绘卫星技术总体发展和现状. 航天返回与遥感, 33(3): 17-24.

王敏, 沈正康, 2020. 中国大陆现今构造变形: 三十年的 GPS 观测与研究. 中国地震, 36(4): 660-683.

王敏, 沈正康, 牛之俊, 等, 2003. 现今中国大陆地壳运动与活动块体模型. 中国科学 D 辑: 地球科学, 33(S1): 21-32, 209.

王琪, 丁国瑜, 乔学军, 等, 2000. 天山现今地壳快速缩短与南北地块的相对运动. 科学通报, 45(14): 1543-1547.

王琪, 游新兆, 王启梁, 1996. 用全球定位系统(GPS)监测青藏高原地壳形变. 地震地质, 18: 97-103.

许力生, 张旭, 张喆, 2020. 2020 年 6 月 23 日墨西哥 M_w 7.4 地震震源特征. 地球物理学报, 63(11): 4012-4022.

杨国华, 赵承坤, 韩月萍, 等, 2000. 应用 GPS 技术监测山西断裂带的水平运动. 地震学报, 22(5): 465-471.

杨景春, 李有利, 2011. 活动构造地貌学. 北京: 北京大学出版社.

杨景春, 李有利, 2012. 地貌学原理. 北京: 北京大学出版社.

杨元喜, 2010. 北斗卫星导航系统的进展、贡献与挑战. 测绘学报, 39(1): 1-6.

姚振兴, 郑天愉, 温联星, 1994. 用 P 波波形资料反演中强地震地震矩张量的方法. 地球物理学报, 37(1): 34-44.

叶世榕, 赵乐文, 陈德忠, 等, 2016. 基于北斗三频的实时变形监测数据处理. 武汉大学学报(信息科学版), 41(6): 722-728.

尹光华, 蒋靖祥, 吴国栋, 2008. 2008 年 3 月 21 日于田 7.4 级地震的构造背景. 干旱区地理, 31(4): 543-549.

尹昊, 单新建, 张迎峰, 等, 2018. 高频 GPS 和强震仪数据在汶川地震参数快速确定中的初步应用. 地球物理学报, 61(5): 1806-1816.

游新兆, 王启梁, 王琪, 等, 1994. 青藏高原1993年GPS观测成果的精度分析. 地壳形变与地震, 14(3): 27-33.

袁小祥, 王晓青, 窦爱霞, 等, 2012. 基于地面 LiDAR 玉树地震地表破裂的三维建模分析. 地震地质, 34(1): 39-46.

张培震, 李传友, 毛凤英, 2008. 河流阶地演化与走滑断裂滑动速率. 地震地质, 30(1): 44-57.

张锐, 邹锐, 韩宇飞, 等, 2013. 陆态网络首次境外重力测量. 大地测量与地球动力学, 33(3): 158-159.

张旭, 冯万鹏, 许力生, 等, 2017. 2017 年九寨沟 M_S 7.0 级地震震源过程反演与烈度估计. 地球物理学报, 60(10), 4105-4116.

郑佳伟, 2022. 基于高频 GNSS 和加速度计信息的大震破裂特征快速确定研究. 武汉: 武汉大学.

郑文俊, 雷启云, 杜鹏, 等, 2015. 激光雷达(LiDAR): 获取高精度古地震探槽信息的一种新技术. 地震地质, 37(1): 232-241.

朱文耀, 程宗颐, 姜国俊, 1997. 利用 GPS 技术监测中国大陆地壳运动的初步结果. 天文学进展, 15: 373-376.

Allen R M, 2017. Quake warnings, seismic culture. Science, 358(6367): 1111.

Allen R M, Gasparini P, Kamigaichi O, et al., 2009. The status of earthquake early warning around the world: An introductory overview. Seismological Research Letters, 80(5): 682-693.

Allen R M, Melgar D, 2019. Earthquake early warning: Advances, scientific challenges, and societal needs. Annual Review of Earth and Planetary Sciences, 47: 361-388.

Allen R M, kanamori H, 2003. The potential for earthquake early warning in southern California. Science,

300(5620): 786-789.

Allen R M, Ziv A, 2011. Application of real-time GPS to earthquake early warning. Geophysical Research Letters, 38(16): L16310.

Arrowsmith J R, Zielke O, 2009. Tectonic geomorphology of the San andreas fault zone from high resolution topography: An example from the cholame segment. Geomorphology, 113(1): 70-81.

Bevis M, Hudnut K, Sanchez R, et al., 2005. The B4 project: Scanning the San andreas and san jacinto fault zones. Eos, Transactions American Geophysical Union, 86(52): 1-12.

Bilich A, Cassidy J F, Lsrson K M, 2008. GPS seismology: Application to the 2002 M_w 7.9 Denali fault earthquake. Bulletin of the Seismological Society of America, 98(2): 593-606.

Brown H, Allen R M, Hellweg M, et al., 2011. Development of the ElarmS methodology for earthquake early warning: Realtime application in California and offline testing in Japan. Soil Dynamics and Earthquake Engineering, 31(2): 188-200.

Cassidy J F, Rogers G C, 2004. The M_w 7.9 Denali fault earthquake of 3 November 2002: Felt reports and unusual effects across western Canada. Bulletin of the Seismological Society of America, 94(6B): S53-S57.

Chen T, Zhang P Z, Liu J, et al., 2014. Quantitative study of tectonic geomorphology along Haiyuan fault based on airborne LiDAR. Chinese Science Bulletin, 59(20): 2396-2409.

Chung A I, Henson I, Allen R M, 2019. Optimizing earthquake early warning performance: ElarmS-3. Seismological Research Letters, 90(2A): 727-743.

Chung A I, Meier M A, Andrews J, et al., 2020. ShakeAlert earthquake early warning system performance during the 2019 Ridgecrest earthquake sequence. Bulletin of the Seismological Society of America, 110(4): 1904-1923.

Colombelli S, Allen R M, Zollo A, 2013. Application of real-time GPS to earthquake early warning in subduction and strike-slip environments. Journal of Geophysical Research: Solid Earth, 118(7): 3448-3461.

Cooper J D, 1868. Earthquake indicator. San Francisco Daily Evening Bulletin, 1868-11-03.

Cowgill E, 2007. Impact of riser reconstructions on estimation of secular variation in rates of strike-slip faulting: Revisiting the Cherchen river site along the Altyn Tagh Fault, NW China. Earth and Planetary Science Letters, 254(3): 239-255.

Cowgill E, Gold R D, Chen X H, et al., 2009. Low quaternary slip rate reconciles geodetic and geologic rates along the Altyn Tagh fault, northwestern Tibet. Geology, 37(7): 647-650.

Crowell B W, Bock Y, Melgar D, 2012. Real-time inversion of GPS data for finite fault modeling and rapid hazard assessment. Geophysical Research Letters, 39: L09305.

Crowell B W, Bock Y, Melgar D, et al., 2013. Earthquake magnitude scaling using seismogeodetic data. Geophysical Research Letters, 40: 6089-6094.

Crowell B W, Bock Y, Squibb M B, 2009. Demonstration of earthquake early warning using total displacement waveforms from real-time GPS networks. Seismological Research Letters, 80(5): 772-782.

Crowell B W, Schmidt D A, Bodin P, et al., 2016. Demonstration of the Cascadia G-FAST geodetic earthquake early warning system for the Nisqually, Washington, earthquake. Seismological Research Letters, 87(4): 930-943.

Crowell B W, Schmidt D A, Bodin P, et al., 2018. G-FAST earthquake early warning potential for great earthquakes in Chile. Seismological Research Letters, 89(2A): 542-556.

Cuéllar A, Suarez G, Espinosa-aranda J M, 2017. Performance evaluation of the earthquake detection and classification algorithm $2(t_S\text{-}t_P)$ of the seismic alert system of Mexico (SASMEX). Bulletin of the Seismological

Society of America, 107(3): 1451-1463.

Delouis B, 2002. Joint inversion of InSAR, GPS, teleseismic, and strong-motion data for the spatial and temporal distribution of earthquake slip: Application to the 1999 Izmit mainshock. Bulletin of the Seismological Society of America, 92(1): 278-299.

Ding K H, Wang Q, Li Z C, et al., 2022. Rapid source determination of the 2021 M_w 7.4 Maduo Earthquake by a dense high-rate GNSS network in the Tibetan Plateau. Seismological Research Letters, 93(6): 3234-3245.

Elliott J R, Walters R J, England P C, et al., 2010. Extension on the Tibetan plateau: Recent normal faulting measured by InSAR and body wave seismology. Geophysical Journal International, 183(2): 503-535.

Espinosa-aranda J M, Cuéllar A, Rodriguez F H, et al., 2011. The seismic alert system of Mexico (SASMEX): Progress and its current applications. Soil Dynamics Earthquake Engineering, 31(2): 154-162.

Fang J, Xu C J, Zang J F, et al., 2020. Application of high-rate GPS for earthquake rapid response and modelling: A case in the 2019 M_w 7.1 Ridgecrest earthquake. Geophysical Journal International, 222(3): 1923-1935.

Fang R X, Lv H H, Hu Z G, et al., 2022. GPS/BDS precise point positioning with B2b products for high-rate seismogeodesy: Application to the 2021 M_w 7.4 Maduo earthquake. Geophysical Journal International, 231(3): 2079-2090.

Fang R X, Zheng J W, Geng J H, et al., 2021. Earthquake magnitude scaling using peak ground velocity derived from high-rate GNSS observations. Seismological Research Letters, 92(1): 227-237.

Gan W, Zhang P Z, Shen Z K, et al., 2007. Initiation of clockwise rotation and eastward transport of southeastern Tibet inferred from deflected fault traces and GPS observations. Journal of Geophysical Research: Solid Earth, 112(B8): B08416.

Gasparini P, Manfredi G, Zschau J, 2011. Earthquake early warning as a tool for improving society's resilience and crisis response. Soil Dynamics and Earthquake Engineering, 31(2): 267-270.

Geng J H, Bock Y, Melgar D, et al., 2013. A new seismogeodetic approach applied to GPS and accelerometer observations of the 2012 Brawley seismic swarm: Implications for earthquake early warning. Geochemistry, Geophysics, Geosystems, 14(7): 2124-2142.

Geng T, Xie X, Fang R X, et al., 2016. Real-time capture of seismic waves using high-rate multi-GNSS observations: Application to the 2015 M_w 7.8 Nepal earthquake. Geophysical Research Letters, 43: 161-167.

Genrich J F, Bock Y, 2006. Instantaneous geodetic positioning with $10 \sim 50$ Hz GPS measurements: Noise characteristics and implications for monitoring networks. Journal of Geophysical Research: Solid Earth, 111: B03403.

Given, D D, Allen, R M, Sundstrom A S B, et al., 2018. Revised technical implementation plan for the ShakeAlert system: An earthquake early warning system for the West Coast of the United States (No. 2018-1155). Ruston: US Geological Survey.

Grapenthin R, Johanson I A, Allen R M, 2014. Operational real-time GPS-enhanced earthquake early warning. Journal of Geophysical Research: Solid Earth, 119(10): 7944-7965.

Haddad D E, Akçiz S O, Arrowsmith J R, et al., 2012. Applications of airborne and terrestrial laser scanning to paleoseismology. Geosphere, 8(4): 771-786.

Hao M, Li Y H, Wang Q L, et al., 2021b. Present-day crustal deformation within the western Qinling Mountains and its kinematic implications. Surveys in Geophysics, 42: 1-19.

Hao M, Wang Q L, Zhang P Z, et al., 2021a. "Frame wobbling" causing crustal deformation around the Ordos block. Geophysical Research Letters, 48: e2020GL091008.

Haugerud R A, Harding D J, Johnson S Y, et al., 2003. High-resolution lidar topography of the Puget Lowland, Washington: A bonanza for earth science. GSA Today, 13(6): 4.

He L F, Feng G C, Wu X X, et al., 2021. Coseismic and early postseismic slip models of the 2021 M_w 7.4 Maduo earthquake (Western China) estimated by space-based geodetic data. Geophysical Research Letters, 48: e2021GL095860.

Horiuchi S, 2005. An automatic processing system for broadcasting earthquake alarms. Bulletin of the Seismological Society of America, 95(2): 708-718.

Hoshiba M, Kamigaichi O, Saito M, et al., 2008. Earthquake early warning starts nationwide in Japan. Eos, Transactions American Geophysical Union, 89(8): 73-74.

Huang Y, Qiao X J, Freymueller J T, et al., 2019. Fault geometry and slip distribution of the 2013 M_w 6.6 Lushan earthquake in China constrained by GPS, InSAR, leveling, and strong motion data. Journal of Geophysical Research: Solid Earth, 124(7): 7341-7353.

Huang Z C, Zhou Y, Qiao X, et al., 2022. Kinematics of the ～1000 km Haiyuan fault system in northeastern Tibet from high-resolution Sentinel-1 InSAR velocities: Fault architecture, slip rates, and partitioning. Earth and Planetary Science Letters, 583: 117450.

Hudnut K W, Borsa A, Glennie C, et al., 2002. High-resolution topography along surface rupture of the 16 October 1999 Hector Mine, California, earthquake(M_w 7.1) from airborne laser swath mapping. Bulletin of the Seismological Society of America, 92(4): 1570-1576.

Jackson J A, 1997. Glossary of geology. 4th ed. Alexandria: American Geological Institute.

Ji C, Larson K M, Tan Y, et al., 2004. Slip history of the 2003 San Simeon earthquake constrained by combining 1-Hz GPS, strong motion, and teleseismic data. Geophysical Research Letters, 31(17): L17608.

Jin S, Wang Q, Dardanelli G, 2022. A review on multi-GNSS for earth observation and emerging applications. Remote Sensing, 14(16): 3930.

Jonsson S, 2002. Fault slip distribution of the 1999 M_w 7.1 Hector Mine, California, earthquake, estimated from satellite radar and GPS measurements. Bulletin of the Seismological Society of America, 92(4): 1377-1389.

Kamigaichi O, 2004. JMA earthquake early warning. Journal of Japan Association for Earthquake Engineering, 4(3): 134-137.

Kamigaichi O, Saito M, Doi K, et al., 2009. Earthquake early warning in Japan: Warning the general public and future prospects. Seismological Research Letters, 80(5): 717-726.

Kawamoto S, Ohta Y, Hiyama Y, et al., 2017. REGARD: A new GNSS-based real-time finite fault modeling system for GEONET. Journal of Geophysical Research: Solid Earth, 122(2): 1324-1349.

Kawamoto S, Takamatsu N, Abe S, et al., 2018. Real-Time GNSS analysis system REGARD: An overview and recent results. Journal of Disaster Research, 13(3): 440-452.

Klinger Y, Etchebes M, Tapponnier P, et al., 2011. Characteristic slip for five great earthquakes along the Fuyun fault in China. Nature Geoscience, 4(6): 389-392.

Kodera Y, Hayashimoto N, Tamaribuchi K, et al., 2021. Developments of the nationwide earthquake early warning system in Japan after the 2011 M_w 9. 0 Tohoku-Oki earthquake. Frontiers in Earth Science, 9: 904.

Kurzon I, Nof R N, Laporte M, et al., 2020. The "TRUAA" seismic network: Upgrading the Israel seismic network-toward national earthquake early warning system. Seismological Research Letters, 91(6): 3236-3255.

Lancieri M, Fuenzalida A, Ruiz S, et al., 2011. Magnitude scaling of early-warning parameters for the M_w 7.8 Tocopilla, Chile, earthquake and its aftershocks. Bulletin of the Seismological Society of America, 101(2): 447-463.

Larson K M, Bodin P, Gomberg J, 2003. Using 1-Hz GPS data to measure deformations caused by the Denali fault earthquake. Science, 300(5624): 1421-1424.

Li Q, You X Z, Yang S M, et al., 2012. A precise velocity field of tectonic deformation in China as inferred from intensive GPS observations. Science China Earth Sciences, 55(5): 695-698.

Li X X, Ge M R, Dai X L, et al., 2015. Accuracy and reliability of multi-GNSS real-time precise positioning: GPS, GLONASS, BeiDou, and Galileo. Journal of Geodesy, 89(6): 607-635.

Li X X, Zheng K, Li X, et al., 2019. Real-time capturing of seismic waveforms using high-rate BDS, GPS and GLONASS observations: The 2017 M_w 6.5 Jiuzhaigou earthquake in China. GPS Solutions, 23(1): 17.

Liang S M, Gan W J, Shen C Z, et al., 2013. Three-dimensional velocity field of present-day crustal motion of the Tibetan plateau derived from GPS measurements. Journal of Geophysical Research: Solid Earth, 118(10): 5722-5732.

Lin A M, Guo J M, Fu B H, 2004. Co-seismic mole track structures produced by the 2001 M_S8.1 Central Kunlun earthquake, China. Journal of structural geology, 26(8): 1511-1519.

Liu C L, Lay T, Brodsky E E, et al., 2019. Coseismic rupture process of the large 2019 Ridgecrest earthquakes from joint inversion of geodetic and seismological observations. Geophysical Research Letters, 46(21): 11820-11829.

Liu C L, Lay T, Wang Z Z, et al., 2020. Rupture process of the 7 January 2020, M_w 6.4 Puerto Rico earthquake. Geophysical Research Letters, 47(12): e2020GL087718.

Lussy F D, Kubik P, Greslou D, et al., 2005. PLÉIADES-HR image system products and quality-PLÉIADES-HR image system products and geometric accuracy. Austria: International Society for Photogrammetry and Remote Sensing Workshop.

Melgar D, Crowell B W, Geng J H, et al., 2015a. Earthquake magnitude calculation without saturation from the scaling of peak ground displacement. Geophysical Research Letters, 42(13): 5197-5205.

Melgar D, Geng J H, Crowell B W, et al., 2015b. Seismogeodesy of the 2014 M_w 6.1 Napa earthquake, California: Rapid response and modeling of fast rupture on a dipping strike-slip fault. Journal of Geophysical Research: Solid Earth, 120(7): 5013-5033.

Minson S E, Murray J R, Langbein J O, et al., 2014. Real-time inversions for finite fault slip models and rupture geometry based on high-rate GPS data. Journal of Geophysical Research: Solid Earth, 119(4): 3201-3231.

Murray J R, Crowell B W, Grapenthin R, et al., 2018. Development of a geodetic component for the U.S. west coast earthquake early warning system. Seismological Research Letters, 89(6): 2322-2336.

Nakamura Y, 1988. On the urgent earthquake detection and alarm system (UrEDAS)//9th World Conference on Earthquake Engineering, 7: 673-678.

Nie Z X, Wang B Y, Wang Z J, et al., 2020. An offshore real-time precise point positioning technique based on a single set of BeiDou short-message communication devices. Journal of Geodesy, 94(9): 78.

Nof R N, Kurzon I, 2020. TRUAA——earthquake early warning system for Israel: Implementation and current status. Seismological Research Letters, 92(1): 325-341.

Nof R N, Lior I, Kurzon I, 2021. Earthquake early warning system in Israel: Towards an operational stage. Frontiers in Earth Science, 9: 684421.

Odaka T, 2003. A new method of quickly estimating epicentral distance and magnitude from a single seismic record. Bulletin of the Seismological Society of America, 93(1): 526-532.

Oskin M E, Arrowsmith J R, Hinojosa C A, et al., 2012. Near-field deformation from the El Mayor-Cucapah earthquake revealed by differential LiDAR. Science, 335(6069): 702-705.

Peng C Y, Jiang P, Chen Q S, et al., 2019. Performance evaluation of a dense MEMS-based seismic sensor array deployed in the Sichuan-Yunnan border region for earthquake early warning. Micromachines, 10(11): 735.

Peng C Y, Jiang P, Ma Q, et al., 2021. Performance evaluation of an earthquake early warning system in the 2019-2020 M 6.0 Changning, Sichuan, China, seismic sequence. Frontiers in Earth Science, 9: 699941.

Peng C Y, Jiang P, Ma Q, et al., 2022. Chinese nationwide earthquake early warning system and its performance in the 2022 Lushan M 6.1 earthquake. Remote Sensing, 14(17): 4269.

Peng C Y, Ma Q, Jiang P, et al., 2020. Performance of a hybrid demonstration earthquake early warning system in the Sichuan-Yunnan border region. Seismological Research Letters, 91(2A): 835-846.

Peng C Y, Yang J S, Zheng Y, et al., 2017. New τ_c regression relationship derived from all P wave time windows for rapid magnitude estimation. Geophysical Research Letters, 44(4): 1724-1731.

Ren C M, Wang Z X, Taymaz T, et al., 2024. Supershear triggering and cascading fault ruptures of the 2023 Kahramanmaraş, Türkiye, earthquake doublet. Science, 383(6680): 305-311.

Ruhl C J, Melgar D, Chung A I, et al., 2019. Quantifying the value of real-time geodetic constraints for earthquake early warning using a global seismic and geodetic data set. Journal of Geophysical Research: Solid Earth, 124(4): 3819-3837.

Ruhl C J, Melgar D, Grapenthin R, et al., 2017. The value of real-time GNSS to earthquake early warning. Geophysical Research Letters, 44(16): 8311-8319.

Sagiya T, Kanamori H, Yagi Y, et al., 2011. Rebuilding seismology. Nature, 473(7346): 146-148.

Salichon J, 2004. Slip history of the 16 October 1999 M_w 7.1 hector mine earthquake (California) from the inversion of InSAR, GPS, and teleseismic data. Bulletin of the Seismological Society of America, 94(6): 2015-2027.

Santos-Reyes J, 2019. How useful are earthquake early warnings? The case of the 2017 earthquakes in Mexico City. International Journal of Disaster Risk Reduction, 40: 101148.

Satriano C, Lomax A, Zollo A, 2008. Real-time evolutionary earthquake location for seismic early warning. Bulletin of the Seismological Society of America, 98(3): 1482-1494.

Shan X, Li Y, Wang Z, et al., 2021. GNSS for quasi-real-time earthquake source determination in eastern Tibet: A prototype system toward early warning applications. Seismological Research Letters, 92(5): 2988-2997.

Shan X J, Ma J, Wang C L, et al., 2004. Co-seismic ground deformation and source parameters of Mani M 7.9 earthquake inferred from spaceborne D-InSAR observation data. Science in China Series D: Earth Sciences, 47(6): 481-488.

Shan X J, Zhang G H, Wang C S, et al., 2011. Source characteristics of the Yutian earthquake in 2008 from inversion of the co-seismic deformation field mapped by InSAR. Journal of Asian Earth Sciences, 40(4): 935-942.

Shen Z K, Sun J B, Zhang P Z, et al., 2009. Slip maxima at fault junctions and rupturing of barriers during the 2008 Wenchuan earthquake. Nature Geoscience, 2: 718-724.

Shu Y M, Fang R X, Geng J H, et al., 2018. Broadband velocities and displacements from integrated GPS and accelerometer data for high-rate seismogeodesy. Geophysical Research Letters, 45(17): 8939-8948.

Strauss J A, Allen R M, 2016. Benefits and costs of earthquake early warning. Seismological Research Letters, 87(3): 765-772.

Su X N, Yao L B, Wu W W, et al., 2019. Crustal deformation on the northeastern margin of the Tibetan Plateau from continuous GPS observations. Remote Sensing, 11(1): 34.

Suárez G, Espinosa-aranda J M, Cuéllar A, et al., 2018. A dedicated seismic early warning network: The Mexican Seismic Alert System (SASMEX). Seismological Research Letters, 89(2A): 382-391.

Tong X P, Sandwell D T, Fialko Y, 2010. Coseismic slip model of the 2008 Wenchuan earthquake derived from joint inversion of interferometric synthetic aperture radar, GPS, and field data. Journal of Geophysical Research: Solid Earth, 115(B4): B04314.

Trifunac M D, Todorovska M I, 2001. A note on the useable dynamic range of accelerographs recording translation. Soil Dynamics and Earthquake Engineering, 21(4): 275-286.

Wang M, Shen Z K, 2020. Present-day crustal deformation of continental China derived from GPS and its tectonic implications. Journal of Geophysical Research: Solid Earth, 125(2): e2019JB018774.

Wang Q, Zhang P Z, Freymueller J T, et al., 2001. Present-day crustal deformation in continental China constrained by global positioning system measurements. Science, 249(5542): 574-577.

Wei G G, Chen K J, Zou R, et al., 2022. On the Potential of rapid moment magnitude estimation for strong earthquakes in Sichuan-Yunnan region, China, using real-time CMONOC GNSS observations. Seismological Research Letters, 93(5): 2659-2669.

Wright T J, Houlié N, Hildyard M, et al., 2012. Real-time, reliable magnitudes for large earthquakes from 1 Hz GPS precise point positioning: The 2011 Tohoku-Oki (Japan) earthquake. Geophysical Research Letters, 39(12): L12302.

Wu Y M, 2002. A virtual subnetwork approach to earthquake early warning. Bulletin of the Seismological Society of America, 92(5): 2008-2018.

Wu Y M, Yen H Y, ZHAO L, et al., 2006b. Magnitude determination using initial P waves: A single-station approach. Geophysical Research Letters, 33(5): L05306.

Wu Y M, Zhao L, 2006a. Magnitude estimation using the first three seconds P-wave amplitude in earthquake early warning. Geophysical Research Letters, 33: L16312.

Xu J, Jing L Z, Yuan Z, et al., 2022. Airborne LiDAR-based mapping of surface ruptures and coseismic slip of the 1955 Zheduotang earthquake on the Xianshuihe fault, east tibet. Bulletin of the Seismological Society of America, 112(6): 3102-3120.

Xu L S, Chen Y T, 1999. Tempo-spatial rupture process of the 1997 Mani, Xizang (Tibet), China earthquake of Ms = 7.9. Acta Seismologica Sinica, 12(5): 495-506.

Xu X W, Tan X B, Yu G H, et al., 2013. Normal-and oblique-slip of the 2008 Yutian earthquake: Evidence for eastward block motion, northern Tibetan Plateau. Tectonophysics, 584: 152-165.

Yu J S, Tan K, Zhang C H, et al., 2019. Present-day crustal movement of the Chinese mainland based on Global Navigation Satellite System data from 1998 to 2018. Advances in Space Research, 63(2): 840-856.

Yue H, Lay T, 2011. Inversion of high-rate (1 sps) GPS data for rupture process of the 11 March 2011 Tohoku earthquake (M_w 9.1). Geophysical Research Letters, 38(7): L00G09.

Zang J F, Wen Y M, Li Z C, et al., 2022. Rapid source models of the 2021 M_w 7.4 Maduo, China, earthquake inferred from high-rate BDS3/2, GPS, Galileo and GLONASS observations. Journal of Geodesy, 96(9): 58.

Zhang G H, Shan X J, Delouis B, et al., 2013. Rupture history of the 2010 M_S 7.1 Yushu earthquake by joint inversion of teleseismic data and InSAR measurements. Tectonophysics, 584: 129-137.

Zhao D Z, Qu C Y, Bürgmann R, et al., 2021. Relaxation of Tibetan lower crust and afterslip driven by the 2001 M_w7.8 Kokoxili, China, earthquake constrained by a decade of geodetic measurements. Journal of Geophysical Research: Solid Earth, 126(4): e2020JB021314.

Zheng G, Wang H, Wright T J, et al., 2017. Crustal deformation in the India-Eurasia collision zone from 25 years of GPS measurements. Journal of Geophysical Research: Solid Earth, 122(11): 9290-9312.

Zheng K, Liu K Z, Zhang X H, et al., 2022. First results using high-rate BDS-3 observations: retrospective real-time analysis of 2021 M_w 7.4 Madoi (Tibet) earthquake. Journal of Geodesy, 96(8): 51.

Zheng T Y, Ai Y S, Chen Q Z, 1998. The 16 September 1994 Taiwan Strait earthquake: A simple rupture event starting as a break of asperity. Physics of the Earth and Planetary Interiors, 107(4): 269-284.

Zhou Y, Parsons B, Elliott J R, et al., 2015. Assessing the ability of Pléiades stereo imagery to determine height changes in earthquakes: A case study for the El Mayor-Cucapah epicentral area. Journal of Geophysical Research: Solid Earth, 120(12): 8793-8808.

Zhou Y, Walker R T, Elliott J R, et al., 2016. Mapping 3D fault geometry in earthquakes using high-resolution topography: Examples from the 2010 El Mayor-Cucapah(Mexico)and 2013 Balochistan(Pakistan)earthquakes. Geophysical Research Letters, 43(7): 3134-3142.

Zielke O, Arrowsmith J R, 2012b. LaDiCaoz and LiDARimager: MATLAB GUIs for LiDAR data handling and lateral displacement measurement. Geosphere, 8(1): 206-221.

Zielke O, Arrowsmith J R, Ludwig L G, et al, 2010. Slip in the 1857 and earlier large earthquakes along the Carrizo Plain, San Andreas Fault. Science, 327(5969): 1119-1122.

Zielke O, Arrowsmith J R, Ludwig L G, et al., 2012a. High-resolution topography-derived offsets along the 1857 fort tejon Earthquake rupture trace, San Andreas fault. Bulletin of the Seismological Society of America, 102(3): 1135-1154.

Zollo A, Colombelli S, Elia L, et al., 2014. An integrated regional and onsite earthquake early warning system for southern Italy: Concepts, methodologies and performances. Advanced Technologies in Earth Sciences. Berlin: Springer Berlin Heidelberg.

Zollo A, Iannaccone G, Lancieri M, et al., 2009. Earthquake early warning system in southern Italy: Methodologies and performance evaluation. Geophysical Research Letters, 36(5): L00B07.

第 2 章

地震大地测量形变观测技术

2.1 InSAR 形变监测技术

合成孔径雷达干涉测量（InSAR）技术是一种先进的遥感技术，广泛应用于地表形变监测、地震火山研究及全球环境变化研究等领域。通过分析同一地物反射的雷达信号在不同时间点的相位差，InSAR 能够高精度地获取地表的微小位移信息。基于时间序列 InSAR 数据的时间序列分析技术方法的出现，进一步提升了形变监测的精度和可靠性。在 SAR 影像的分析中，还可以通过比较不同时间点获取的 SAR 影像的像素偏移来计算出目标区域的大位移或变形量，这是对 InSAR 微小形变观测的重要补充。

2.1.1 InSAR 基本原理

1. D-InSAR 技术基本原理

作为 InSAR 技术最为成功的发展和应用，差分合成孔径雷达干涉测量（differential interferometric synthetic aperture radar，D-InSAR）技术是从 InSAR 技术衍生出来的。该技术基于面观测的遥感监测技术，目前已广泛用于地表形变监测、火山形变和构造形变等测量领域。D-InSAR 技术是利用同一地区不同时间的 SAR 影像生成干涉图，通过数据处理，消除或减少地形等因素引起的相位误差，获取地表形变信息。基于 D-InSAR 技术获取地表形变主要有三种方法，分别是已知 DEM 的重复轨道干涉测量（又称二轨法）、三轨法和四轨法，考虑二轨法在 D-InSAR 技术处理中的应用最为广泛，本小节以二轨法为例对 D-InSAR 技术原理进行阐述。

二轨法是同一轨道 SAR 卫星两次重复对同一地区进行观测，获取地表变化前后的两幅 SAR 单视复数（single look complex，SLC）影像，并通过配准等方式生成干涉图。干涉图中的相位是地面观测点干涉相位的集合（Neely et al.，2020），包括相对于参考点的高程、大气相位地表形变等信息，具体关系为

$$\Delta\varphi_{total}=\Delta\varphi_{def}+\Delta\varphi_{topo}+\Delta\varphi_{flat}+\Delta\varphi_{atm}+\Delta\varphi_{orb}+\Delta\varphi_{noise} \tag{2.1}$$

式中：$\Delta\varphi_{total}$ 为干涉测量相位，即总相位；$\Delta\varphi_{def}$ 为形变相位，即观测点在地表视线（line-of-sight，LOS）向的形变量，正值表示观测点向雷达卫星方向运动，负值表示观测点背离雷达卫星方

向运动；$\Delta\varphi_{\text{topo}}$ 为地形相位，与观测点高程有关；$\Delta\varphi_{\text{flat}}$ 为平地相位，其主要是由 SAR 卫星影像像对之间的基线引起的；$\Delta\varphi_{\text{atm}}$ 为大气相位；$\Delta\varphi_{\text{orb}}$ 和 $\Delta\varphi_{\text{noise}}$ 分别为轨道误差和失相关噪声。

为了获取 LOS 向形变，需要对干涉图中的其他相位分量进行提前解算或者去除，平地相位和地形相位可以根据高精度的基线和已知观测点高程进行估算并去除。可使用精密轨道数据去除轨道误差 $\Delta\varphi_{\text{orb}}$，通过对 SAR 影像失相关噪声 $\Delta\varphi_{\text{noise}}$ 进行多视和滤波抑制。若干涉图中存在较大的大气误差相位，一般可使用外部大气数据（Neely et al.，2020）进行去除或减弱。此外，还需要对干涉相位进行相位解缠来恢复地表真实相位，具体处理过程包括：SLC 影像配准、参考/地形相位去除、干涉图生成及滤波、相位解缠，以及对 LOS 向形变场进行地理编码等（图 2.1）。简单来说，在获取 SAR 卫星 SLC 影像像对后，基于主影像对辅影像进行配准及重采样。对主、辅影像进行共轭相乘得到对应干涉图，再将 DEM 投影到主影像的雷达坐标系中，去除干涉图中的平地相位及地形相位，然后对剩下的干涉相位进行相位解缠，恢复干涉相位中的整周数，并进行地理编码，获取相对于参考点的 LOS 形变相位。

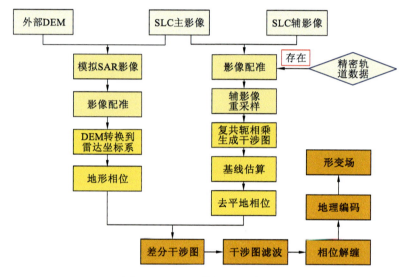

图 2.1　InSAR 数据处理流程图

2. LOS 向形变与三维形变之间的关系

D-InSAR 技术获取的形变是地表三维形变在 LOS 向的投影（SAR 影像均为右视成像），即一维形变，以升轨 SAR 卫星为例，根据 SAR 卫星成像的几何原理（图 2.2），可以发现地距向（azimuth look direction，ALD）形变是地表水平形变在 ALD 的投影，LOS 向形变位于 ALD 和垂直向构成的平面中，是 ALD 形变和垂直向形变的投影。因此，升轨 LOS 向形变 $d_{\text{los}}^{\text{A}}$ 与地表三维形变的关系可以表示为

$$d_{\text{los}}^{\text{A}} = \boldsymbol{d}_{\text{u}} \times \cos\theta_{\text{inc}}^{\text{A}} + \left\{ \boldsymbol{d}_{\text{e}} \times \left[-\sin\left(\alpha_{\text{azi}}^{\text{A}} - \frac{3\pi}{2}\right) \right] + \boldsymbol{d}_{\text{n}} \times \left[-\cos\left(\alpha_{\text{azi}}^{\text{A}} - \frac{3\pi}{2}\right) \right] \right\} \times \sin\theta_{\text{inc}}^{\text{A}} \quad (2.2)$$

式中：$\boldsymbol{d}_{\text{u}}$、$\boldsymbol{d}_{\text{e}}$ 和 $\boldsymbol{d}_{\text{n}}$ 分别为该地面点的垂直向、东西向和南北向形变；$\alpha_{\text{azi}}^{\text{A}}$ 为升轨 SAR 卫星飞行方向的方位角；$\alpha_{\text{azi}}^{\text{A}} - \dfrac{3\pi}{2}$ 为地距向与北方向的夹角；$\theta_{\text{inc}}^{\text{A}}$ 为升轨 SAR 卫星对观测点的入射角。

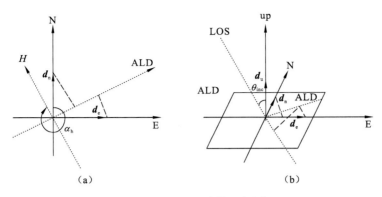

（a）   （b）

图 2.2 SAR 卫星成像几何原理

同理，对于降轨 SAR 卫星，其 LOS 向形变 d_{los}^{D} 仍然是地表三维形变在 SAR 卫星的 LOS 向投影：

$$d_{los}^{D} = \boldsymbol{d}_{u} \times \cos\theta_{inc}^{D} + \left\{ \boldsymbol{d}_{e} \times \left[-\sin\left(\alpha_{azi}^{D} - \frac{3\pi}{2} \right) \right] + \boldsymbol{d}_{n} \times \left[-\cos\left(\alpha_{azi}^{D} - \frac{3\pi}{2} \right) \right] \right\} \times \sin\theta_{inc}^{D} \quad （2.3）$$

显然，要解算地表真实三维形变，最简单的一种方法是利用不同 LOS 向形变场（至少三个），即基于不同轨道、不同波长、不同飞行方向的 SAR 卫星数据，采用最小二乘法直接解算地表三维形变。

3. D-InSAR 数据处理误差概述

从二轨法数据处理流程发现，影响 D-InSAR 技术获取高精度地表 LOS 向形变的主要误差包括影像配准误差、干涉图噪声、轨道误差、DEM 误差和大气误差等。

在 D-InSAR 数据处理中，外部 DEM 的误差贡献和多种去相干因素（包括多普勒质心失相干、热噪声失相干等）会导致干涉相位存在噪声，且相位噪声严重时可能使干涉条纹不清晰，导致干涉相位中出现奇异点，不利于干涉图的相位解缠（Dai and Zha，2012；Hanssen，2001；Zebker and Villasenor，1992），因此，在相位解缠前，需要对干涉图进行多视和滤波来减弱此类误差的影响。

由于存在地球重力场变化、月球引力变化、大气阻力等因素，SAR 卫星在飞行过程中位置是沿着预定的轨道不断变化的，很难正确估算 SAR 卫星的位置。虽然一般可以通过轨道调控，使 SAR 卫星空间位置在地面轨迹 ±1 km 范围内，但频繁地调控会减少 SAR 工作卫星的寿命。对 D-InSAR 干涉测量来说，SAR 卫星位置的不确定性会产生轨道误差，该轨道误差一般在解缠干涉图中表现为长波相位条纹（图 2.3）。目前校正轨道误差有两种常用的方法。一种方法是使用 SAR 卫星精密定轨（precise orbit determination，POD）数据去除 InSAR 形变场中由轨道引起的系统误差，目前最精确的轨道数据是 POD 星历数据，该数据每天会产生一个文件，每个文件包括 26 h，定位精度优于 5 cm，但是一般要 SAR 卫星成像 21 天后才可以使用，无法实时获取 POD 精密定轨星历数据，从而对 SAR 数据实时处理，获取 LOS 向形变场。另一种方法是多项式改正法，通常情况下，一般可以使用一次或者二次多项式简单地模拟轨道误差（Hanssen，2001），即存在一个简单的相位斜面（ramp），一般使用二次多项式 [式（2.4）] 进行去除，可以有效去除长波长信号，但是去除的长波长信号常包括其他长波长信号，如长波大气信号、地表形变等，使用多项式去除轨道误差可能同时去除地表形变的长波长信号，对于地震形变，一般可以通过估计地震远场（相对于地震区域，形变量较小）的形变信息来估算并去除长波长信号，该方法的优点在于不需要地球物理模型等先验知识。

$$Z(x,y) = ax^2 + bxy + cy^2 + dy + ex + f \tag{2.4}$$

式中：$Z(x,y)$为形变量；(x,y)为像元坐标；a、b、c、d、e、f为未知参数。

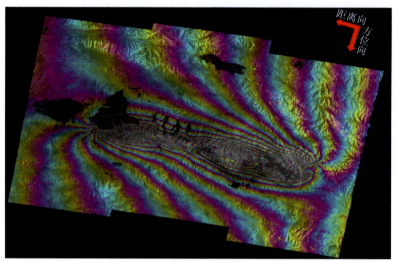

图 2.3　SAR 卫星不精确轨道参数导致的解缠相位条纹（以 Sentinel-1 干涉图为例）

作为 D-InSAR 获取地表形变的重要环节之一，相位解缠可以将干涉相位恢复至真实相位。只有当相邻点的真实相位满足奈奎斯特（Nyquist）抽样定律时，解缠相位与真实相位相等，但是 SAR 影像在雷达阴影、物体边界等处不满足 Nyquist 抽样定律，即相邻点真实相位差值大于 π，无法进行相位解缠。相位解缠方法可以分为三大类：最小范数法、路径跟踪法和网络规划法。其中，最小范数法是将解缠相位梯度和缠绕相位梯度差值最小作为准则，计算解缠相位，但解缠相位不一定是真实相位，有时会产生整体性偏差；路径跟踪法的核心思想是先确定一致性路径，并沿着该路径对相邻点的相位梯度进行积分，在积分中，一致性路径不经过低质量、不一致的区域，但是存在一些区域无论选取什么路径都无法相位解缠；网络规划法的核心思想是以缠绕相位与解缠相位的导数之间的差值最小为准则，从而将相位解缠转化为最小费用的网络优化问题，该方法需要计算机的性能高，且解算效率极低，但能够很好地完成相位解缠且精度较高，操作简单。因此，本节采用网络规划法的代表算法——最小费用流算法进行相位解缠。

SAR 卫星 SLC 影像配准精度的高低决定了其形变精度的高低，以二轨法为例，两景 SLC 影像成像差异主要表现在斜距向上，即在同一区域会出现不同程度的压缩和拉伸。目前已有多种方法将 SAR 影像配准到亚像元级，包括最大干涉频谱法、相干系数法和最小二乘法等。

当 SAR 卫星系统发射的电磁波信号两次穿过大气层时，大气条件（温度、水汽和压力等）的变化往往会导致大气折射指数发生变化，且传播路径会出现相位延迟现象，一方面雷达信号的速度发生了延迟，另一方面雷达信号的路径发生了弯曲（Dai and Zha，2012）。对二轨法来说，时间分辨率最高的 SAR 卫星是欧洲遥感卫星（European Remote Sensing Satellite，ERS），最高时间分辨率可达到一天，然而一般大气信号超过一天就是不相干的，对于不同位置、同一时间成像的大气延迟存在差异，即 SAR 卫星信号两次所经历的大气条件在时空上是各向异性的。因此，在 InSAR 数据处理过程中大气延迟无法完全消除，即使进行了大气校正，干涉图中仍然存在残余的大气噪声的影响，从而影像干涉相位的正确解译。

大气延迟主要分为对流层延迟和电离层延迟。对大地震来说，特别是浅层地震，对流层延迟在干涉图产生的误差一般为厘米级，地表产生的误差可达到米级，因此对大地震来说，对流层延迟一般可以忽略。电离层延迟一般与电磁波的频率成反比，与大气中电子总含量（total electron content，TEC）成正比，单位 TEC 可增加 SAR 卫星 L 波段（波长 23.6 cm）斜距约为 48 cm 的相位延迟，但对 C 波段（波长 5.6 cm）影响较小，对 L 波段的影响是 C 波段的 17 倍，因此，电离层延迟在 SAR 卫星 L 波段数据处理中无法忽略。目前已有的关于电离层延迟校正的方法主要分为五类，包括距离向频谱分割法 （Brcic et al.，2010）、方位向偏移量法（Zhu et al.，2017；Jung and Lee，2015；Meyer，2011）、法拉第效应法（Meyer，2011）、距离向群延迟差分法（Jung and Lee，2015）及电离层模型校正法（袁运斌和欧吉坤，2005）。

2.1.2　时序 InSAR 技术

1. 时序 InSAR 技术概述

随着 D-InSAR 技术在地壳断层、火山、冰川、城市地面沉降及山体滑坡等地表形变监测中的广泛应用，研究者逐渐意识到轨道参数、地形数据、大气延迟、时空去相关等误差，以及系统噪声等因素，严重影响了 D-InSAR 的监测精度。这些问题在长期监测慢性形变（如断层活动）时尤其明显，限制了其实际应用效果。

为了解决 D-InSAR 技术在微小形变监测中的不足，时序 InSAR 技术应运而生。该技术通过对长时间序列的 SAR 数据进行分析，能够有效去除干涉相位中的轨道、大气和 DEM 等误差，从而克服常规方法在失相干和低信噪比条件下的局限性，实现对毫米级地表微小形变的高精度测量（廖明生和王腾，2014；许才军 等，2012；Hooper et al.，2012；Li et al.，2009；Lanari et al.，2007；Berardino et al.，2002；Ferretti et al.，2000）。自 20 世纪 90 年代中期以来，时序 InSAR 技术经过 20 余年的发展，针对地物目标的时间序列特征，形成了多个分支，主要方法包括用于重建平均形变速率场的相位叠加合成孔径雷达干涉测量（stacking InSAR）（Biggs et al.，2007）、永久散射体合成孔径雷达干涉测量（persistent scatterer InSAR，PSI）（Ferretti et al.，2000）和小基线集（small baseline subset，SBAS）InSAR（Berardino et al.，2002）等。这些方法虽在原理和算法上有所不同，但都基于对多景 SAR 数据的时间序列分析，以实现稳定的相位观测序列，进而监测毫米级的微小形变。

在这些技术中，stacking InSAR 通过对同一区域的多幅差分干涉图进行线性叠加，以提高观测精度并减小时间上随机噪声（如大气信号）的影响。其核心思路是假设同一区域在超过一天的时间内，其大气环境是完全无关的，因此干涉图中的大气扰动相位可以视为随机变量，而地表形变信号则假设为线性变化。这种方法通过叠加多幅独立的干涉图，平均处理其相位，以减弱大气误差，提高形变信息的信噪比（Sandwell and Price，1998）。研究者利用这一方法成功获取了多个断层的震间形变速率，如加利福尼亚州圣安德烈斯断层和土耳其安托利亚断层的滑动速率等（Fialko，2006；Wright，et al.，2001）。

尽管 stacking InSAR 方法在地壳形变监测中得到广泛应用，但其仍然依赖于区域整体的相干性较好，特别是在干旱或植被稀疏的地区。此外，该方法假设大气扰动为随机噪声，但实际上，除了板块运动的线性形变，其他地壳运动往往包含非线性特征。同时，仅挑选相干性良好的干涉图，会导致许多低相干的干涉图被舍弃，限制了 SAR 数据的充分利用。

相比之下，PSI 方法和 SBAS InSAR 方法则通过提取高相干散射体的稳定相位信息，定量建模去除各种误差，提取微小形变信号。PSI 方法由 Ferretti 等（2001，2000）提出，主要应用于建筑物和点目标丰富的区域。永久散射体是指那些在空间上稳定、几乎不受几何失相干影响的雷达目标（如建筑、裸露岩石等）。该方法基于空间垂直基线、时间间隔和多普勒中心频率差异的最优原则，选取主图像构建干涉对，从而克服 SAR 数据的时空失相干问题。

SBAS InSAR 方法则关注在小基线条件下的干涉图组合，以形成连通的干涉图网络，利用短时间间隔内失相干小的像素点（或称为分布式目标）进行地表形变监测。该方法通过对干涉图的组合，最小化时空失相干和 DEM 误差影响，提高了空间相关位移的观测精度。

综上所述，PSI 方法和 SBAS InSAR 方法分别面向不同特性的地面目标，相干目标的提取是时序分析中的关键步骤。在实际应用中，应结合目标的形变特点、地形、地表覆盖情况及 SAR 影像的积累和分辨率，选择合适的处理方式。

2. PSI 方法

Ferretti 等（2001，2000）首次提出了永久散射体干涉测量的概念。与传统的 D-InSAR 处理方法不同，PSI 技术不对 SAR 影像中所有目标的相位进行处理，而是基于 SAR 时间序列数据集进行 InSAR 相位分析，提取信噪比较高的点，称为 PS 点。随后，对这些 PS 点进行建模分析，在解缠相位的过程中提取时间序列中的地表形变信息，同时分离出由不精确 DEM 和影像获取时间变化引入的大气效应误差。严格定义的 PS 点通常是指那些在 SAR 影像中反射特性稳定、时间上不变且不受卫星观测角度影响的点。

为了更深入理解这一技术，接下来将介绍 Ferretti（2001）提出的常规 PSI 算法中 PS 点选取和解算的基本原理，随后再讨论基于干涉图集的 PSI 方法的技术流程。

1）PSI 方法基本原理

PSI 方法的核心思想是通过选择合适的单主影像来构成干涉像对，分析 SAR 影像中目标的成像特征，评估时间序列上幅度和相位信息的稳定性。通过不同相位贡献的时空信息统计特性差异，能够有效分离线性和非线性形变以及其他误差。主要步骤包括主影像的选择、差分干涉预处理、PS 点的提取以及相位建模与解算。

通常情况下，PS 点的后向散射系数主导了整个分辨率单元的回波，因此不易受到空间失相干的影响。此外，PS 点的散射特性在时间上通常是稳定的，保持着较高的时间相干性，因此被称为永久散射体。这些点一般是建筑物、路灯、高压线塔等人工物体，在自然环境中则常见于大型裸露岩石等。PSI 技术专注于处理这些 PS 点，因此 PS 点的选取是其关键技术之一。Ferretti 等（2000）提出采用振幅离差法来筛选 PS 点，该方法利用像元的强度信息和相位信息的相关性，以高信噪比作为提取 PS 点的依据。近年来，随着时序 InSAR 分析技术的发展，振幅离差法已成为相位稳定目标的常规初始候选点选择策略。

在选定 PS 点后，针对这些像素目标进行相位解缠，并根据大气与形变的时空统计差异，通过时空滤波去除大气相位，从而获取厘米至分米级的高程信息和毫米级的形变信息（Ferretti，2001）。在 PSI 基本理念的基础上，其他研究者根据应用需求对 PS 点的选取方法、相位解缠等关键算法进行了深入研究和改进（Hooper et al.，2012；Kampes，2005），并成功将其应用于地震构造形变监测（Bekaert et al.，2015）、火山形变监测（Hooper et al.，2007）、城市沉降监测（Perissin and Wang，2012）等多个领域。接下来将介绍 PSI 技术的基本原理。

假设在研究区内获取 $K+1$ 幅 SAR 影像。选择其中一幅影像作为主影像，将其他 K 幅辅影像和主影像进行干涉处理，得到 K 幅差分干涉图。在利用外部 DEM 去除地形相位后，第 i 幅干涉图像元 p 的缠绕相位可写为

$$\varphi_p = 2\pi \cdot N_p + \left(-\frac{4\pi}{\lambda}\Delta d_{t_{i,p}}\right) + \varphi_{\text{topo}_{i,p}} + \varphi_{\text{atm}_{i,p}} + \varphi_{n_{i,p}} \tag{2.5}$$

式中：N_p 为待求的整周模糊度相位缠绕算子；$\varphi_{\text{def}} = \frac{4\pi}{\lambda}\Delta d_{t_{i,p}}$ 为像元 p 内点目标在卫星视线向上的形变产生的相位；λ 为卫星雷达传感波长；$\varphi_{\text{topo}_{i,p}}$ 为 DEM 误差引起的地形误差相位，即 $\varphi_{\text{topo}_{i,p}} = -\frac{4\pi}{\lambda}\frac{B_{\perp i}}{R_p\sin\theta}\delta h_p$，该误差相位与干涉图的垂直基线 $B_\perp$ 成比例，δh_p 为 p 像元上的地形残余误差；$\varphi_{\text{atm}_{i,p}}$ 为第 i 幅干涉图上 p 像素的大气相位屏（atmospheric phase screen，APS）；$\varphi_{n_{i,p}}$ 为其他噪声影响，主要包括不相关噪声，对于 PS 点目标，其后向散射特性稳定，因此 $\varphi_{n_{i,p}}$ 可以忽略不计。

值得注意的是，这里并没有单独将轨道误差引起的相位贡献（φ_{orb}）进行建模。一方面可以通过精密轨道数据降低其影响；另一方面，由于轨道误差与大尺度的大气信号在空间上特征类似，在以下 PSI 处理中将其并入大气信号处理进行去除。PSI 数据处理的关键步骤包括：①单主影像干涉图集预处理，包括辐射校正与差分干涉处理；②PS 点选取；③PS 点相位解缠；④APS 估计与去除；⑤时序形变信息重建。整个数据处理的过程如图 2.4 所示。下面对 PSI 技术流程中的关键技术逐一展开，介绍其原理和关键技术。

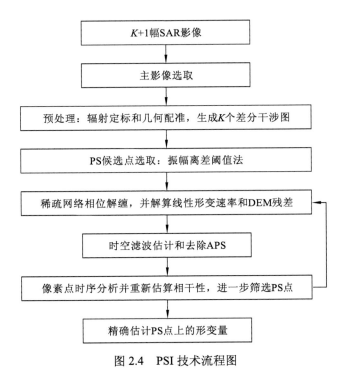

图 2.4　PSI 技术流程图

2）PSI 技术流程

（1）PSI 预处理。预处理过程的核心是选定一幅主影像，并对相关的干涉像对进行差分干涉处理，主要步骤如下。

假设整个 SAR 影像集包含 $K+1$ 幅时序影像，首先需选取一幅作为主影像，其他的则为从影像。选择主影像时需考虑以下几个因素（Kampes，2005；Ferretti et al.，2001）：①主影像的多普勒中心频移应与所使用的 SAR 数据的平均多普勒中心频移相近。这一点尤其适用于 ERS1/2 等早期历史卫星数据，而现代 SAR 卫星通常能保持影像中心频率的长期稳定。②主影像的干涉集平均垂直基线应尽可能小，这意味着主影像卫星的位置应接近所有 SAR 影像集合轨道通道的几何中心，以减少几何失相干。③主影像的干涉集平均时间基线也应尽量小，获取时间应接近整个时间序列的中部，以降低时间失相干的风险。

确定主影像后，参考前述差分干涉处理基本流程，将所有从影像与主影像进行辐射定标和空间配准，生成主影像的缠绕干涉图集。与常规的差分干涉处理不同，PS 干涉集还需校正 SAR 影像的强度信息，以便比较像元振幅信号的时间序列变化并选择 PS 点。此外，为了确保更好的目标选择，PSI 数据预处理阶段不进行相位滤波。

（2）PS 候选点选取方法。经典的 PSInSAR 技术依据雷达图像的成像原理及点目标成像特点，采用振幅离差阈值法进行 PS 点选取。

针对已配准并完成辐射校正的时间序列，SAR 图像上对应位置像元 (i, j) 的振幅信息 $A_i(i, j)$ 可表示为

$$A_i(i, j) = \sqrt{\text{Re}^2(i, j) + \text{Im}^2(i, j)} \tag{2.6}$$

式中：$\text{Re}(i, j)$、$\text{Im}(i, j)$ 为像元 (i, j) 的回波反射信号的实部和虚部。

计算时间序列上 SAR 图像的对应地理位置像元 (i, j) 的振幅离差 $D_h(i, j)$，可表示为

$$D_h(i, j) = \frac{\text{std}[A_i(i, j)]}{\text{mean}[A_i(i, j)]} \tag{2.7}$$

最后统计分析 SAR 图像上各个像元的振幅离差值 $D_h(i, j)$，确定一个合适的阈值，根据振幅离差指数阈值精选 PS 点。分别算出 PS 候选点的时序振幅平均值 m_A 和时序振幅标准差 σ_A，并分别算出 PS 候选点的振幅离差指数 $D_A = \sigma_A / m_A$。设定一个振幅离差指数阈值，当离差值小于给定阈值时，就将 PS 候选点确定为 PS 点，否则给予排除。

$$\varphi_p = 2\pi \cdot N_p + \left(-\frac{4\pi}{\lambda} \cdot \Delta d_{t_{i,p}}\right) + \varphi_{\text{topo}_{i,p}} + \varphi_{\text{atm}_{i,p}} + \varphi_{n_{i,p}} \tag{2.8}$$

（3）基于目标的稀疏网格相位解缠。在经典的 PSI 处理中，将式（2.8）中的 LOS 向上的形变 $\Delta d_{t_{i,p}}$ 分为线性形变和非线性形变的部分。式（2.5）中第一项的形变贡献可以改写为

$$-\frac{4\pi}{\lambda}\Delta d_{t_{i,p}} = -\frac{4\pi}{\lambda}v_p \cdot t_i = C_i \cdot v_p \tag{2.9}$$

式中：v_p 为像素 p 上目标在 LOS 方向上目标平均运动速率，是一个未知矢量；t_i 为主图像与第 i 个从图像的时间间隔，即时间基线。

考虑形变和大气等误差贡献在空间上具有较大的相关性，针对所选取的 PS 候选点建立德洛奈（Delaunay）不规则三角网，即形成空间稀疏网格，可以进行 PS 点上的相位解缠。因此，对于第 i 幅干涉图，相邻两 PS 点的相位梯度可以表示为

$$\phi_{\text{diff}}^i = \left(C_i \cdot \Delta v^i + \frac{4\pi B_{\perp i}}{\lambda R \sin(\theta)} \cdot \Delta h^i \right) + \Delta \varphi_{\text{res}}^i \qquad (2.10)$$

式中：Δv 为相邻 PS 点之间的形变速率差异；Δh 为高度误差差异；$\Delta \varphi_{\text{res}}$ 为残余相位，主要包括相邻点间的大气和非线性形变差异。

假设 $\Delta \omega$ 的贡献不超过半个整周，即 $|\Delta \varphi_{\text{res}}^i| < \pi$，就可以利用周期图谱的方式进行相位解缠绕（Ferretti et al.，2001），同时解算出形变速率差异和高度误差差异。下面对此进行简要介绍。

考虑 PS 点的特性，可以建立如式（2.11）所示的多干涉图复相干方程，其中 J 为虚数单位，γ^i 描述了对应目标的整体相干性。

$$\gamma^i = \frac{1}{K} \sum_{k=1}^{K} \exp(J\Delta \varphi_{\text{res}}^i) \qquad (2.11)$$

$$\exp(J\Delta \varphi_{i,j,\text{res}}) = \cos \Delta \varphi_{i,j,\text{res}} + J \sin \Delta \varphi_{i,j,\text{res}} \qquad (2.12)$$

由于有 $|\Delta \varphi_{\text{res}}^i| < \pi$，将 γ^i 对应到复平面内单位圆上，可作为 K 个辐角为 $\Delta \varphi_{\text{res}}^i$ 的单位矢量的平均值，其模 $|\gamma^i|$ 在[0, 1]内变化。当这 K 个矢量的幅角接近时，$|\gamma^i|$ 较大；当幅角完全一致时，$|\gamma^i|$ 取得最大值 1。$|\gamma^i|$ 取 0 时，这 K 个矢量互相抵消，幅角呈互相背离的离散分布状态。

基于复相干方程，可以通过空间搜索的方式进行求解。首先设定 PS 点对 (i, j) 高程残差之差和线性形变速率差异的最大最小值（分别根据当地的地面沉降状况及所用的 DEM 的精度预先进行设定）；然后按一定的步长在 $\Delta h_{i,j}$ - $\Delta v_{i,j}$ 二维空间内搜索，逐点计算 $\Delta \varphi_{\text{res}}^i$，当取得 $\max|\gamma^i|$ 时，此时的 Δh^i、Δv^i 为高程残差之差和线性形变速率差异的最优解。随后采用带权最小二乘进行解算，从参考起算点（如某已知点），重建出网格上所有 PS 候选点上的高程残差和线性形变速率，间接地解决 PS 点的相位解缠。

基于前述理论，完成了线性形变速率与地形残差贡献的提取，但是对形变探测来说，还有不随时间变化的非线性量没有被分离出来。考虑非线性相位和大气相位 PS 点上的残余相位差 $\Delta \varphi_{\text{res}}$，下面通过滤波的方式分离大气贡献与 PS 点上的非线性形变量。

（4）大气相位估计与去除。通常认为，相邻距离不超过 2～3 km 的两个空间点会受到相似的大气影响，表现出空间相关性（Colesanti et al.，2003）。然而，对于某一特定目标，其在 SAR 影像时间序列上的大气相位在时间维度上是无相关的。因此，相邻的两个 PS 点之间的相位差中的大气差异贡献较小。在估计 APS 时，通常会考虑大气延迟误差和残余轨道误差的综合影响。一般来说，在数据预处理阶段，会使用精确的轨道信息来降低轨道误差的影响。残余轨道误差的空间分布特征与大气中的长波长大气延迟相似。因此，可以通过时空滤波方法分析已解缠的点目标上的残余相位 φ_{res}，从中分离出与非线性形变相关的干涉相位，以提取 PS 点的完整形变信息：

$$\varphi_{\text{res}} = \varphi_{\text{non-linear}} + \varphi_{\text{atm}} + \varphi_{\text{noise}} \qquad (2.13)$$

式（2.13）中的 φ_{res} 是解缠后的 PS 点相位减掉上一步解算得到的线性形变和高程残差贡献之后得到的。

首先，对于主影像的大气贡献，可以通过点目标的残余相位 φ_{res} 在时间序列上的平均值

φ_{res} 来近似表示点目标在主影像中的大气相位（Kampes，2005；Ferretti et al.，2001）。在去除残余主影像的大气相位后，参与从影像中的大气延迟相位在干涉图上造成的影响在时间上是无相关的，表现为高频信号，但在空间上则显示出强相关性，即表现为低频信号。非线性形变的相位贡献则在空间和时间上都具相关性，表现为低频信号。而噪声相位 $\varphi_{i,noise}^{k}$ 在时间和空间上都是无相关的，表现为高频信号。因此，通过时间和空间的高通与低通组合滤波方法处理 φ_{res}，可以有效分离不同的相位贡献。对于获得的 PS 候选点上的大气相位，可以采用克里金（Kriging）插值法重建整幅雷达影像的大气影响，从而构建出 APS。

（5）PS 点时序分析与形变估计。在消除差分干涉集中 APS 的影响后，可以对影像上的每个像素进行时间序列分析，重新计算整体相干性，从而进一步筛选和确认 PS 点。接着，进行相位解缠和形变估计。最后，将 PS 点的线性和非线性形变速率叠加，便可获得其相对于主影像在时间序列上的实际形变情况，并进一步提取各个时间段内雷达视线方向上的形变总量。

3. 小基线集时序分析方法

Berardino 等（2002）提出了一种新的差分干涉测量算法，用于监测地表形变的时间演变，称为小基线集（SBAS）时序分析方法。在 SBAS 时序分析方法中，短时间基线干涉图通常包含许多散射特性相对不稳定的目标，如分布式散射体（distributed scatterers，DS）。随着时空基线的增加，这些点的相位由于失相干的影响可能会被噪声覆盖，掩盖目标形变信号。然而，这些噪声信号可以通过在距离方向上的频率滤波和去除非重叠多普勒频率来减弱或消除。如果影像之间的时间间隔和空间基线较短，那么某些地表分辨单元内的散射体能够保持稳定，从而导致失相干造成的相位变化较小，仍可探测到潜在的信号。Hooper 等（2012）提出，将这些在短时间间隔内经过滤波后失相干较弱的相位像元称为缓慢失相干的滤波相位像元（slowly-decorrelating filtered phase pixel，SDFPP），这正是 SBAS 时序分析方法需要选择的目标点。与 PSI 技术相比，SBAS 时序分析方法的主要区别在于是否进行滤波。在 PSI 方法和 SBAS 时序分析方法中，所针对的目标点集各自具有独特的特征，并且存在交集（Hooper，2008）。

1）SBAS 时序分析方法的基本原理

该方法的核心思想是通过筛选短时空基线的干涉像对，构建一个多主影像干涉像对网络，以减少时间和空间上的失相干以及地形误差的影响。在这个连通的干涉像对网络中，可以采用经典的最小二乘法对时间序列进行解算。在实际应用中，以欧洲空间局的 ERS1/2 和 ASAR 数据为例，受时空基线和相干性的限制，一组长时间序列的 SAR 数据通常会形成若干孤立的小基线子集，联合解算这些子集可能会导致解算方程组的秩亏问题。为了解决这个问题，Berardino 提出采用奇异值分解（singular value decomposition，SVD）的方法，有效地将每个短基线子集联合起来进行求解（Lanari et al.，2007；Berardino et al.，2002）。在获取干涉相位的时空变化量后，通过分析误差相位的时空统计特性，对形变时间序列进行进一步修正。SBAS 时序分析方法通过整合所有可用的 SAR 数据，显著提高了形变图的时间采样率和空间密度。SBAS 基本数据的处理流程如图 2.5 所示。

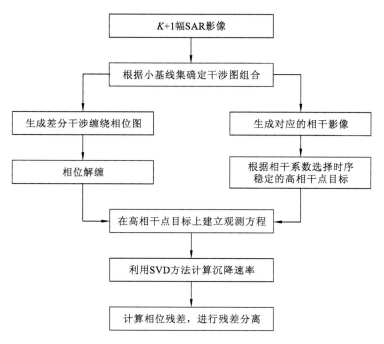

图 2.5　SBAS 基本数据的处理流程图

2）SBAS 技术处理流程

（1）选取小基线像对。假设有 $N+1$ 幅 SAR 影像（其中 N 为奇数）覆盖同一研究区域，影像获取时间依次为 $t_0, t_1, \cdots, t_N$。为了组合生成小基线干涉数据集，需要确保任意一幅 SAR 数据可以作为主影像，至少与另一幅影像配合生成干涉图集。假设可以生成 M 个多主影像干涉图，则 M 需满足不等式：

$$\frac{N+1}{2} \leqslant M \leqslant N\left(\frac{N+1}{2}\right) \tag{2.14}$$

在实际数据处理中，通常会从整个 SAR 数据集中选择一幅影像作为主影像，其余影像则会被配准到主影像的坐标系中。接着，对选定的 M 个影像对进行差分干涉处理，并进行二维相位解缠。相位解缠的质量会显著影响最终结果，因此需要对解缠后的相位图进行仔细检查。此外，所有干涉像对必须确保有一致的空间起算点，如稳定区域或已知的像素点（区域）。

（2）选取相干点目标。常用的 DS 选取方法主要基于像素的空间相干性。对于每幅干涉图中相应位置的像元，计算其空间相干系数，并设定一个最低阈值作为选取相干点的标准。当一系列 SAR 影像中相应位置的像元空间相干系数均大于该阈值时，表明该像元为相干点，并将其纳入后续的 SBAS 处理。

（3）小基线干涉相位时间序列解算。假设 t_i 和 t_j（t_i 早于 t_j）时刻获得的两幅 SAR 影像干涉生成干涉图，去除地形相位后，解缠后的干涉相位 $\delta\varphi_{i,j}^q$ 在雷达坐标系中 q 点处可表示为

$$\delta\varphi_{i,j}^q = \phi_{t_j}^q - \phi_{t_i}^q \approx -\frac{4\pi}{\lambda}(d_{t_j}^q - d_{t_i}^q) + (\phi_{N,j}^q - \phi_{N,i}^q) \tag{2.15}$$

式中：λ 为雷达波长；假设 t_0 时刻未发生形变，$d_{t_0}^q \equiv 0$；$d_{t_j}^q$ 和 $d_{t_i}^q$ 分别为 t_j 和 t_i 时刻相对于 t_0 时刻的 LOS 向累积形变量；$\phi_{N,j}^q$ 和 $\phi_{N,i}^q$ 分别为对应时间下的大气贡献相位、地形残余相位等

噪声相位干扰项。

与 PSI 的空间差分求解（如构建 Delaunay 三角网络）不同，SBAS 处理中对干涉图逐像元进行解算。此外，SBAS 从复杂的多主影像干涉图网络中解算时间序列。在上述 $N+1$ 幅 SAR 影像并构建了 M 个干涉图组合的条件下，以 q 点处为例，各时间点上 SAR 影像的相位相对于某一个时间起算节点，则有 N 个未知相位值表示成向量（待求量），可表示为

$$\boldsymbol{\phi}^{\mathrm{T}} = [\phi(t_1), \phi(t_2), \cdots, \phi(t_N)] \tag{2.16}$$

而在 q 点处，将 M 个解缠干涉图上得到的相位值表示为向量：

$$\delta\boldsymbol{\varphi}^{\mathrm{T}} = [\delta\varphi_1, \delta\varphi_2, \cdots, \delta\varphi_M] \tag{2.17}$$

设

$$\mathrm{IP} = [\mathrm{IP}_1, \mathrm{IP}_2, \cdots, \mathrm{IP}_M], \quad \mathrm{IS} = [\mathrm{IS}_1, \mathrm{IS}_2, \cdots, \mathrm{IS}_M] \tag{2.18}$$

式中：IP 和 IS 分别为干涉像对中主影像和从影像对应的时间序列。

假设主影像和从影像总按影像获取时间先后顺序排列，干涉图的主影像时间总比从影像时间晚，即 $\forall j = 1, 2, \cdots, P$，且 $\mathrm{IP}_M > \mathrm{IS}_M$，共计 M 个干涉图组合中第 k 幅干涉图对应的相位为

$$\delta\varphi_k = \phi(t_{\mathrm{IP}k}) - \phi(t_{\mathrm{IS}k}), \quad \forall k = 1, 2, \cdots, M \tag{2.19}$$

类似地，对于所有的干涉图，式（2.19）的矩阵形式如下：

$$A\boldsymbol{\phi} = \delta\boldsymbol{\varphi} \tag{2.20}$$

式中：A 为 $M \times N$ 矩阵，矩阵的行对应于某一幅干涉图，而列对应的是某一景雷达影像。

因此，$\forall k = 1, 2, \cdots, M$，若 $\mathrm{IS}_k \neq 0$，则 $A(j, \mathrm{IS}_k) = -1$，$A(j, \mathrm{IP}_k) = +1$；否则为 0。显然 A 是一个近似关联矩阵（incidence-like matrix），它与所用数据生成的一系列干涉图有关。若每个干涉图属于一个短基线子集，则有 $M \geqslant N$，且 A 的秩为 N，则有当 $M = N$ 时，式（2.20）为定解方程组；当 $M > N$ 时，为一超定解方程组，其最小二乘解为

$$\boldsymbol{\phi} = (A^{\mathrm{T}}A)^{-1} A^{\mathrm{T}} \delta\boldsymbol{\phi} \tag{2.21}$$

然而，通常干涉图数据集是分布在几个不同的短基线子集中（即整个干涉图集不能实现全联通），显然此时 $A^{\mathrm{T}}A$ 是一降秩矩阵（即奇异矩阵），方程组就会有无穷多解，因此可以采用 SVD 的方法求解方程组。

（4）形变时间序列重建。为得到符合物理意义的形变序列，可将式（2.21）中得到的相位表示为两个获取时间的平均相位速度：

$$\boldsymbol{v}^{\mathrm{T}} = \left[v_1 = \frac{\phi_1}{t_1 - t_0}, \cdots, v_N = \frac{\phi_N - \phi_{N-1}}{t_N - t_{N-1}} \right] \tag{2.22}$$

将式（2.22）代入式（2.19）可得

$$\delta\varphi_j = \sum_{k=\mathrm{IS}_j+1}^{\mathrm{IM}_j} (t_k - t_{k-1}) v_k \tag{2.23}$$

将式（2.23）写为矩阵形式，即

$$D\boldsymbol{v} = \delta\boldsymbol{\varphi} \tag{2.24}$$

式中：D 为 $M \times N$ 大小的矩阵。

以第 k 行为例，其位于主影像获取时间之间的列 $D(k, j) = t_{j+1} - t_j$，而其他的列 $D(k, j) = 0$。在这种情况下，将矩阵 D 进行奇异值分解，就可得到速度矢量 $\boldsymbol{v}$ 的最小范数解。最后对各个时间段内的速度进行积分，就可以求解得到对应时间段内的形变量。

此外，如式（2.15）所示，实际数据处理中除形变相位外，还有其他的误差贡献相位。可以通过引入先验形变模型（如线性相位模型）用于精确地估计各个误差参数。如高程误差 Δh 的相位贡献，可构建方程组：

$$Dv + C \cdot \Delta h = \delta\phi \tag{2.25}$$

式中：C 为与垂直基线距有关的 $M\times1$ 系数矩阵。由此可得到对应像素上的 DEM 误差。

此外，在分离线性形变的基础上，类似于前面介绍的时空滤波的方式，通过对残余相位进行处理，可分离出大气相位和非线性形变相位（Lanari et al.，2007；Berardino et al.，2002）。

2.2 偏移量估计法

InSAR 技术利用两景轨道有轻微差异的复数 SAR 影像进行干涉获取其相位差，进而可获取精确的地形高程或者地表位移。目前的 SAR 卫星都是绕极地轨道近南北向飞行，近东西向侧视成像观测。升轨时（由南向北飞行）向东侧视成像，降轨时（由北向南飞行）向西侧视成像观测。方位向就是指卫星的飞行方向，即近南北方向，而距离向是指垂直于方位向的近东西向的观测方向。InSAR 技术固有的侧视成像观测方式，导致其对近南北向的方位向形变敏感度很低，几乎观测不到，因此 InSAR 观测的地表形变主要是垂直形变和东西向形变的贡献量，这对于地震形变场研究具有很大的局限性。当断层走向为近南北向时，InSAR 观测到的形变很有限，无法反映断层的实际形变量。同时 InSAR 观测对相位失相干很敏感，在形变梯度较大的极震区地表破裂带附近往往形成非相干带，造成形变相位信息的缺失。针对这些问题，一些学者开始探索使用遥感影像像素匹配方法作为 InSAR 技术的补充，来获取地震距离向及方位向形变场。关于这一技术的术语名词现在还未统一，在英文中有很多称谓，如 pixel tracking、speckle tracking、offset tracking、pixel offsets 等，本书将其统一称为像元偏移量追踪法，根据研究所用的数据源可以分为光学和 SAR 两种，本节将对两种方法的原理进行阐述。

2.2.1 光学影像偏移量估计法

1. 光学影像位移预处理流程和基本原理

原始的高分辨率卫星影像存在很多影像误差。影像误差主要来源于传感器的性能误差，如镜头焦距的变动、聚焦不准、镜头光学畸变、扫描成像仪扫描速度的非线性、采样和记录速度不均匀等；卫星位置信息的不准确，引起遥感数据的位置误差；卫星姿态变化引起图像平移、旋转、扭曲和缩放；地球自转和地球曲率对图像的影响；地形和地物高度变化，引起像点位移和比例尺改变；大气折射的影响等。这些影像误差的存在将导致在后续大震地表位移追踪结果中存在很大的形变误差和噪声。因此，为了获得高精度的位移追踪结果必须使用数字图像误差与畸变校正技术消除这些误差（图 2.6）。

采用数字图像误差与畸变校正技术对典型地震光学影像和历史航片数据进行一系列预处理，包括辐射校正、大气校正、几何校正、正射校正、全色与多光谱图像融合、多幅图像镶嵌拼接等，其目的在于消除图像中由太阳辐射和大气吸收等因素引起的辐射变化，修正图像中由地表不规则性和卫星轨道偏移等因素引起的几何形变及由地形起伏引起的视差等。

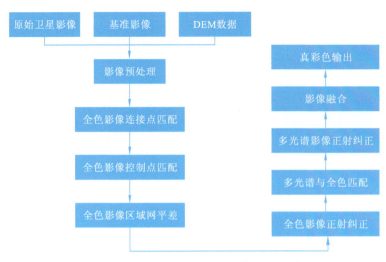

图 2.6　高分辨率光学卫星影像预处理链

辐射校正是指通过校正方法将原始图像的数字值转化为反射率或辐射亮度值，以校正传感器中各个探测元件的响应度差异，从而对卫星传感器测量到的原始亮度值进行归一化处理。经过相对辐射定标后的影像亮度发生了变化。色调上经过辐射定标后影像对比度更强，地物辨析程度更高。因为高分辨率光学传感器接收的电磁波经过大气层时会受到削弱，进而影响遥感影像的成像质量，使影像中的数值不能反映出地表的真实反射信息，因此必须通过大气校正来消除大气层对遥感影像产生的影响。只有辐射定标后的多光谱影像需要大气校正，选择光谱超立方体快速大气视线分析（fast line-of-sight atmospheric analysis of spectral hypercubes，FLAASH）模型，根据影像所在区域进行相关参数设置，实现影像的大气校正，获得影像真实的地表反射率信息，为后续遥感影像的应用提供更为可靠的数据基础。

几何校正的目的是消除由地形起伏导致的几何畸变。在一定量地面控制点或参考影像的辅助下，通过地面控制点校正或参考相对影像几何校正，采用区域网平差，保证不同数据源或不同景影像间的配准精度如下：配准误差在平原和丘陵地区不超过两个像元，在山区适当放宽到三个像元。生成的链接点与控制点介入，对影像进行区域网平差，修正卫星影像参数文件后进行正射，大大提高影像间匹配精度。运用图像处理软件的几何精校正模块对相邻两景影像进行几何精校正，配准误差小于两个像元。正射校正是一个对影像进行几何畸变纠正的过程，它将对由地形、相机几何特性以及与传感器相关的误差所造成的明显的几何畸变进行处理。输出的正射校正影像将是正射的平面真实影像。

影像配准的目的是将不同时间、不同传感器或不同角度获取的影像在空间上进行几何校正，以消除位置偏差导致的同一位置的像素对应不同的地面区域所带来的误差。影像配准的过程包括对源影像和目标影像进行特征提取、特征匹配和变换模型计算等步骤。常见的影像配准方法包括基于特征点的配准、基于控制点的配准、基于模板匹配的配准等。本小节采用基于特征点的配准方法对震前震后影像对进行共配准处理，将处理后的震前震后影像对进行空间几何变换，使其对齐。特征点是指图像灰度值发生剧烈变化的点或者在图像边缘上曲率较大的点（即两个边缘的交点）。图像特征点在基于特征点的图像匹配算法中有着十分重要的作用。图像特征点能够反映图像本质特征，还能够标识图像中的目标物体。通过特征点的匹配能够完成影像对的精准匹配。

2. 光学影像位移追踪基本原理

1）光学影像位移追踪的基本原理

地震发生以后，断层破裂导致的地面位移通常能够被卫星影像所捕捉。假设地震之前获取的光学影像 I_{pre} 记录地面点 (X,Y)，地震之后获取的光学影像 I_{post} 记录同一地物点 (X,Y)。所不同的是，由地震破裂导致该地物点 (X,Y) 产生地面移动，可以表示为

$$I_{\text{post}}(X,Y) = I_{\text{pre}}(X+d_X, Y+d_Y) \qquad (2.26)$$

式中：(d_X, d_Y) 为两张影像之间异构平移变换的视差向量场。d_X 和 d_Y 分别为地物点 $M_1(X,Y)$ 在震前震后影像之间的东西方向（横向）和南北方向（纵向）位置偏移，即同震东西位移分量和南北位移分量。

利用泰勒展开的一阶近似将式（2.26）表示为

$$I_{\text{post}}(X,Y) - I_{\text{pre}}(X,Y) \approx -d_X(X,Y)\frac{\partial I_{\text{pre}}}{\partial X}(X,Y) - d_Y(X,Y)\frac{\partial I_{\text{pre}}}{\partial Y}(X,Y) \qquad (2.27)$$

这样它们之间的形变或差异可以通过图像的亮度差异来编码。这意味着，如果一个地面点在两个影像中移动或发生形变，这些变化会反映在图像的亮度或颜色上（图 2.7）。

2）互相关性计算的基本原理

统计相关性的基本思想是使用皮尔逊（Pearson）相关系数来比较主影像中的影像块与辅影像中的多个相邻候选影像块之间的关系（Barnea and Silverman，1972）。这种技术用于流体力学中跟踪流体流动，即粒子成像测速法（Dudderar and Simpkins，1977），以及在实验机械工程中作为样品变形的基础（Hild and Roux，2006）。在地球科学领域，该技术被用于追踪冰川、地流和洋流等（Aryal et al.，2012；Debella-Gilo and Kaab，2011；Scambos et al.，1992）。当两个影像块的匹配位置达到最大的互相关性时，就找到了它们之间的位移。为了考虑对比度和亮度的变化，将互相关系数进行归一化处理：

$$\rho(X,Y) = \frac{\sum_{X,Y}(I_{\text{post}}(X,Y) - \bar{I}_{\text{post}})(I_{\text{post}}(X+d_X, Y+d_Y) - \bar{I}_{\text{pre}})}{\sqrt{\left[\sum_{X,Y}(I_{\text{post}}(X,Y) - \bar{I}_{\text{post}})\right]^2 \left[\sum_{X,Y}(I_{\text{pre}}(X,Y) - \bar{I}_{\text{pre}})\right]^2}} \qquad (2.28)$$

归一化处理方法在噪声、光照的仿射变化以及图像之间的时间变化方面表现出色，因此被广泛应用于遥感数据的影像匹配。此外，相关性算法还存在多种变体，大多数变体取决于相关性得分是否对线性对比度变化不变，以及它们是否使用 L1 或 L2 范数作为标准（Zabih and Woodfill，1994）。在离散相关性方案中，辅影像的相关窗口可以被视为一个移动窗口，每次移动一个像素，因此只能以整数位移来采样主影像和辅影像之间的潜在平移关系。亚像素逼近通常是通过用二次、高斯函数插值或近似相关峰值来实现的（Debella-Gilo and Kaab，2011）。尽管相关性峰值的插值可以提高相关性的准确性，但它是有偏的，并且根据具体的实现，准确性通常限制在像素尺寸的 1/5～1/4。

如果考虑相关函数，该函数涉及主影像和辅影像的乘积，相关函数将展示一个频率支持区域，其大小是影像大小的两倍。因此，为了避免在相关函数中出现混叠（aliasing），原则上应该将主影像和辅影像都上采样两倍。然而，在实际操作中，受内存限制，这种上采样很

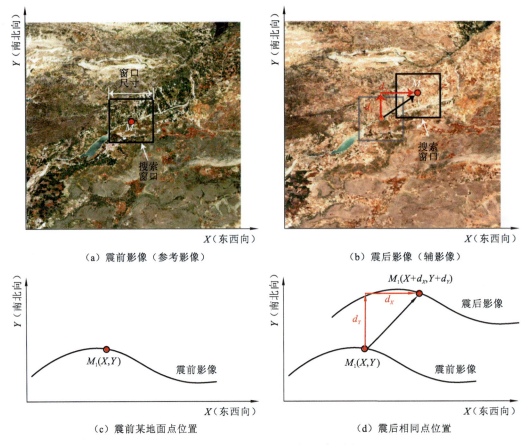

（a）震前影像（参考影像）　　　　　　　　　　（b）震后影像（辅影像）

（c）震前某地面点位置　　　　　　　　　　（d）震后相同点位置

图 2.7　高分辨率位移追踪原理图

震前地物点相对于震后在水平面上存在一个横向（地理参考下为东西向）和纵向（地理参考下为南北向）偏移，该偏移量
就是地震导致的地面南北位移（向南移动为正，向北移动为负）分量和东西位移（向东移动为正，向西移动为负）分量

少被实现，导致可能出现小的偏差。另一种去除亚像素偏差的可能方法是在迭代中对辅影像进行扭曲，并重新执行相关性方案。可以证明混叠偏差总是待测量的一部分，因此迭代测量将导致一个可以忽略的偏差。在实践中，一次迭代就足以去除足够的偏差，以实现比像素尺寸小于 1/10 的测量精度，但这会增加计算成本，并且需要假设扭曲不会引入额外的伪影。

3）像素偏移计算的基本原理

相位相关方法利用了傅里叶位移属性，即在图像域中的平移等效于在傅里叶域中的相位偏移。利用傅里叶变换将位移一阶近似表达式表示为

$$\widetilde{I_{\text{post}}}(\omega_X, \omega_Y) = \widetilde{I_{\text{pre}}}(\omega_X, \omega_Y) e^{-j(d_X \cdot \omega_X + d_Y \cdot \omega_Y)} \tag{2.29}$$

局部位移 (d_X, d_Y) 可以通过图像交叉谱的傅里叶逆变换来恢复，具体表达为

$$\delta(X + d_X, Y + d_Y) = F^{-1}\left(\frac{\widetilde{I_{\text{pre}}}(\omega_X, \omega_Y)\widetilde{I}_{\text{post}}^*(\omega_X, \omega_{XY})}{|\widetilde{I_{\text{pre}}}(\omega_X, \omega_Y)\widetilde{I}_{\text{post}}^*(\omega_X, \omega_Y)|} \right) \tag{2.30}$$

$$\delta(X + d_X, Y + d_Y) = F^{-1} e^{j(d_X \cdot \omega_X + d_Y \cdot \omega_Y)} \tag{2.31}$$

与统计相关性相比，相位相关方法通常在计算上更高效，利用傅里叶算法在这种表述中不会出现混叠问题，因此具有高度准确的潜力，通常使用小窗口大小（如 32×32 像素）可以

提供像素尺寸 1/20～1/10 的准确度。傅里叶域中的归一化也表现出对照明变化和锐利对比度差异非常稳健。实践证明，相位相关方法具有比统计方法更准确，并且具有对对比度或阴影变化不太敏感的潜力。然而，它们往往对噪声更敏感，相关窗口需要大于 16×16 像素，这会降低检索到的位移场的空间分辨率。这种方法已被证明可以有效地测量来自卫星光学影像的地震变形、冰川流动和地流动（Leprince et al., 2008, 2007; van Puymbroeck et al., 2000）。

4）正则化处理的基本原理

在地形提取或三维位移场测量的背景下，可能需要测量大的像素偏移。为了通过减少搜索空间来降低匹配算法的复杂性，通常采用多尺度方法进行处理，其中主影像和辅影像都按一个因子进行下采样，以便为匹配算法提供合理的复杂性（Pierrot-Deseilligny and Paparoditis, 2006）。然后，在较粗的尺度上找到的偏移场被上采样到更高的尺度，其中在更高尺度上的辅影像根据在较低尺度上测量到的偏移场进行扭曲。迭代计算时，在每个尺度只需要计算一个差分偏移场，从而降低算法的复杂性。这种多尺度方法也允许匹配明显偏离局部平移的变形。实际上，在这种背景下，达到良好匹配的条件只是连续尺度之间的变形场可以局部近似为平移。多尺度方案的一个主要缺点是错误很容易在尺度之间传播。因此，匹配算法必须增加一个正则化项，以确保不会出现伪匹配，并确保在每个尺度的每个点都分配一个可能的匹配项，以便进行传播。因此，在多尺度方法中不能容忍缺失的匹配。最广泛使用的现代正则化是 L1 范数上的梯度正则化，由半全局匹配（semi-global matching，SGM）算法（Hirschmuller and Scharstein, 2008）解决。这种方法在最大化相关系数和偏移场的平滑性之间提供了良好的折中。

在影像偏移计算中，正则化通常通过在优化过程中引入正则项来实现。正则项是一个对变换参数进行惩罚的函数，它可以是 L1 正则化、L2 正则化或其他形式的正则化。这些正则项有助于控制变换参数的大小，防止它们过于复杂或过于灵活，从而提高模型的泛化能力。具体来说，正则化项通常被添加到优化目标函数中，目标函数由两部分组成：数据项和正则项。数据项衡量变换后的图像与目标图像之间的差异，而正则项衡量变换参数的复杂度。优化过程的目标是最小化这个组合目标函数。假设想要对上述傅里叶位移方程进行正则化处理，目标函数则可修改为

$$E(\omega_X, \omega_Y, d_X, d_Y) = \| \widetilde{I_{\text{post}}}(\omega_X, \omega_Y) - \widetilde{I_{\text{pre}}}(\omega_X, \omega_Y)e^{-j(d_X \cdot \omega_X + d_Y \cdot \omega_Y)} \|^2 + \lambda R(\omega_X, \omega_Y) \quad (2.32)$$

式中：正则项 $R(\omega_X, \omega_Y)$ 为 L1 正则化，即 $R(\omega_X, \omega_Y) = \| \omega_X \|_1 + \| \omega_Y \|_1$；$\lambda$ 为正则化参数，控制正则项和数据项之间的权衡，过大的 λ 会强制模型更加简单，而过小的 λ 会允许模型更加复杂。

3. 光学位移误差源及校正技术原理

从光学影像追踪出来的同震位移通常被多源的相关性误差所破坏，从而影响断层位移测量估计的精度。相关性误差的主要来源包括卫星抖动畸变和失相关误差。其中，长波长轨道误差、条纹伪影和地形阴影伪影等误差在空间上具有一定规律性，因此可以使用系统性误差校正方法将其一一除去。

1）长波长轨道误差

首先，震前震后光学卫星影像未经过足够的正射校正，可能会导致同震位移场中存在明

显的线性长波长轨道误差。实际上，为了消除这种长波长误差信号，需要用原始影像进行严格的几何校正，这需要获取卫星影像的元数据。但是，一些卫星只公布正射影像级产品，影像元数据无法获得，所以进一步使用元数据对一些进行严格的几何校正几乎无法实现。因此，本小节采用一种通用的一阶多项式拟合来消除这种误差。先在东西位移方向和南北位移方向同时拟合输入由影像之间的平移和旋转引起的系统性偏移。考虑仿射变换，这些系统性偏移可以在这两个平面上进行建模：

$$\Delta x_{a,i} = a_x + b_x\, x_{r,i} + c_x\, y_{r,i} \tag{2.33}$$

$$\Delta y_{a,i} = a_y + b_y\, x_{r,i} + c_y\, y_{r,i} \tag{2.34}$$

式中：$\Delta x_{a,i}$ 和 $\Delta y_{a,i}$ 为模拟的偏移量；$x_{r,i}$ 和 $y_{r,i}$ 为参考影像中第 i 个像素的空间坐标；a_x、b_x、c_x 为东西方向的未知拟合参数；a_y、b_y、c_y 为南北方向的未知拟合参数。

这些未知参数通过使用迭代加权最小二乘（iteratively reweighted least squares，IRLS）法与双平方损失函数进行估计，以最小化测量和模拟偏移量之间的残差。与其他方法相比，IRLS 法的优点在于可提供对高达 50%异常值样本的稳健估计。然后，模拟的系统性偏移可以从原始位移场（ΔX_s 和 ΔY_s）中扣除，从而得到轨道去斜后的位移场：

$$\Delta X_{pc} = \Delta X_s - \Delta X_a \tag{2.35}$$

$$\Delta Y_{pc} = \Delta Y_s - \Delta Y_a \tag{2.36}$$

式中：ΔX_a 和 ΔY_a 为保存估计平面偏移量（$\Delta x_{a,i}$ 和 $\Delta y_{a,i}$）的网格；ΔX_{pc} 和 ΔY_{pc} 为校正后的东西向和南北向位移场（图 2.8）。

2）条纹伪影

进一步，经过长波长轨道去斜校正后，位移场中的系统性误差依旧存在，在东西向位移场中尤为明显。图 2.8 中的东西向位移场中依旧存在明显的沿卫星轨迹的条纹伪影，南北向位移场中也有这种误差。这种系统性条带伪影通常是由推扫式传感器阵列导致的（如 Sentinel-2 和 Landsat-8）。对于早期采集的 Sentinel-2 卫星影像，在处理基线时未作偏航偏差校正。对于 Landsat-8 卫星影像，2013 年 10 月以后采集的影像应用了类似的偏航偏差校正，而 2013 年 10 月以前拍摄的影像需要重新进行偏航偏差校正处理。在一些区域仍可能遇到条纹状伪影，这些区域的主影像和辅影像分别使用不同的检测器元素拍摄。为了校正这些伪影，平面校正的偏移量被传递到去条纹例程中。在震前震后都是 Sentinel-2 卫星影像的情况下，两幅影像都附带有关于传感器推扫轨迹在地面上位置的元数据。如图 2.9 所示，将震前震后影像的扫描条带合并，生成公共条带（包括多个子条带）。将东西向位移（ΔX_s）和南北向位移（ΔY_s）根据地面轨迹方位角 α 旋转至正北方向，计算每个子条带内的位移均值。利用位移均值和子条带形状，生成东西向（ΔX_m）和南北向（ΔY_m）条带误差模拟值。从原始位移场中减去条带误差模拟值，最后将校正后的位移场旋转至原始几何形状，得到去除条带误差后的东西向（ΔX_{out}）和南北向（ΔY_{out}）位移：

$$\Delta X_{out} = \Delta X_s - \Delta X_m \tag{2.37}$$

$$\Delta Y_{out} = \Delta Y_s - \Delta Y_m \tag{2.38}$$

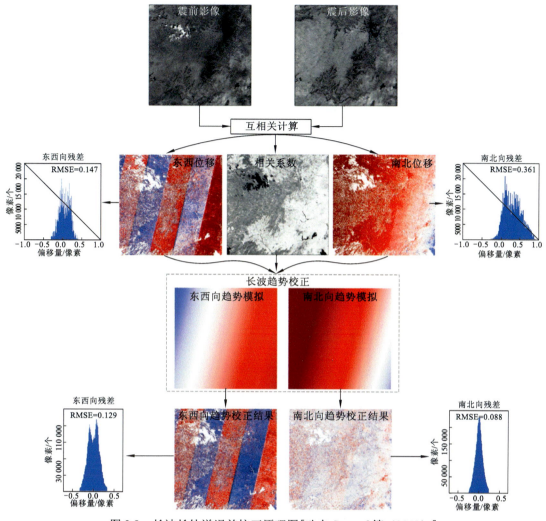

图 2.8　长波长轨道误差校正原理图［改自 Stumpf 等（2018）］

自上而下表示从震前、震后影像中获取的原始水平位移场及互相关系数图、基于 Deramping 方法拟合长波长误差模型、

扣除长波长误差后的位移场（校正结果）

3）地形阴影伪影

地形阴影是不同时间点获取的光学影像，太阳位置的改变会导致地形阴影的方向和长度出现差异（图 2.10）。光学卫星影像用太阳方位和太阳高度角的变化来描述太阳位置的改变。不同的太阳位置对相同的地形反映出不同的地形阴影区，两个位置的地形阴影区存在明显的大小和方向的差异。假如这种地形阴影出现在震前震后光学影像，利用偏移追踪方法计算出来的位移场中这种地形阴影差异将以较大的形变信号出现在同震位移场中，从而对同震断层位移信号产生较强干扰。同时，地形阴影伪影噪声与震前震后光学影像获取的太阳高度角和方位角相关。影像之间的太阳方位角和太阳高度角的差异越大，地形阴影伪影引入的相关性噪声越大。但是，考虑不同时间段的影像在获取时太阳位置通常有所差异，地形阴影伪影噪声在同震光学位移场几乎普遍存在。因此，在光学位移误差校正体系中，地形阴影伪影误差必须得到估计和改正。

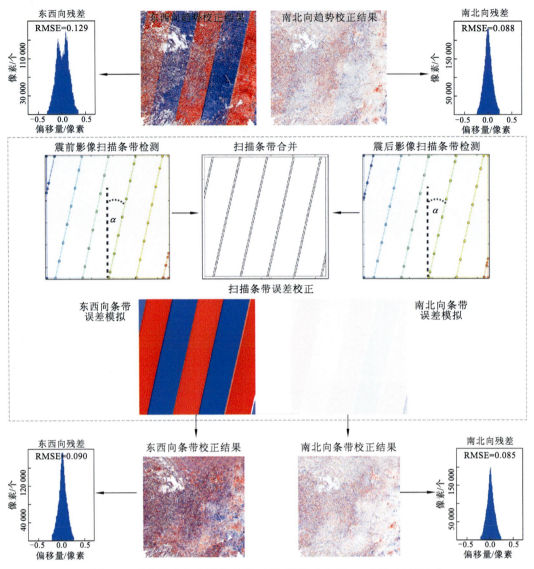

图 2.9　系统性条纹伪影误差校正原理图［改自 Stumpf 等（2018）］

自上而下表示扣除长波长误差后的位移场、条纹伪影误差模拟过程、扣除条纹伪影后的位移场

　　地形阴影伪影的校正依赖于太阳位置与其贡献的伪影形变信号之间的几何关系。假设地震前影像 I_{pre} 的太阳高度角和方位角为 (a_1, b_1)，震后影像 I_{post} 的太阳高度角和方位角为 (a_2, b_2)。太阳高度角（Δa）和方位角（Δb）之间的差异可表示为

$$\Delta a = a_2 - a_1 \tag{2.39}$$

$$\Delta b = b_2 - b_1 \tag{2.40}$$

　　对相对于参考基准面为 h 的地物而言，太阳高度角为 a_1 时地面上形成的阴影为 $\boldsymbol{L}_1$，阴影长度为 $|\boldsymbol{L}_1|$，太阳高度角为 a_2 时地面上形成的阴影为 $\boldsymbol{L}_2$，阴影长度为 $|\boldsymbol{L}_2|$。阴影长度则分别可表示为

$$|\boldsymbol{L}_1| = \frac{h}{\tan a_1}, \quad |\boldsymbol{L}_2| = \frac{h}{\tan a_2} \tag{2.41}$$

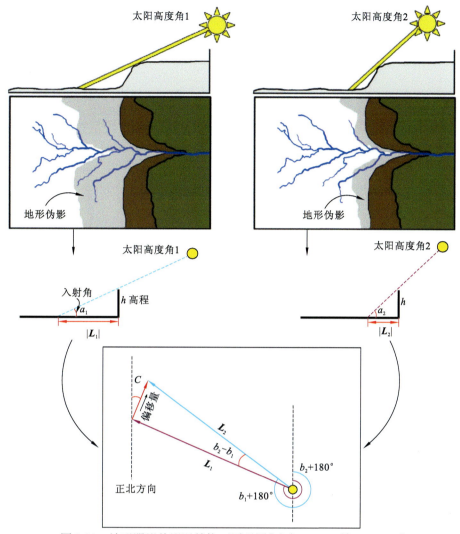

图 2.10　地形阴影伪影误差校正原理图［改自 Stumpf 等（2018）］

自上往下：不同太阳高度角和方位角对同一地物成像的影响，震前震后影像中显著的地形阴影存在；
地形阴影伪影造成的位移误差；基于太阳高度角和方位角与地物几何关系的地形阴影伪影误差校正

则阴影长度差为

$$\mid \overline{偏移量} \mid = \mid \boldsymbol{L_2} - \boldsymbol{L_1} \mid = h\frac{\sqrt{\tan^2 a_1 - 2\tan a_1 \tan a_2 \cos(b_2 - b_1) + \tan^2 a_2}}{\tan a_1 \tan a_2} \tag{2.42}$$

进一步，阴影长度差可表示为

$$\mid \overline{偏移量} \mid = h\frac{\sqrt{\tan^2 a_1 - 2\tan a_1 \tan(a_1 + \Delta a)\cos(\Delta b) + \tan^2(a_1 + \Delta a)}}{\tan a_1 \tan(a_1 + \Delta a)} \tag{2.43}$$

阴影的矢量方向可以表示为

$$c = b_1 - \sin^{-1}\frac{\mid \boldsymbol{L_2} \mid \cdot \sin(\Delta b)}{\mid 偏移量 \mid} \tag{2.44}$$

那么，地形阴影伪影对位移的贡献量可以被进一步计算。分别估计地形阴影伪影东西方
向上的分量和南北方向上的分量，具体表示为

$$\text{偏移量}_{EW} = \overline{\text{偏移量}} \cdot \sin c = h \frac{\tan a_2 \cos(b_1 - 90^\circ) - \tan a_1 \cos(b_2 - 90^\circ)}{\tan a_1 \tan a_2} \tag{2.45}$$

$$\text{偏移量}_{NS} = \overline{\text{偏移量}} \cdot \cos c = h \frac{\tan a_2 \sin(b_1 - 90^\circ) - \tan a_2 \sin(b_1 - 90^\circ)}{\tan a_1 \tan a_2} \tag{2.46}$$

从东西和南北位移场中减去对应的地形阴影伪影信号，即可去除其对同震位移信号的干扰。

2.2.2 雷达影像偏移量估计法

偏移量追踪（offset-tracking）技术是通过两景 SAR 影像精确配准获得亚像元配准偏移量，以此来估算单个像元沿卫星方位向（Pattyn and Derauw，2002）和距离向的位移（Strozzi et al.，2002）。根据使用的 SAR 数据信息不同部分（相位或强度），偏移量追踪法可分为相干性追踪法和强度追踪法。其中相干性追踪法需要计算滑动窗口内图像的干涉纹图，其配准质量依赖于图像的相干性，因此具有与 SAR 干涉测量相同的局限性。本小节重点介绍强度追踪法。强度追踪法是借鉴传统的光学图像配准方法，对于事件前后的两幅 SAR 强度图，利用互相关技术寻找两幅图像的同名点，采用最优解获得同名像元在距离向和方位向的像素偏移量，从偏移量中提取地表形变的技术。在相干性较低、地表特征明显的区域，强度追踪法的适用性更高，但精度较差分干涉测量有所降低。

1. 偏移量追踪算法原理

偏移量追踪技术核心是寻找两幅图像像元之间的互相关系数峰值的过程，如图 2.11 所示。图 2.11（a）中方格代表同一地物变形前后的位置（同名点）。首先需要对 SAR 影像对的幅度影像进行配准。配准通常由像元级的粗配准和亚像元级的精配准两部分组成。初始的方位向和距离向偏移量首先由粗配准获得，在此基础上，再由精配准得到亚像元级精度的偏移量信息。对配准后的影像选择一定尺寸的窗口（如 32×32）进行互相关性估计。这种强度图像偏移量算法的核心为互相关系数（cross-correlation）优化的过程，以参考影像某一开始点为中心，取一定大小的搜索窗口，按照设定的步长在对应输入影像上移动，计算窗口内的相关系数。在计算的过程中通常利用傅里叶变换将图像转换到频率域，依据傅里叶变换的相移定理，通过相关函数的最大峰值处坐标即可得到偏移量（Reddy and Chatterji，1996）。

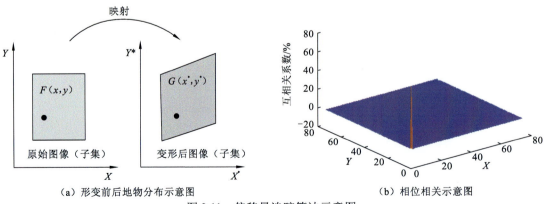

（a）形变前后地物分布示意图　　　　（b）相位相关示意图

图 2.11　偏移量追踪算法示意图

假设两幅影像 i_1 和 i_2 之间只存在位移关系，平移量为 (x_0, y_0)，即

$$i_2(x, y) = i_1(x - x_0, y - y_0) \qquad (2.47)$$

则 i_1、i_2 对应的傅里叶变换 I_1、I_2 之间的关系为

$$I_2(\omega_x, \omega_y) = I_1(\omega_x, \omega_y) \mathrm{e}^{-\mathrm{j}(\omega_x \Delta x + \omega_y \Delta y)} \qquad (2.48)$$

对应的频域中两个图像的交叉能谱为

$$C_{i_1 i_2}(\omega_x, \omega_y) = \frac{I_1(\omega_x, \omega_y) I_2^*(\omega_x, \omega_y)}{|I_1(\omega_x, \omega_y) I_2^*(\omega_x, \omega_y)|} = \mathrm{e}^{-\mathrm{j}(\omega_x \Delta x + \omega_y \Delta y)} \qquad (2.49)$$

式中：I_2^* 为 I_2 的复共轭。

平移理论表明，相关功率谱的相位差等于图像间的平移量。将交叉能谱进行逆变换，就可得到一个脉冲函数：

$$\mathfrak{I}^{-1}\{\mathrm{e}^{-\mathrm{j}(\omega_x \Delta x + \omega_y \Delta y)}\} = \delta(x + \Delta x, y + \Delta y) \qquad (2.50)$$

此函数在偏移位置处有明显的尖锐峰值，其他位置的值接近于零[图 2.11（b）]，估算峰值处的坐标就可找到两幅图像间的偏移量。然而这种方法只能检测出像元大小整数倍的偏移量 $(\Delta x, \Delta y)$，为了提高形变估算精确度，偏移量的估计需达到亚像素级，这是由于地震形变的量级一般小于遥感影像的分辨率（少数大地震可以达到米级）。因此，可以将图像过采样，过采样系数为 2、4 等（Werner et al.，2005），可依据实际需要来定，以满足实际需求。具体过程如下所示（Reddy and Chatterji，1996）。

设过采样系数为 N，则式（2.47）可以改写为

$$i_2(N_x, N_y) = i_1[N(x - x_0), (y - y_0)] \qquad (2.51)$$

过采样后 i_1、i_2 对应的傅里叶变换 I_1、I_2 的关系为

$$I_{N_2}(\omega_x, \omega_y) = I_{N_1}(\omega_x, \omega_y) \mathrm{e}^{-\mathrm{j}\left(\frac{\omega_x}{N} \Delta x + \frac{\omega_y}{N} \Delta y\right)} \qquad (2.52)$$

过采样后图像对应的频域中的交叉能谱为

$$C_{i_1 i_2}(\omega_x, \omega_y) = \frac{I_{N_1}(\omega_x, \omega_y) I_{N_2}^*(\omega_x, \omega_y)}{|I_{N_1}(\omega_x, \omega_y) I_{N_2}^*(\omega_x, \omega_y)|} = \mathrm{e}^{-\mathrm{j}\left(\frac{\omega_x}{N} \Delta x + \frac{\omega_y}{N} \Delta y\right)} \qquad (2.53)$$

将交叉能谱进行逆变换，就可得到一个脉冲函数 $\delta(x - x_0, y - y_0)$，其对应的狄利克雷（Dirichlet）函数与二维辛克（Sinc）函数近似：

$$G(x, y) = \frac{1}{AB} \cdot \frac{\sin \pi(N_{x-x_0})}{\sin\left[\frac{\pi}{A}(N_{x-x_0})\right]} \cdot \frac{\sin \pi(N_{y-y_0})}{\sin\left[\frac{\pi}{B}(N_{y-y_0})\right]} \qquad (2.54)$$

式中：A、B 为重采样前图像的宽、高。

用二维采样 Sinc 函数来近似 Dirichlet 函数：

$$C(x, y) \approx \tilde{C}(x, y) = \frac{1}{AB} \cdot \frac{\sin \pi(N_{x-x_0})}{\frac{\pi}{A}(N_{x-x_0})} \cdot \frac{\sin \pi(N_{y-y_0})}{\frac{\pi}{B}(N_{y-y_0})} = \frac{\sin \pi(N_{x-x_0})}{\pi(N_{x-x_0})} \cdot \frac{\sin \pi(N_{y-y_0})}{\pi(N_{y-y_0})} \qquad (2.55)$$

考虑 Sinc 函数多相位分解情况，图像之间具有亚像元位移则交叉能谱的能量主要集中于一个主峰 (x_m, y_m) 与两个侧峰 (x_s, y_m) 和 (x_m, y_s)，其中 $x_s = x_m \pm 1$，$y_s = y_m \pm 1$，根据这三个点可以得到亚像元位移。设重采样后的亚像元位移为 $x_0 / N = x_m + \Delta x$，$y_0 / N = y_m + \Delta y$，将以上

关系代入式（2.55）：

$$\tilde{C}(x_m, y_m) = \frac{\sin \pi(N\Delta x)}{\pi N \Delta x} \cdot \frac{\sin \pi(N\Delta y)}{\pi \Delta y} \tag{2.56}$$

$$\tilde{C}(x_m + 1, y_m) = \frac{\sin \pi[N(1-\Delta x)]}{\pi N(1-\Delta x)} \cdot \frac{\sin \pi(N\Delta y)}{\pi \Delta y} \tag{2.57}$$

将以上两式相除，得

$$\frac{\tilde{C}(x_m, y_m)}{\tilde{C}(x_m + 1, y_m)} = \frac{\sin \pi(N\Delta x)}{\sin[\pi N(1-\Delta x)]} \cdot \frac{1-\Delta x}{\Delta x} \tag{2.58}$$

将式（2.58）化简，最终得到 x 方向的亚像元偏移量为

$$\Delta x = \frac{\tilde{C}(x_m + 1, y_m)}{\tilde{C}(x_m + 1, y_m) \pm \tilde{C}(x_m, y_m)} \tag{2.59}$$

同理可以得到 y 方向上的亚像元偏移量。

对遥感卫星影像来说，此时获取的像素偏移量主要包含三部分：地表形变偏移量、轨道偏移量及地形起伏所引起的偏移量，可表示为

$$d(\Delta x, \Delta y) = d_{\text{def}} + d_{\text{orbit}} + d_{\text{topo}} \tag{2.60}$$

式中：d_{def}、d_{orbit}、d_{topo} 分别为地表形变偏移量、轨道偏移量和地形起伏引起的偏移量。

为了从总的偏移量中得到我们所关心的地表形变偏移量，需要扣除轨道整体偏移及地形起伏所造成的偏移量（卫星两次过境时轨道位置会发生偏移）。为此，Gray 和 Balmer（1998）提出了一个平行射线模型，假设第一次过境的雷达射线与第二次的平行，如图 2.12 所示，其中，B 为基线距，α 为雷达观测视角，φ 为基线角，θ 为当地入射角，S_r 及 S_a 分别为距离向及方位向的地形坡度。

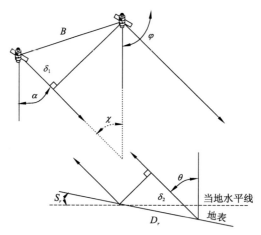

图 2.12　偏移量法地表形变量获取几何示意图

在这种成像几何中，图像斜距向（image slant range）及方位向（image azimuth）的像元偏移量 δ_r 和 δ_a 与地震造成的地表距离向（ground range）及方位向的形变量 D_r 和 D_a 之间的关系可表示为

$$\delta_r = B\cos(\varphi - \alpha) + D_r \sin(\theta + S_r) \tag{2.61}$$

$$\delta_a = D_a \cos S_a \tag{2.62}$$

由式（2.61）看出距离向偏移量 δ_r 由两部分组成（δ_1 与 δ_2 之和），第一项为平行基线部分，第二项为地面变形部分。式（2.62）中的方位向偏移量是在假设雷达影像满足零多普勒条件及轨道平行的条件下得到的，并且忽略了地形的影响。而实际上卫星两次过境的速度矢量并不平行，假设二者在入射平面内的夹角为 χ，考虑了地形的影响后方位向的偏移量 $\delta\upsilon$（用像元单位）可以表示为（Michel and Rignot，1999）：

$$\delta\upsilon = \frac{z\sin(\chi)}{R_z} - [1-\cos(\chi)]l + \delta\upsilon_0 + \delta_{\text{motion}} \tag{2.63}$$

式中：z 为地面高程；R_z 为方位向像元间距；l 为相对第一行的行号；$\delta\upsilon_0$ 为一常数项偏移量；δ_{motion} 为地面变形引起的方位向偏移量。

式（2.63）右边第一项与地形有关，第二项将会产生方位向倾斜。

在去除了地形导致的偏移量后，式（2.61）和式（2.63）仍然包括一个跟成像几何（平行基线和轨道斜视角）有关的轨道偏移量，这部分偏移量可以用一个线性模型来描述，实际的距离向及方位向偏移量可以通过模型去除这部分偏移量而得到（Michel and Rignot，1999）：

$$D_r = \delta_r - (a_0 + a_1 x + a_2 y) \tag{2.64}$$
$$D_a = \delta_a - (b_0 + b_1 x + b_2 y) \tag{2.65}$$

式中：D_r 和 D_a 分别为用像元单位表示的距离向和方位向偏移量；x 和 y 为斜距图像中的距离向和方位向坐标；a_0、a_1、a_2、b_0、b_1、b_2 为参数，在线性模型系数中 a_0 和 b_0 与平行基线有关，a_1 和 b_1 与轨道斜视角有关，a_2 和 b_2 与传感器在飞行路线上的轨道斜视角变换有关。

求解出系数后，可依据该系数计算出整幅影像分别在方位向轨道整体偏移量及在距离向上的轨道整体偏移量和地形起伏偏移量总和，将其从结果中扣除即可得地表形变二维偏移量。

2. 偏移量追踪处理流程

数据处理流程如图2.13所示。在准备好地震事件震前、震后的影像后，首先基于轨道信息进行粗配准，对于多山地区，必须去除地形的影响，在配准的过程中可结合使用数字高程模型，下面分步骤进行描述。

（1）影像配准与重采样：选取跨越地震事件的两景 SAR 影像，基于轨道状态矢量参数数据提取像元初始偏移值，结合 DEM 数据将震前、震后数据进行配准，并将震后数据重采样至与震前数据相同尺寸。

（2）整体偏移量粗确定：利用图像强度互相关算法精确估计主辅图像的偏移量场，并基于此偏移量场计算拟合的双线性多项式系数，以确定两幅图像之间的整体偏移量。

（3）偏移量精确确定：对影像像元进行过采样以提高精度使其达到亚像元级别，对过采样之后的影像按照设定的搜索窗口大小（即每个 patch 的尺寸为距离向×方位向），按照一定的步长，使用基于窗口搜索的精配准方法进行互相关计算，以获取更加精确的总体偏移量。

（4）局部偏移量场计算：利用多项式模型对轨道偏移量和地形起伏偏移量进行拟合，并从步骤（3）的总体偏移量中扣除多项式模型拟合的偏移量，得到与局部地表形变有关的偏移量。

（5）偏移量转换：将偏移量残余的实部和虚部分别转换为距离向和方位向地表位移量。

图2.14 所示为利用偏移量追踪获取的2013年巴基斯坦 M_w 7.7 地震的偏移量形变场，采用的是 TerraSAR-X stripmap 模式数据，偏移量形变场结果清晰反映了地表破裂带的位置，距离向的形变场在破裂迹线南侧数值为正，北侧为负，这说明南侧的地表运动是朝向卫星方

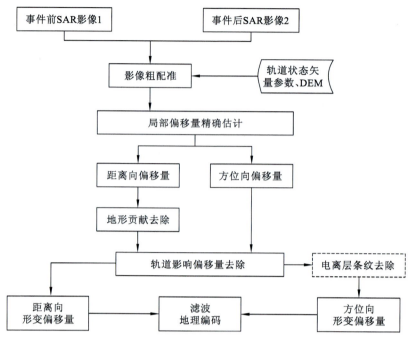

图 2.13　偏移量追踪数据处理流程图

向的,因此斜距视线向缩短,而北侧的运动表现为远离卫星方向,斜距视线向拉伸;在方位向的形变场上,南侧与卫星飞行方向一致,而北侧与飞行方向相反。综合以上运动特征可得到断裂呈左旋走滑性质。

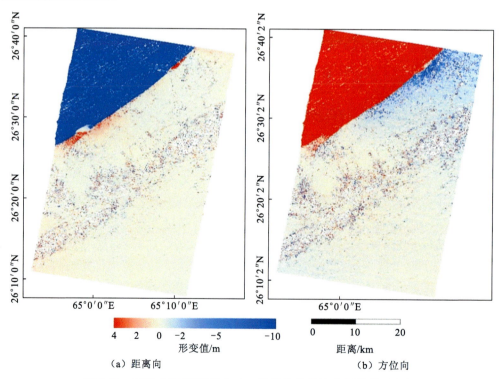

（a）距离向　　　　　　　　　　　　　　　（b）方位向

图 2.14　2013 年巴基斯坦 M_w7.7 地震偏移量追踪解算的形变场

2.3 GNSS 形变监测技术

2.3.1 事后精密处理

全球导航卫星系统（GNSS）事后精密处理即采用精确的误差模型、高精度的卫星轨道、钟差、电离层改正等产品对测站坐标进行解算。目前，世界上有几个比较有名的 GNSS 高精度科研分析软件，如美国麻省理工学院（Massachusetts Institute of Technology，MIT）和斯克利普斯研究所（Scripps Research）共同开发的 GAMIT/GLOBK 软件、美国喷气推进实验室（Jet Propulsion Laboratory，JPL）开发的 GIPSY 软件、瑞士伯尔尼大学研制的 Bernese 软件、德国地学研究中心（German Research Centre for Geosciences，GFZ）开发的 EPOS 软件。此外，世界上其他科研机构也发布了一些高精度 GNSS 数据处理软件，包括武汉大学卫星导航定位技术研究中心开发的定位和导航数据分析（positioning and navigation data analyst，PANDA）软件、美国得克萨斯大学的 TEXGAP 软件、英国的 GAS 软件及挪威的 GEOSAT 软件等。由于设计用途的出发点和侧重点不同，这几个软件在 GNSS 数据处理方面有着各自的应用特点。

本小节以 GAMIT/GLOBK 软件为例，简要说明高精度 GNSS 数据后处理的基本流程（图 2.15）。

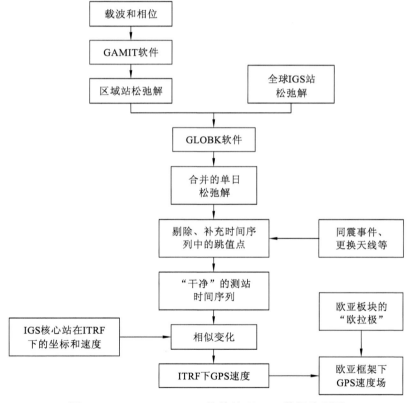

图 2.15 GAMIT/GLOBK 软件处理 GPS 数据流程图

ITRF（international terrestrial reference frame）为国际地球参考框架

1. 软件组成

GAMIT/GLOBK 是由 MIT 研制，后由斯克利普斯海洋研究所共同开发改进的一套基于 UNIX/LINUX 操作系统，用于高精度 GNSS 数据处理分析的软件。该软件包括轨道积分、观测值模型、单差自动修复周跳、双差自动修复周跳、人工交互式修复周跳、利用双差观测按最小二乘法求解参数、生成数据处理、运用卡尔曼滤波进行网平差等程序模块，其主要采用双差原理进行数据处理，不仅精度高、功能强大，而且开放源代码，用户可以根据实际需求进行人工干预数据处理，是目前国际上最优秀的 GNSS 定位和定轨数据处理分析的软件之一，在科学研究得到了广泛的应用。

2. 单日松弛解解算

GAMIT 软件通过估算站点位置坐标、模糊度、极移、对流层天顶延迟和卫星轨道参数等及其方差/协方差矩阵，来计算单日松弛约束解。GAMIT 软件解算应用加权最小二乘算法迭代计算，至少计算两次来减少相对于先验坐标的残差，使估计精度从厘米级减小到毫米级。GAMIT 软件通过 AUTCLN 程序应用双差或者三差观测来修复周跳，使用 Melbourne-Webbena 宽巷相位和编码线性组合可以解算高于 90% 的模糊度参数。在处理过程中，需要系统地设置 sestbl.文件参数，考虑在日常处理中的动力学模型，如 IERS-1992 重力场模型、卫星加速度非重力场模型，以及系统处理后的国际 GNSS 服务（International GNSS Service，IGS）地心精密轨道。考虑方位角不对称影响，天顶延迟和大气梯度估计必须通过应用覆盖整个观测周期的线性分段函数来实现，通常可采用全球压力和温度模型 GPT50，两个站点位置及时间函数可以生成大气压和温度的模型值，利用球谐函数简单地拟合气象数据。对于任意站点的天顶延迟改正值，则可以从维纳（Vienna）大气映射函数计算的先验全球网格数据文件中外推得到。考虑地球固体潮汐使用 IERS2003 等模型，极潮改正使用 IERS 标准模型，海洋潮汐模型采用 FES2004 等。

3. 单日松弛解合并

GLOBK 软件是平滑卡尔曼滤波分析软件，用于单日松弛解合并、坐标补偿、位置时间序列计算、估计欧拉极及定义参考框架等，在时间序列估计过程中可加入随机漫步噪声。对于区域 GNSS 网的数据处理，通常得到的单日松弛解是无基准解，因此，需要与 IGS 单日松弛全球解进行联合，基本步骤如下。

（1）将松弛约束的包含参数估计和协方差的单日解 h 文件与斯克利普斯轨道和永久阵列中心（The Scripps Orbit and Permanet Array Center，SOPAC）下载的全球 IGS 的 h 文件进行合并，其中命令文件包含：globk_comb.cmd、glorg_comb.cmd、globk_long.cmd、glorg_long.cmd 和 glorg_vel.cmd 等，可以根据具体需求和参考框架定义来修改。

（2）将单年的时间序列合并生成多年时间序列并画图，可采用 sh_plot_pos、sh_plotcrd 等命令来实现。

（3）GPS 测站时间序列的检核、构造信号和非构造信号的分析，可以采用 GGMATLAB、CATS 等程序包来实现。

（4）测站坐标和速度的估计：根据研究目的的不同，参考框架的站点、分布、数据都有所不同；一般选取全球分布、站点稳定、时间序列连续的 IGS 站作为全球参考框架，并运行

globk 脚本获取站点的精确坐标和速度。

2.3.2　实时精密定位

GNSS 应用于地壳形变研究，尤其是在同震位移-速度波形获取、强震参数获取及预警等方面时，往往需要实时 GNSS 数据流以获得动态的地壳形变信息，这对 GNSS 数据的处理方式也提出了较高的要求。目前，实时精密定位动态定位方法主要可以分为三种：精密单点定位（PPP）方法（Zumberge et al.，1997）、相对定位方法（Dong and Bock，1989）、历元差分方法（也称"Variometric"方法）（Colosimo et al.，2011）。这些方法各有优缺点，均得到了广泛应用。

1. PPP 方法

PPP 方法是由 Zumberge 等（1997）首次提出的，集成了标准单点定位和差分定位的优点，首先利用全球若干跟踪站采集数据确定精密定轨与卫星钟差，然后利用所求得的精密卫星轨道和卫星钟差，对单台接收机获取的伪距和相位观测值进行非差处理，并对影响定位精度的各种误差进行模型改正或估计，独立确定该接收机在地球坐标系统中的精确坐标。可以看出，PPP 方法具有复杂的数学模型和较多的未知参数，是一种繁杂的误差改正模型（表 2.1），且较难进行周跳探测与修复、整周未知数固定等，其主要依赖于精密轨道、钟差产品，实时定位过程中需要一个相对较长的收敛或者重收敛过程（约 30 min），能够实现静态定位厘米级、动态定位亚分米级的定位精度。目前普遍使用的软件主要包括 BERNESE、GIPSY/OASIS、PRIDE PPP-AR 等，均为采用非差 PPP 模块进行动态定位。PPP 方法在同震位移快速获取、震级快速估计、有限断层滑动分布反演方面得到了广泛应用（Zang et al.，2022a；Zheng et al.，2022；Li et al.，2019；Fang et al.，2014）。

表 2.1　PPP 方法误差及其改进策略（引自葛玉龙，2020）

误差分类	误差分类	改进策略
与卫星端有关的误差	卫星轨道和钟差	精密轨道和钟差数据改正
	地球自转改正	模型改正
	相对论效应	模型改正
	卫星天线相位中心改正	使用 IGS 发布的 Atx 文件改正
	天线相位缠绕	模型改正
与信号传播路径有关的误差	电离层延迟	消电离层组合消除一阶电离层或作为未知数进行参数估计
	对流层延迟	干分量用模型改正；湿分量作为未知参数估计
与接收机端有关的误差	接收机钟差	白噪声估计
	固体潮	模型改正
	海洋潮汐	模型改正
	接收机天线相位中心	Atx 文件改正

2. 相对定位方法

相对定位方法需要选取一个或多个坐标已知的测站作为参考站，进而测定相对于该参考站的另一个站点（待测站）的位置。该方法需要待测站与参考站同步观测跟踪卫星信号，并通过差分方法将待测站与参考站组成双差观测值，进而计算出两站间的相对位置，通过参考站已知坐标求得待测站的位置坐标。在进行计算的过程中，卫星与测站接收机之间进行了两次差分运算，故而消除了接收机钟差、卫星钟差等公共误差，同样也将电离层延迟与对流层延迟等误差削弱。该方法不需要考虑复杂的误差改正模型，具有结算模型简单、待估参数少等优势，同时保留了双差模糊度的整数特性，定位结果相对可靠（郭博峰，2015），定位精度可以达到厘米级甚至毫米级。但该方法对参考站的选取有严格的要求：当站间距较近时参考站会受同震影响，当站间距较远时则定位精度会明显降低（殷海涛 等，2012）。目前普遍使用的软件为 GAMIT/GLOBK 软件 TRACK 模块。相对定位方法在获取 GNSS 测站位移波形结果、同震形变、结构健康监测等方面亦取得了显著成果（Liang et al.，2022；Pehlivan，2018；Ohta et al.，2012；Bock et al.，2011；Moschas and Stiros，2011）。

3. "Variometric" 方法

除相对定位、PPP 方法外，目前通常使用的另一种获取 GNSS 动态解的方法是"Variometric"方法，也可称单站测速方法，由 Colosimo 等（2011）提出。这种方法利用 GNSS 相位观测数据和轨道位置在时间上进行一次差分来估计地面单个 GNSS 接收机相应的速度和位移结果。这种单一的差分能够有效地消除 GNSS 观测中的任何主要误差源（包括多路径效应误差、卫星钟的误差、对流层延迟误差、电离层延迟误差，以及整周未知数和整周模糊度），因为这些误差源在较小时间段内没有明显的变化，是可以忽略不计的。一些其他未知的误差也是可以被忽略不计，尽管这些误差会在一定程度上作为非线性或者有色噪声源持续存在。Crowell（2021）对该方法进行了改进，使用两个频率 L1 和 L2，并形成了 L1 和 L2 的窄巷线性组合，有效波长为 10.7 cm，与单个 L1 频率相比能够有效地降低噪声水平；此外，Crowell（2021）还引入电离层与对流层校正（Niell，1996；Klobuchar，1987），在数据处理过程中也不需要其他外部数据（如 IGS 星历轨道产品）。Crowell（2021）还编写了开源软件包 SNIVEL（Satellite Navigation-Derived Instantaneous Velocities）。

"Variometric"方法与相对定位方法和 PPP 方法相比有很大的优势，其既不需要任何参考站也不需要精密卫星轨道钟差产品，同时也避免了复杂的误差校正及 PPP 收敛时间问题（Shu et al.，2018a），直接利用实时的广播星历数据即可实时获取毫米每秒精度的速度时间序列结果，进一步通过积分可获得厘米级精度的位移时间序列结果。但该方法在速度积分到位移的过程中总会产生漂移的现象（Colosimo et al.，2011），可通过线性趋势去除（Shu et al.，2018b）、空间滤波（Zang et al.，2020）等基线校正方式对漂移现象进行消除。"Variometric"方法已被广泛应用于 GNSS 位移/速度快速获取、同震形变计算等方面（Bezcioglu et al.，2022；Zang et al.，2022b，2020；Shu et al.，2020，2018a；Fratarcangeli et al.，2018；Grapenthin et al.，2018；Branzanti et al.，2017，2012；Geng et al.，2017；Benedetti et al.，2014）。

2.4　多源影像数据三维形变重建

上述介绍的差分 InSAR 技术虽然在监测地表形变方面发挥着重要作用，但其只能测量一维形变，对南北向形变不够敏感，限制了全方位展示地表真实形变信息的能力，容易导致定量解释地表形变全貌时的误判或错判。因此，获取地表三维形变信息对推广 InSAR 技术在灾害监测等领域的应用以及深入分析相关机理尤为重要。为了解决这一问题，研究者提出了多种三维重建的方法，有助于提高地表形变监测的准确性和可靠性。本节将介绍基于三维合成原理的直接解算方法，以及引入地表先验信息和假设约束的三维形变解算方法。

2.4.1　直接解算法

2.1 节和 2.2 节介绍了采用 InSAR 技术求解卫星视线向形变及利用偏移量的方法解算光学影像南北向、SAR 像对距离向及方位向形变的方法，因此针对同一个研究目标能够获得多个方向的形变，为三维形变的重建提供了基础。本小节以右视升降轨道 SAR 影像以及光学影像为例，对求解三维形变方法进行阐述。直接解算法即传统的最小二乘法，是基于 InSAR 和光学观测值与三维地表形变的几何关系建立的，其中基于 D-InSAR 技术，对于 SAR 传感器以升轨和降轨获取的某地面点的 LOS 向形变可由三维形变在 LOS 向的投影所得。

对于同一点，使用升轨 SAR 影像的偏移量追踪技术获取的方位向形变 d_{azi}^{A} 位于北方向和东方向构成的水平面中（图 2.16），其与东西向和南北向形变存在数学几何关系[式（2.66）]，其获取的 LOS 向形变与地表三维形变的几何关系与 D-InSAR 技术获取的 LOS 向形变数学解析式一致。

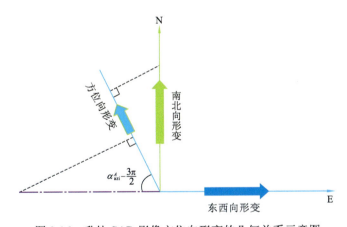

图 2.16　升轨 SAR 影像方位向形变的几何关系示意图

$$d_{azi}^{A} = -d_{e} \times \cos\left(\alpha_{azi}^{A} - \frac{3\pi}{2}\right) + d_{n} \times \sin\left(\alpha_{azi}^{A} - \frac{3\pi}{2}\right) \tag{2.66}$$

同理，降轨 SAR 卫星获取的方位向形变与地表水平形变同样存在的数学几何关系：

$$d_{azi}^{D} = -d_{e} \times \cos\left(\alpha_{azi}^{A} - \frac{3\pi}{2}\right) + d_{n} \times \sin\left(\alpha_{azi}^{D} - \frac{3\pi}{2}\right) \tag{2.67}$$

因此，对于右视成像的升降轨 SAR 卫星，使用 D-InSAR 技术获取的 LOS 形变，以及使用偏移量追踪技术获取的二维形变，以四个观测数据为例，即升降轨 LOS 向形变和方位向形变，与地表三维形变之间的关系可以用矩阵表示为

$$\boldsymbol{L}^{\text{insar}} = \boldsymbol{A}_{\text{insar}} \cdot d_{3\text{d}} + \varepsilon_{\text{error}} \tag{2.68}$$

式中：$\boldsymbol{L}^{\text{insar}} = [d_{\text{los}}^{\text{A}} \quad d_{\text{azi}}^{\text{A}} \quad d_{\text{los}}^{\text{D}} \quad d_{\text{azi}}^{\text{D}}]^{\text{T}}$；$d_{3\text{d}} = [d_{\text{e}} \quad d_{\text{n}} \quad d_{\text{u}}]^{\text{T}}$；$\varepsilon_{\text{error}}$ 为对应的 SAR 影像观测值偶然误差；$\boldsymbol{A}_{\text{insar}}$ 为系数矩阵，可表示为

$$\boldsymbol{A}_{\text{insar}} = \begin{bmatrix} -\sin\left(\alpha_{\text{azi}}^{\text{A}} - \dfrac{3\pi}{2}\right)\sin\theta_{\text{inc}}^{\text{A}} & -\cos\left(\alpha_{\text{azi}}^{\text{A}} - \dfrac{3\pi}{2}\right)\sin\theta_{\text{inc}}^{\text{A}} & \cos\theta_{\text{inc}}^{\text{A}} \\ -\cos\left(\alpha_{\text{azi}}^{\text{A}} - \dfrac{3\pi}{2}\right) & \sin\left(\alpha_{\text{azi}}^{\text{A}} - \dfrac{3\pi}{2}\right) & 0 \\ -\sin\left(\alpha_{\text{azi}}^{\text{D}} - \dfrac{3\pi}{2}\right)\sin\theta_{\text{inc}}^{\text{D}} & -\cos\left(\alpha_{\text{azi}}^{\text{D}} - \dfrac{3\pi}{2}\right)\sin\theta_{\text{inc}}^{\text{D}} & \cos\theta_{\text{inc}}^{\text{D}} \\ -\cos\left(\alpha_{\text{azi}}^{\text{A}} - \dfrac{3\pi}{2}\right) & \sin\left(\alpha_{\text{azi}}^{\text{D}} - \dfrac{3\pi}{2}\right) & 0 \end{bmatrix}$$

此外，$\boldsymbol{A}_{\text{insar}}$ 也可表示为

$$\boldsymbol{A}_{\text{insar}} = \begin{bmatrix} -\sin\left(\alpha_{\text{azi}}^{\text{A}} - \dfrac{3\pi}{2}\right)\sin\theta_{\text{inc}}^{\text{A}} & -\cos\left(\alpha_{\text{azi}}^{\text{A}} - \dfrac{3\pi}{2}\right)\sin\theta_{\text{inc}}^{\text{A}} & \cos\theta_{\text{inc}}^{\text{A}} \\ -\sin(\alpha_{\text{azi}}^{\text{A}} - \pi)\sin\dfrac{\pi}{2} & -\cos(\alpha_{\text{azi}}^{\text{A}} - \pi)\sin\dfrac{\pi}{2} & \cos\dfrac{\pi}{2} \\ -\sin\left(\alpha_{\text{azi}}^{\text{D}} - \dfrac{3\pi}{2}\right)\sin\theta_{\text{inc}}^{\text{D}} & -\cos\left(\alpha_{\text{azi}}^{\text{D}} - \dfrac{3\pi}{2}\right)\sin\theta_{\text{inc}}^{\text{D}} & \cos\theta_{\text{inc}}^{\text{D}} \\ -\sin(\alpha_{\text{azi}}^{\text{A}} - \pi)\sin\dfrac{\pi}{2} & -\cos(\alpha_{\text{azi}}^{\text{D}} - \pi)\sin\dfrac{\pi}{2} & \cos\dfrac{\pi}{2} \end{bmatrix}$$

使用光学影像相关技术可获取光学卫星影像亚像元精度的二维形变，即东西向 L_{e} 和南北向形变 L_{n}，其与三维形变之间的关系可表示为

$$\boldsymbol{L}^{\text{optical}} = \boldsymbol{A}_{\text{optial}} \cdot d_{3\text{d}} + \varepsilon'_{\text{error}} \tag{2.69}$$

式中：$\boldsymbol{L}^{\text{optical}} = [L_{\text{e}} \quad L_{\text{n}}]^{\text{T}}$；$\varepsilon'_{\text{error}}$ 为对应观测值的偶然误差；$\boldsymbol{A}_{\text{optial}}$ 为系数矩阵，可表示为

$$\boldsymbol{A}_{\text{optial}} = \begin{bmatrix} 1 & 0 & 0 \\ 0 & 1 & 0 \end{bmatrix}$$

$\boldsymbol{A}_{\text{optial}}$ 也可表示为

$$\boldsymbol{A}_{\text{optial}} = \begin{bmatrix} -\sin\dfrac{3\pi}{2}\sin\dfrac{\pi}{2} & -\cos\dfrac{3\pi}{2}\sin\dfrac{\pi}{2} & \cos\dfrac{\pi}{2} \\ -\sin\pi\sin\dfrac{\pi}{2} & -\cos\pi\sin\dfrac{\pi}{2} & \cos\dfrac{\pi}{2} \end{bmatrix}$$

结合式（2.68）和式（2.69），可以构建基于光学和 SAR 卫星遥感数据获取地表三维形变的误差方差矩阵：

$$\boldsymbol{V} = \boldsymbol{A} \cdot d_{3\text{d}} - \boldsymbol{L} \tag{2.70}$$

式中：$\boldsymbol{V} = [v_{\text{los}}^{\text{A}} \quad v_{\text{azi}}^{\text{A}} \quad v_{\text{los}}^{\text{D}} \quad v_{\text{azi}}^{\text{D}} \quad v_{\text{e}} \quad v_{\text{n}}]^{\text{T}}$ 为相应观测值误差；$\boldsymbol{L} = [d_{\text{los}}^{\text{A}} \quad d_{\text{azi}}^{\text{A}} \quad d_{\text{los}}^{\text{D}} \quad d_{\text{azi}}^{\text{D}} \quad L_{\text{e}} \quad L_{\text{n}}]^{\text{T}}$；$\boldsymbol{A}$ 为系数矩阵，$\boldsymbol{A} = \begin{bmatrix} \boldsymbol{A}_{\text{insar}} \\ \boldsymbol{A}_{\text{optial}} \end{bmatrix}$。

结合 SAR 卫星影像的系数矩阵 A_{insar} 和基于光学影像相关技术的系数矩阵 A_{optial}，发现 D-InSAR 技术和偏移量追踪技术获取的形变与三维形变的关系可以用同一个函数模型表示：

$$l = -\sin a \sin b \cdot d_e - \cos a \sin b \cdot d_n + \cos b \cdot d_u \tag{2.71}$$

式中：l 为各种形变观测值，如 LOS 向形变、方位向形变和水平形变等；a 和 b 为与三维形变相关的系数，单位一般为弧度，可表示为

$$
\begin{cases}
a = \alpha_{azi} - \dfrac{3\pi}{2}, & b = \theta_{inc}, & l\text{为LOS向形变} \\[2mm]
a = \alpha_{azi} - \pi, & b = \dfrac{\pi}{2}, & l\text{为方位向形变} \\[2mm]
a = \dfrac{3\pi}{2}, & b = \dfrac{\pi}{2}, & l\text{为东西向形变} \\[2mm]
a = \pi, & b = \dfrac{\pi}{2}, & l\text{为南北向形变}
\end{cases}
$$

式中：α_{azi} 为雷达卫星方位角；θ_{inc} 为雷达卫星入射角。

一般认为使用 D-InSAR 技术和偏移量追踪技术获取的形变观测值的观测误差属于偶然误差，即观测误差符合高斯分布，可基于最小二乘准则，即 $V^T P V = \min$，使用加权最小二乘估计获取待估参数（即三维形变）的最佳估值：

$$\hat{d}_{3d} = (A^T P A)^{-1}(A^T P L) \tag{2.72}$$

式中：$\hat{d}_{3d}$ 为基于最小二乘获取的三维地表形变估算值；P 为观测值权阵，若各类观测值是等精度观测，则 P 为单位权矩阵，可用传统的最小二乘平差解算，然而，不同平台、不同来源以及不同处理方法导致各类观测值误差存在异方差性，即满足非等精度观测，必须采用加权最小二乘方法进行估算，因此得到准确的权阵非常重要，一般可通过半变异函数，方差分量估计计算各类观测值精度。此外，考虑各类形变观测值中，尤其是 InSAR 形变观测值存在相似性（如分别使用 D-InSAR 技术获取的不同轨道的 LOS 向形变），可能导致法方程系数矩阵 $A^T P A$ 秩亏或者病态，一般可以通过奇异值分解进行解算（Ren and Feng，2020；Tao et al.，2020）。

2.4.2 基于地表先验信息假设解算三维形变

传统的加权最小二乘法能够基于三种或三种以上不同类别的形变观测值，通过几何关系构建误差方程，实现地表三维形变场的解算，直接免于模拟、假设等方法带来的不确定因素，因此一般可通过减少数据处理中的误差来得到精度较高的解算结果。该方法采用逐点计算的方式，仅考虑了形变观测值与地表三维形变存在的几何关系，但未考虑相邻点之间的关系。

地表形变是地表应力变化的产物，邻近区域地面点形变之间必然存在一定的物理力学关系，地表应变模型（strain model，SM）能够从物理力学方面描述地表临近点三维形变之间的数学关系（Shen and Liu，2020；Guglielmino et al.，2011；Vanicek et al.，2008），能够基于弹性理论反映应变场与变形场之间的关系，假设当地球进行构造活动（如地震、滑坡等）时，地表会产生均匀应变场。基于 SM 能够构建 InSAR 形变观测值、水平形变分量与地表三维形变之间的函数关系。

假设研究区域上的一地面点为 P^0，对应位置 $x^0 = [x_e^0 \quad x_n^0 \quad x_u^0]^T$，地表三维形变为 $d_{3d}^0 = [d_e^0 \quad d_n^0 \quad d_u^0]^T$，某个窗口范围内有 K 个点，第 $k(k=1,2,\cdots,K)$ 个点 P^k 的位置为 $x^k = [x_e^k \quad x_n^k \quad x_u^k]^T$，地表三维形变为 $d_{3d}^k = [d_e^k \quad d_n^k \quad d_u^k]^T$，则第 k 个点 P^k 的形变与地面点 P^0 的形变存在线性关系：

$$d_{3d}^k = H \cdot \Delta^k + d_{3d}^0 \tag{2.73}$$

式中：$\Delta^k = x^k - x^0 = [x_e^k - x_e^0 \quad x_n^k - x_n^0 \quad x_n^k - x_n^0]^T = [\Delta x_e^k \quad \Delta x_n^k \quad \Delta x_u^k]^T$；$H$ 为形变梯度矩阵，可表示为

$$H = S + R \tag{2.74}$$

式中：S 为对称矩阵；R 为反对称矩阵，即

$$S = \begin{bmatrix} \xi_{ee} & \xi_{en} & \xi_{eu} \\ \xi_{en} & \xi_{nn} & \xi_{nu} \\ \xi_{eu} & \xi_{nu} & \xi_{uu} \end{bmatrix}$$

$$R = \begin{bmatrix} 0 & \omega_{en} & \omega_{eu} \\ -\omega_{en} & 0 & -\omega_{nu} \\ -\omega_{eu} & \omega_{nu} & 0 \end{bmatrix}$$

式中：ξ 和 ω 分别为相应的应变参数和旋转参数，则可对式（2.73）进行转化：

$$d_{3d}^k = A_{sm}^k \cdot l_{sm} \tag{2.75}$$

式中：l_{sm} 为点 P^0 的待估参数，可表示为

$$l_{sm} = [d_e^0 \quad d_n^0 \quad d_u^0 \quad \xi_{ee} \quad \xi_{en} \quad \xi_{eu} \quad \xi_{nn} \quad \xi_{nu} \quad \xi_{uu} \quad \omega_{en} \quad \omega_{eu} \quad \omega_{nu}]^T；$$

A_{sm}^k 为 SM 模型的系数矩阵，可表示为

$$A_{sm}^k = \begin{bmatrix} 1 & 0 & 0 & \Delta x_e^k & \Delta x_n^k & \Delta x_u^k & 0 & 0 & 0 & -\Delta x_n^k & \Delta x_u^k & 0 \\ 0 & 1 & 0 & 0 & \Delta x_e^k & 0 & \Delta x_n^k & \Delta x_u^k & 0 & \Delta x_e^k & 0 & -\Delta x_u^k \\ 0 & 0 & 1 & 0 & 0 & \Delta x_e^k & 0 & \Delta x_n^k & \Delta x_u^k & 0 & -\Delta x_e^k & \Delta x_n^k \end{bmatrix}$$

此外，考虑使用偏移量追踪技术获取的二维形变（包括光学影像和 SAR 影像）和使用 D-InSAR 技术获取的 LOS 向形变，其与地表三维形变之间的关系可以用一个一般函数表示［式（2.71）］，结合式（2.75），显然能够获取其中一类的某个观测值与待估参数 l_{sm} 之间的函数关系：

$$l = A_{geo} \cdot A_{sm}^k \cdot l_{sm} + \varepsilon_{error} = A^k \cdot l_{sm} + \varepsilon_{error} \tag{2.76}$$

式中：ε_{error} 为随机误差；观测值 A^k 为系数矩阵，大小为 1×12，可表示为

$$\begin{aligned} A^k = [&(-\sin a \sin b) \quad (-\cos a \sin b) \quad (\cos b) \quad (-\sin a \sin b \cdot \Delta x_e^k) \\ &(-\sin a \sin b \cdot \Delta x_n^k - \cos a \sin b \cdot \Delta x_e^k) \quad (-\sin a \sin b d_e \cdot \Delta x_u^k + \cos b \cdot \Delta x_e^k) \\ &(-\cos a \sin b \cdot \Delta x_n^k) \quad (-\cos a \sin b \cdot \Delta x_u^k + \cos b \cdot \Delta x_n^k) \quad (\cos b \cdot \Delta x_u^k) \\ &(\sin a \sin b \cdot \Delta x_n^k - \cos a \sin b \cdot \Delta x_e^k) \quad (-\sin a \sin b \cdot \Delta x_u^k - \cos b \cdot \Delta x_e^k) \\ &(\cos a \sin b \cdot \Delta x_u^k + \cos b \cdot \Delta x_n^k)] \end{aligned}$$

A_{geo} 为相关系数矩阵，可表示为

$$A_{geo} = [-\sin a \sin b \quad -\cos a \sin b \quad \cos b]$$

基于式（2.78）可建立不同类形变观测值、不同地面邻近点的观测形变与地表三维形变之间的误差方程，并基于该误差方程，采用加权最小二乘法求解待估参数的最优估值。

2.4.3　结合外部数据解算三维形变

上面两种方法是基于三个及以上成像几何存在明显差异的多源遥感影像资料（如基于 InSAR 技术获取的 SAR 数据的形变观测数据、基于偏移量追踪技术获取的光学数据的形变资料）解算高精度地表三维形变结果。然而在很多情况下，由于天气、SAR 卫星飞行轨道限制，很难有效获取研究对象明显的形变观测值，难以通过上述两种方法解算地表三维形变。因此，需要引入外部数据或者先验信息，以此计算高精度地表三维形变。在结合外部数据解算三维形变过程中，采用的外部数据一般为 GNSS 形变观测数据。GNSS 数据具有高精度、全天候以及连续采样的特点，通过数据处理，可获取精度较高的形变，但 GNSS 对垂直相变不敏感，需要建站，且获取的是一系列点的三维形变。InSAR 技术获取的是一维形变，即 LOS 向形变，常常需要数天或者数十天来获取 SAR 影像干涉对，空间分辨率高，且呈面状覆盖，对垂直方向形变敏感，无须现场作业，获取的 LOS 向形变量既是时间差分，也是空间差分的结果。显然 GNSS 与 InSAR 具有良好的互补性，通过融合 GNSS 和 InSAR 技术，可获取统一基准、高精度、大范围地壳形变观测结果。

鉴于 GNSS 与 InSAR 技术有良好的互补性，Gudmundsson 等（2002）提出通过融合 GNSS 与 InSAR 形变观测资料获取地表三维形变，他们利用模拟退火的方法成功反演出冰岛雷恰内斯半岛地区的三维形变速率场。考虑 GNSS 形变观测资料一般是点数据，而 InSAR 形变观测资料常为面数据，通常需要将 GNSS 形变观测资料进行插值，进而得到与 InSAR 形变观测资料空间分辨率相同的三维形变，然后通过联合反演 GNSS 和 InSAR 形变场，获取最终的三维形变结果。显然，联合 GNSS 和 InSAR 获取三维形变量的方法，与联合光学影像和 SAR 影像获取地表三维形变的本质基本一致，不同之处在于需要将 GNSS 三维形变场进行插值，因此，相关原理不再赘述。然而考虑插值的 GNSS 三维形变场仅能反映地表形变的长波分量，而基于多源遥感影像获取的形变观测值一般认为是地表形变的长波分量和短波分量综合反映的结果，且在三维形变反演中，一般认为 GNSS 形变观测结果较为可靠，一般会给予较大的权重，融合的三维形变结果常表现为与插值的 GNSS 三维形变结果类似。该方法对 GNSS 接收站的分布和数量要求较高，当前我国仅在重点地震活动区域建设有较多的 GNSS 台站，但多数为流动站，长期观测震间形变仍然有较大的挑战性。

参 考 文 献

葛玉龙, 2020. 多频多系统精密单点定位时间传递方法研究. 北京: 中国科学院大学(中国科学院国家授时中心).

郭博峰, 2015. 单站高频 GNSS 求解同震位移的新方法及联合强震仪的地震预警应用研究. 武汉: 武汉大学.

廖明生, 王腾, 2014. 时间序列 InSAR 技术与应用. 北京: 科学出版社

许才军, 何平, 温扬茂, 等, 2012. 利用 CR-InSAR 技术研究鲜水河断层地壳形变. 武汉大学学报(信息科学版), 37(3), 302-305.

殷海涛, 肖根如, 张磊, 等, 2012. TRACK 高频 GPS 定位中震时参考站的选取方法. 大地测量与地球动力学, 32(4): 15-19.

袁运斌, 欧吉坤, 2005. 广义三角级数函数电离层延迟模型. 自然科学进展, 15: 1015-1019.

Aryal A, Brooks B A, Reid M E, et al., 2012. Displacement fields from point cloud data: Application of particle imaging velocimetry to landslide geodesy. Journal of Geophysical Research: Earth Surface, 117(F1): F01029.

Barnea D I, Silverman H F, 1972. A class of algorithms for fast digital image registration. IEEE transactions on Computers, 100(2), 179-186.

Bekaert D P S, Hooper A, Wright T J, 2015. Reassessing the 2006 Guerrero slow slip event, Mexico: Implications for large earthquakes in the Guerrero Gap. Journal of Geophysical Research: Solid Earth, 2014: JB011557.

Benedetti E, Branzanti M, Biagi L, et al., 2014. Global navigation satellite systems seismology for the 2012 M_w6.1 Emilia earthquake: Exploiting the VADASE algorithm. Seismological Research Letters, 85(3): 649-656.

Berardino P, Fornaro G, Lanari R, et al., 2002. A new algorithm for surface deformation monitoring based on small baseline differential SAR interferograms. IEEE Transactions on Geoscience and Remote Sensing, 40(11): 2375-2383.

Bezcioglu M, Yigit C O, Mazzoni A, et al., 2022. High-rate(20 Hz) single-frequency GPS/GALILEO variometric approach for real-time structural health monitoring and rapid risk assessment. Advances in Space Research, 70(5): 1388-1405.

Biggs J, Wright T, Lu Z, 2007. Multi-interferogram method for measuring interseismic deformation: Denali fault, Alaska. Geophys Journal International, 170(3): 1165-1179.

Bock Y, Melgar D, Crowell B W, 2011. Real-time strong-motion broadband displacements from collocated GPS and accelerometers. Bulletin of the Seismological Society of America, 101(6): 2904-2925.

Branzanti M, Colosimo G, Crespi M, et al., 2012. GPS near-real-time coseismic displacements for the great Tohoku-oki earthquake. IEEE Geoscience and Remote Sensing Letters, 10(2): 372-376.

Branzanti M, Colosimo G, Mazzoni A, 2017. Variometric approach for real-time GNSS navigation: First demonstration of Kin-VADASE capabilities. Advances in Space Research, 59(11): 2750-2763.

Brcic R, Parizzi A, Eineder M, et al., 2010. Estimation and compensation of ionospheric delay for SAR interferometry. Hawaii: 2010 IEEE International Geoscience and Remote Sensing Symposium.

Colesanti C, Ferretti A, Novali F, et al., 2003. SAR monitoring of progressive and seasonal ground deformation using the permanent scatterers technique. IEEE Transactions on Geoscience and Remote Sensing, 41(7): 1685-1701.

Colosimo G, Crespi M, Mazzoni A, 2011. Real-time GPS seismology with a stand-alone receiver: A preliminary feasibility demonstration. Journal of Geophysical Research: Solid Earth, 116(B11): B11302.

Crowell B W, 2021. Near-field strong ground motions from GPS-derived velocities for 2020 intermountain western United States earthquakes. Seismological Research Letters, 92(2A): 840-848.

Dai Z, Zha X, 2012. An accurate phase unwrapping algorithm based on reliability sorting and residue mask. IEEE Geoscience and Remote Sensing Letters, 9: 219-223.

Debella-Gilo M, Kääb A, 2011. Sub-pixel precision image matching for measuring surface displacements on mass movements using normalized cross-correlation. Remote Sensing of Environment, 115(1): 130-142.

Dong D N, Bock Y, 1989. Global positioning system network analysis with phase ambiguity resolution applied to crustal deformation studies in California. Journal of Geophysical Research: Solid Earth, 94(B4): 3949-3966.

Dudderar T D, Simpkins P G, 1977. Laser speckle photography in a fluid medium. Nature, 270(5632): 45-47.

Fang R, Shi C, Song W, et al., 2014. Determination of earthquake magnitude using GPS displacement waveforms from real-time precise point positioning. Geophysical Journal International, 196(1): 461-472.

Ferretti A, Prati C, Rocca F, 2000. Nonlinear subsidence rate estimation using permanent scatterers in differential SAR interferometry. IEEE Transactions on Geoscience and Remote Sensing, 38(5): 2202-2212.

Ferretti A, Prati C, Rocca F, 2001. Permanent scatterers in SAR interferometry. IEEE Transactions on Geoscience and Remote Sensing, 39(1): 8-20.

Fialko Y, 2006. Interseismic strain accumulation and the earthquake potential on the southern San Andreas fault system. Nature, 441(7096): 968-971.

Fratarcangeli F, Savastano G, D'Achille M C, et al., 2018. VADASE reliability and accuracy of real-time displacement estimation: Application to the Central Italy 2016 earthquakes. Remote Sensing, 10(8): 1201.

Geng J, Jiang P, Liu J, 2017. Integrating GPS with GLONASS for high-rate seismogeodesy. Geophysical Research Letters, 44(7): 3139-3146.

Grapenthin R, West M, Tape C, et al., 2018. Single-frequency instantaneous GNSS velocities resolve dynamic ground motion of the 2016 M_w7.1 Iniskin, Alaska, earthquake. Seismological Research Letters, 89(3): 1040-1048.

Gray E R, Balmer J M, 1998. Managing corporate image and corporate reputation. Long range planning, 31(5): 695-702.

Gudmundsson S, Sigmundsson F, Carstensen J M, 2002. Three-dimensional surface motion maps estimated from combined interferometric synthetic aperture radar and GPS data. Journal of Geophysical Research: Solid Earth, 107: 11-13.

Guglielmino F, Nunnari G, Puglisi G, et al., 2011. Simultaneous and integrated strain tensor estimation from geodetic and satellite deformation measurements to obtain three-dimensional displacement maps. IEEE Transactions on Geoscience and Remote Sensing, 49: 1815-1826.

Hanssen R F, 2001. Radar Interferometry: Data Interpretation and Error Analysis. Boston: Kluwer Academic, Dordrecht.

Hild F, Roux S, 2006. Digital image correlation: From displacement measurement to identification of elastic properties-a review. Strain, 42(2): 69-80.

Hirschmuller H, Scharstein D, 2008. Evaluation of stereo matching costs on images with radiometric differences. IEEE Transactions on Pattern Analysis and Machine Intelligence, 31(9): 1582-1599.

Hooper A, 2008. A multi-temporal InSAR method incorporating both persistent scatterer and small baseline approaches. Geophysical Research Letters, 35(16): 16302-1-16302-5.

Hooper A, Bekaert D, Spaans K, et al., 2012. Recent advances in SAR interferometry time series analysis for measuring crustal deformation. Tectonophysics, 514-517: 1-13.

Hooper A, Segall P, Zebker H, 2007. Persistent scatterer interferometric synthetic aperture radar for crustal deformation analysis, with application to Volcán Alcedo, Galápagos. Journal of Geophysical Research, 112(B7): B07407.

Jung H, Lee W, 2015. An Improvement of Ionospheric phase correction by multiple-aperture interferometry. IEEE Transactions on Geoscience and Remote Sensing, 53: 4952-4960.

Kampes B M, 2005. Displacement parameter estimation using permanent scatterer interferometry. Delft: Delft University of Technology.

Klobuchar J A, 1987. Ionospheric time-delay algorithm for single-frequency GPS users. IEEE Transactions on Aerospace and Electronic Systems(3): 325-331.

Lanari R, Casu F, Manzo M, et al., 2007. An overview of the Small Baseline subset algorithm: A D-InSAR technique for surface deformation analysis. Pure and Applied Geophysics, 164(4): 637-661.

Leprince S, Barbot S, Ayoub F, et al., 2007. Automatic and precise orthorectification, coregistration, and subpixel correlation of satellite images, application to ground deformation measurements. IEEE Transactions on Geoscience and Remote Sensing, 45(6): 1529-1558.

Leprince S, Berthier E, Ayoub F, et al., 2008. Monitoring earth surface dynamics with optical imagery. Eos, Transactions American Geophysical Union, 89(1): 1-2.

Li X, Zheng K, Li X, et al., 2019. Real-time capturing of seismic waveforms using high-rate BDS, GPS and GLONASS observations: The 2017 M_w6.5 Jiuzhaigou earthquake in China. GPS Solutions, 23: 1-12.

Li Z, Fielding E J, Cross P, 2009. Integration of InSAR time-series analysis and water-vapor correction for mapping postseismic motion after the 2003 bam (Iran) earthquake. IEEE Transactions on Geoscience and Remote Sensing, 47(9): 3220-3230.

Liang S, Gan W, Xiao G, et al., 2022. Strong ground motion recorded by high-rate GPS during the 2021 M_s6. 4 Yangbi, China, Earthquake. Seismological Society of America, 93(6): 3219-3233.

Meyer F J, 2011. Performance requirements for Ionospheric correction of low-frequency SAR data. IEEE Transactions on Geoscience and Remote Sensing, 49: 3694-3702.

Michel R, Rignot E, 1999. Flow of Glaciar Moreno, Argentina, from repeat-pass shuttle imaging radar images: Comparison of the phase correlation method with radar interferometry. Journal of Glaciology, 45(149): 93-100.

Moschas F, Stiros S, 2011. Measurement of the dynamic displacements and of the modal frequencies of a short-span pedestrian bridge using GPS and an accelerometer. Engineering Structures, 33(1): 10-17.

Neely W R, Borsa A A, Silverii F, 2020. GInSAR: A cGPS correction for enhanced insar time series. IEEE Transactions on Geoscience and Remote Sensing, 58: 136-146.

Niell A E, 1996. Global mapping functions for the atmosphere delay at radio wavelengths. Journal of Geophysical Research: Solid Earth, 101(B2): 3227-3246.

Nikkhoo M, Walter T R, 2015. Triangle dislocation: An analytical, artefect-free solution. Geophysical Journal International, 201(2): 1119-1141.

Ohta Y, Kobayashi T, Tsushima H, et al., 2012. Quasi real-time fault model estimation for near-field tsunami forecasting based on RTK-GPS analysis: Application to the 2011 Tohoku-Oki earthquake (M_w 9.0). Journal of Geophysical Research: Solid Earth, 117(B2): B02311.

Pattyn F, Derauw D, 2002. Ice-dynamic conditions of Shirase Glacier, Antarctica, inferred from ERS SAR interferometry. Journal of Glaciology, 48(163): 559-565.

Pehlivan H, 2018. Frequency analysis of GPS data for structural health monitoring observations. Structural Engineering and Mechanics, 66(2): 185-193.

Perissin D, Wang T, 2012. Repeat-Pass SAR interferometry with partially coherent targets. Ieee Transactions on Geoscience and Remote Sensing, 50(1): 271-280.

Pierrot-Deseilligny M, Paparoditis N, 2006. A multiresolution and optimization-based image matching approach: An application to surface reconstruction from SPOT5-HRS stereo imagery. Archives of Photogrammetry, Remote Sensing and Spatial Information Sciences, 36(1): 1-5.

Reddy B S, Chatterji B N, 1996. An FFT-based technique for translation, rotation, and scale-invariant image registration. IEEE Transactions on Image Processing, 5(8): 1266-1271.

Ren H, Feng X, 2020. Calculating vertical deformation using a single InSAR pair based on singular value decomposition in mining areas. International Journal of Applied Earth Observation and Geoinformation, 92: 102115.

Sandwell D T, Price E J, 1998. Phase gradient approach to stacking interferograms. Journal of Geophysical Research: Solid Earth, 103(B12): 30183-30204.

Scambos T A, Dutkiewicz M J, Wilson J C, et al., 1992. Application of image cross-correlation to the measurement of glacier velocity using satellite image data. Remote Sensing of Environment, 42(3): 177-186.

Shen Z, Liu Z, 2020. Integration of GPS and InSAR Data for Resolving 3-Dimensional Crustal Deformation. Earth and Space Science, 7: e1036E-e2019E.

Shu Y, Fang R, Geng J, et al., 2018b. Broadband velocities and displacements from integrated GPS and accelerometer data for high-rate seismogeodesy. Geophysical Research Letters, 45(17): 8939-8948.

Shu Y, Fang R, Li M, et al., 2018a. Very high-rate GPS for measuring dynamic seismic displacements without aliasing: Performance evaluation of the variometric approach. GPS Solutions, 22: 1-13.

Shu Y, Fang R, Liu Y, et al., 2020. Precise coseismic displacements from the GPS variometric approach using different precise products: Application to the 2008 M_w7.9 Wenchuan earthquake. Advances in Space Research, 65(10): 2360-2371.

Strozzi T, Luckman A, Murray T, et al., 2002. Glacier motion estimation using SAR offset-tracking procedures. IEEE Transactions on Geoscience and Remote Sensing, 40(11): 2384-2391.

Stumpf A, Michéa D, Malet J P, 2018. Improved co-registration of Sentinel-2 and Landsat-8 imagery for Earth surface motion measurements. Remote Sensing, 10(2): 160.

Tao Q, Ding L, Hu L, et al., 2020. The performance of LS and SVD methods for SBAS InSAR deformation model solutions. International Journal of Remote Sensing, 41: 8547-8572.

van Puymbroeck N, Michel R, Binet R, et al., 2000. Measuring earthquakes from optical satellite images. Applied Optics, 39(20): 3486-3494.

Vanicek P, Grafarend EW, Berber M, 2008. Short Note: Strain invariants. Journal of Geodesy, 82: 263-268.

Werner C, Wegmuller U, Strozzi T, et al., 2005. Precision estimation of local offsets between pairs of SAR SLCs and detected SAR images. In International Geoscience and Remote Sensing Symposium, 7: 4803.

Wright T, Parsons B, Fielding E, 2001. Measurement of interseismic strain accumulation across the North Anatolian fault by satellite radar interferometry. Geophysical Research Letters, 28(10): 2117-2120.

Zabih R, Woodfill J, 1994. Non-parametric local transforms for computing visual correspondence. Stockholm: Computer Vision—ECCV'94: Third European Conference on Computer Vision.

Zang J, Wen Y, Li Z, et al., 2022a. Rapid source models of the 2021 M_w7.4 Maduo, China, earthquake inferred from high-rate BDS3/2, GPS, Galileo and GLONASS observations. Journal of Geodesy, 96(9): 58.

Zang J, Xu C, Li X, 2020. Scaling earthquake magnitude in real time with high-rate GNSS peak ground displacement from variometric approach. GPS Solutions, 24(4): 101.

Zang J, Xu C, Wen Y, et al., 2022b. Rapid earthquake source description using variometric-derived GPS displacements toward application to the 2019 M_w7.1 Ridgecrest Earthquake. Seismological Society of America, 93(1): 56-67.

Zebker H A, Villasenor J, 1992. Decorrelation in interferometric radar echoes. IEEE Transactions on Geoscience and Remote Sensing, 30: 950-959.

Zheng J, Fang R, Li M, et al., 2022. Line-Source model based rapid inversion for deriving large earthquake rupture characteristics using high-Rate GNSS observations. Geophysical Research Letters, 49(5): e2021GL097460.

Zhu W, Zhang W, He Y, et al., 2017. Performance evaluation of azimuth offset method for mitigating the Ionospheric effect on SAR interferometry. Journal of Sensors, 2017: 4587475.

Zumberge J F, Heflin M B, Jefferson D C, et al., 1997. Precise point positioning for the efficient and robust analysis of GPS data from large networks. Journal of Geophysical Research: Solid Earth, 102(B3): 5005-5017.

同震形变监测及典型案例

3.1 同震形变模型及反演算法

同震滑动模型的反演是指根据地表的观测数据（GNSS、InSAR 等）推算引起地表形变的断层破裂区域的几何参数（位置、深度、长度、宽度、倾角和走向）和运动学参数（滑动量大小、滑动方向）。因此，正确建立地表观测与断层参数之间的联系是反演的基础，换言之，就是假定断层参数已知，进而模拟地表的观测数据，这个过程称为正演。正演中所需要的断层参数与地表观测点观测数据之间的一一对应关系，称为格林函数。本节将分别介绍同震地表形变格林函数的计算模型和当前常用的反演算法。

3.1.1 断层位错模型

计算格林函数的方法有很多，大致分为解析解模型、数值解模型和经验格林函数。解析解模型是当前使用最多的格林函数计算方法，其中最常用的是 Okada 位错模型（Okada，1985）和三角元模型（Jeyakumaran et al.，1992）。数值解模型是基于有限元或边界元方法模拟得到格林函数的方法，该方法可以考虑复杂的几何形态和介质的各向异性参数，从而构建更贴近真实情况的断层运动学模型，因此相对于传统的解析解模型具有诸多优势。然而，数值解模型用于反演往往需要消耗巨大的计算资源，因此直到近几年，在计算机的计算能力得到快速提升之后才得以发展。除此之外，现有的观测数据均位于地表，处于发震断层的上部，属于单侧观测，这极大地限制了观测数据对断层几何结构的约束能力，难以分辨地壳深处复杂的几何结构和介质各向异性。因此基于现有观测数据，利用复杂的数值解模型开展反演工作缺乏必要性。经验格林函数是指将地震案例的观测数据作为格林函数，开展重复地震或者空间位置相近的地震事件研究。该方法虽然能够以真实的地球介质状态建立断层破裂与地表之间的关系，但是基于该方法获取的格林函数可靠性难以评价，且强烈依赖于两次地震的相关性。因此，该方法仅在少数案例中应用过，近些年鲜有提及。

1. Okada 位错模型

在同震破裂、弹性回弹等小时间尺度上，地质构造运动主要表现为弹性性质。基于这样的考虑，Steketee（1958）将位错理论引入地震形变场的研究中，并给出了各向同性介质中位错面上的不连续位移 $\Delta u_j(\xi_1, \xi_2, \xi_3)$ 与位移场 $u_i(x_1, x_2, x_3)$ 之间的关系表达式：

$$u_i = \frac{1}{F} \iint_{\Sigma} \Delta u_j \left[\lambda \delta_{jk} \frac{\partial u_i^n}{\partial \xi_n} + \mu \left(\frac{\partial u_i^j}{\partial \xi_k} + \frac{\partial u_i^k}{\partial \xi_j} \right) \right] v_k \mathrm{d}\Sigma \tag{3.1}$$

式中：λ 和 μ 为拉梅常数，各向同性弹性体内认为 $\lambda = \mu = 1$；δ_{jk} 为克罗内克符号；v_k 为垂直面元 $\mathrm{d}\Sigma$ 的方向余弦；u_i^j 为在点 (ξ_1, ξ_2, ξ_3) 处的应力 F 的 j 方向分量在点 (x_1, x_2, x_3) 处引起位移的 i 方向分量。

鉴于震源模型不唯一、大地测量数据匮乏且质量不高、已有模型表达式复杂烦琐等情况，Okada（1985）总结前人成果给出了各向同性、均匀弹性半空间内位移的计算公式。图 3.1 所示为 Okada 位错模型的断层运动几何示意图。

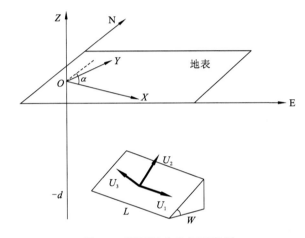

图 3.1　断层运动几何示意图

断层尺寸是 $W \times L$，走向为 α，倾角为 δ，下底面深度为 d，U_1、U_2、U_3 分别代表位错面上的走滑位错、倾滑位错和张性位错，其中地震研究中一般不涉及张性位错，U_1、U_2 共同确定的滑动角 $r = \arctan(U_2/U_1)$ 是断层上盘相对于下盘的滑动方向。局部坐标系 $O\text{-}XYZ$ 是以断层左下角在地面的投影为原点，断层走向为 X 正方向，铅垂线方向向上为 Z 轴正方向建立的右手系。

1）点源位错模型

假设 $\xi_1 = \xi_2 = 0$，$\xi_3 = -d$，根据 Okada 位错理论，由位于 $(0, 0, -d)$ 处的点源位错引起的地表位移场可以由式（3.2）～式（3.6）求得。

走滑位错引起的地表位移场：

$$\begin{cases} u_x^0 = -\dfrac{U_1}{2\pi} \left[\dfrac{3x^2 q}{R^5} + I_1^0 \sin \delta \right] \Delta\Sigma \\[2mm] u_y^0 = -\dfrac{U_1}{2\pi} \left[\dfrac{3xyq}{R^5} + I_2^0 \sin \delta \right] \Delta\Sigma \\[2mm] u_z^0 = -\dfrac{U_1}{2\pi} \left[\dfrac{3dxq}{R^5} + I_4^0 \sin \delta \right] \Delta\Sigma \end{cases} \tag{3.2}$$

倾滑位错引起的地表位移场：

$$\begin{cases} u_x^0 = -\dfrac{U_2}{2\pi}\left[\dfrac{3xpq}{R^5} - I_3^0 \sin\delta\cos\delta\right]\Delta\varSigma \\[3mm] u_y^0 = -\dfrac{U_2}{2\pi}\left[\dfrac{3ypq}{R^5} - I_1^0 \sin\delta\cos\delta\right]\Delta\varSigma \\[3mm] u_z^0 = -\dfrac{U_2}{2\pi}\left[\dfrac{3dpq}{R^5} - I_5^0 \sin\delta\cos\delta\right]\Delta\varSigma \end{cases} \quad (3.3)$$

张性位错引起的地表位移场：

$$\begin{cases} u_x^0 = \dfrac{U_3}{2\pi}\left[\dfrac{3xq^2}{R^5} - I_3^0 \sin^2\delta\right]\Delta\varSigma \\[3mm] u_y^0 = \dfrac{U_3}{2\pi}\left[\dfrac{3yq^2}{R^5} - I_1^0 \sin^2\delta\right]\Delta\varSigma \\[3mm] u_z^0 = \dfrac{U_3}{2\pi}\left[\dfrac{3dq^2}{R^5} - I_5^0 \sin^2\delta\right]\Delta\varSigma \end{cases} \quad (3.4)$$

式中：

$$\begin{cases} I_1^0 = \dfrac{\mu}{\lambda+\mu}y\left[\dfrac{1}{R(R+d)^2} - x^2\dfrac{3R+d}{R^3(R+d)^3}\right] \\[3mm] I_2^0 = \dfrac{\mu}{\lambda+\mu}x\left[\dfrac{1}{R(R+d)^2} - y^2\dfrac{3R+d}{R^3(R+d)^3}\right] \\[3mm] I_3^0 = \dfrac{\mu}{\lambda+\mu}\left[\dfrac{x}{R^3}\right] - I_2^0 \\[3mm] I_4^0 = \dfrac{\mu}{\lambda+\mu}\left[-xy\dfrac{2R+d}{R^3(R+d)^2}\right] \\[3mm] I_5^0 = \dfrac{\mu}{\lambda+\mu}\left[\dfrac{1}{R(R+d)} - x^2\dfrac{2R+d}{R^3(R+d)^2}\right] \end{cases} \quad (3.5)$$

$$\begin{cases} p = y\cos\delta + d\sin\delta \\ q = y\sin\delta - d\cos\delta \\ R^2 = x^2 + y^2 + d^2 = x^2 + p^2 + q^2 \end{cases} \quad (3.6)$$

在现实情况中，断层往往同时包含了走滑位错和倾滑位错分量，由不同位错分量引起的地表位移场是可以线性叠加的。

2）矩形位错模型

矩形位错模型更接近断层运动破裂的实际情况，因而应用更为广泛，模拟效果也更真实可靠。如图 3.1 所示，当长 L 宽 W 的矩形断层发生错动时，地表位移场的计算可以用 $x-\xi'$、$y-\eta'\cos\delta$ 和 $d-\eta'\sin\delta$ 来代替点源位错模型计算公式中的 x、y、d，然后求下列积分：

$$\int_0^L \mathrm{d}\xi' \int_0^W \mathrm{d}\eta' \quad (3.7)$$

根据关系式：

$$\begin{cases} x - \xi' = \xi \\ p - \eta' = \eta \end{cases} \quad (3.8)$$

要求解的积分变为

$$\int_x^{x-L} \mathrm{d}\xi \int_p^{p-W} \mathrm{d}\eta \tag{3.9}$$

进一步可以得到矩形位错模型引起的地表位移场，由式（3.10）～式（3.15）求得。

走滑位错引起的地表形变场：

$$
\begin{cases}
u_x = -\dfrac{U_1}{2\pi}\left[\dfrac{\xi q}{R(R+\eta)} + \tan^{-1}\dfrac{\xi\eta}{qR} + I_1\sin\delta\right] \\[3mm]
u_y = -\dfrac{U_1}{2\pi}\left[\dfrac{\tilde{y}q}{R(R+\eta)} + \dfrac{q\cos\delta}{R+\eta} + I_2\sin\delta\right] \\[3mm]
u_z = -\dfrac{U_1}{2\pi}\left[\dfrac{\tilde{d}q}{R(R+\eta)} + \dfrac{q\sin\delta}{R+\eta} + I_4\sin\delta\right]
\end{cases} \tag{3.10}
$$

倾滑位错引起的地表位移场：

$$
\begin{cases}
u_x = -\dfrac{U_2}{2\pi}\left[\dfrac{q}{R} - I_3\sin\delta\cos\delta\right] \\[3mm]
u_y = -\dfrac{U_2}{2\pi}\left[\dfrac{\tilde{y}q}{R(R+\xi)} + \cos\delta\tan^{-1}\dfrac{\xi\eta}{qR} - I_1\sin\delta\cos\delta\right] \\[3mm]
u_z = -\dfrac{U_2}{2\pi}\left[\dfrac{\tilde{d}q}{R(R+\xi)} + \sin\delta\tan^{-1}\dfrac{\xi\eta}{qR} - I_5\sin\delta\cos\delta\right]
\end{cases} \tag{3.11}
$$

张性位错引起的地表位移场：

$$
\begin{cases}
u_x = \dfrac{U_3}{2\pi}\left[\dfrac{q^2}{R(R+\eta)} - I_3\sin^2\delta\right] \\[3mm]
u_y = \dfrac{U_3}{2\pi}\left[\dfrac{-\tilde{d}q}{R(R+\xi)} - \sin\delta\left\{\dfrac{\xi q}{R(R+\eta)} - \tan^{-1}\dfrac{\xi\eta}{qR}\right\} - I_1\sin^2\delta\right] \\[3mm]
u_z = \dfrac{U_3}{2\pi}\left[\dfrac{\tilde{y}q}{R(R+\xi)} + \cos\delta\left\{\dfrac{\xi q}{R(R+\eta)} - \tan^{-1}\dfrac{\xi\eta}{qR}\right\} - I_5\sin^2\delta\right]
\end{cases} \tag{3.12}
$$

式中：

$$
\begin{cases}
I_1 = \dfrac{\mu}{\lambda+\mu}\left[\dfrac{-1}{\cos\delta}\dfrac{\xi}{R+\tilde{d}}\right] - \dfrac{\sin\delta}{\cos\delta}I_5 \\[3mm]
I_2 = \dfrac{\mu}{\lambda+\mu}[-\ln(R+\eta)] - I_3 \\[3mm]
I_3 = \dfrac{\mu}{\lambda+\mu}\left[\dfrac{-1}{\cos\delta}\dfrac{\tilde{y}}{R+\tilde{d}} - \ln(R+\eta)\right] + \dfrac{\sin\delta}{\cos\delta}I_4 \\[3mm]
I_4 = \dfrac{\mu}{\lambda+\mu}\dfrac{1}{\cos\delta}[\ln(R+\tilde{d}) - \sin\delta\ln(R+\eta)] \\[3mm]
I_5 = \dfrac{\mu}{\lambda+\mu}\dfrac{2}{\cos\delta}\tan^{-1}\dfrac{\eta(X+q\cos\delta) + X(R+X)\sin\delta}{\xi(R+X)\cos\delta}
\end{cases} \tag{3.13}
$$

当 $\cos\delta = 0$ 时，有

$$\begin{cases} I_1 = -\dfrac{\mu}{2(\lambda+\mu)}\dfrac{\xi q}{(R+\tilde{d})^2} \\[2mm] I_2 = \dfrac{\mu}{2(\lambda+\mu)}\left[\dfrac{\eta}{R+\tilde{d}}+\dfrac{\tilde{y}q}{(R+\tilde{d})^2}-\ln(R+\eta)\right] \\[2mm] I_4 = -\dfrac{\mu}{\lambda+\mu}\dfrac{q}{R+\tilde{d}} \\[2mm] I_5 = -\dfrac{\mu}{\lambda+\mu}\dfrac{\xi\sin\delta}{R+\tilde{d}} \end{cases} \tag{3.14}$$

$$\begin{cases} p = y\cos\delta + d\sin\delta \\ q = y\sin\delta - d\cos\delta \\ \tilde{y} = \eta\cos\delta + q\sin\delta \\ \tilde{d} = \eta\sin\delta - q\cos\delta \\ R^2 = \xi^2 + \eta^2 + q^2 = \xi^2 + \tilde{y}^2 + \tilde{d}^2 \\ X^2 = \xi^2 + q^2 \end{cases} \tag{3.15}$$

2. 三角元位错模型

三角元位错模型发展至今已有 40 余年,从最初的角位错理论模型到弹性半空间中角位错解析解的计算,到角位错解析解叠加得到单一三角元解析解,再到三角元模拟及反演程序的编写,在实际震例研究中开展具体应用,三角元位错模型的发展及应用虽然没有 Okada 位错模型发展迅速,但是其理论体系也在逐步完善和形成。

1)三角元位错模型构建

角位错模型是三角元位错模型的构建基础,如图 3.2 所示,在全局坐标系 o-xyz 下,角位错 QPR 由两条边界 QP、PR 组成,其中 QP 与 o-xyz 坐标系 z 轴平行,是一条竖直边界,与边 PR 相交,形成 β 夹角,其交点 P 是角位错的顶点。角位错面 QPR 有正负面之分,其正负面由边界 QP 和 PR 的箭头指向根据右手准则确定。

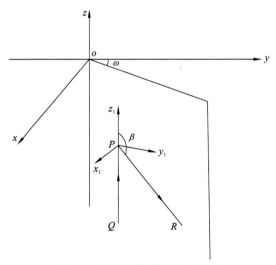

图 3.2　角位错模型几何示意图

弹性半空间中单个角位错产生的位移可以表示为

$$u_i = B_j U_{ij}^P(x; \xi, \beta)$$ （3.16）

式中：B_j 为角位错面上的位移间断，即位错，$B_j = u_j^+ - u_j^-$，u_j^+ 为角位错正面位移量，u_j^- 为角位错负面位移量；U_{ij}^P 为复杂的解析式，Comninou 和 Dundurs（1975）给出了 $\omega = 0$ 时局部坐标系下 U_{ij}^P 的具体表达形式。

得到一个角位错的位移解析解之后，可以将两个方向相反的角位错相叠加，得到一个位错段的空间位移解析解。图 3.3 是两个角位错叠加形成一个三角形单元位错段的几何示意图。两个方向相反的角位错 QAR、RBS 相叠加，如果这两个角位错的位错量相等，那么 SBR 中的位错将被抵消，位错面上存在位移不连续的部分将仅剩 $QABS$，其产生的空间位移表达式为

$$u_i = B_j U_{ij}^{AB}(x; \xi^A, \xi^B)$$ （3.17）

$$U_{ij}^{AB} = U_{ij}^A(x; \xi^A, \beta) - U_{ij}^B(x; \xi^B, \beta)$$ （3.18）

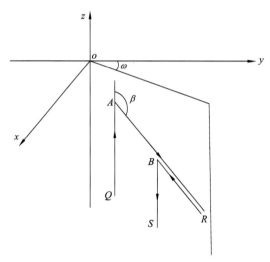

图 3.3　两个角位错叠加形成一个三角形单元位错段的几何示意图

显然在求得一个位错段的空间位移解析解之后，由三个位错段便可以很容易地叠加得到一个封闭的三角形位错面。图 3.4 为三个位错段 $DACF$、$EBAD$ 和 $FCBE$ 叠加得到一个独立三角形位错面的过程。三角元位错面的位置和方向完全由角位错的顶点决定，而位错面倾角则由角位错的倾角 β 决定。与两个角位错叠加得到位错段类似，三个位错段叠加时每个位错段垂向上的位错量必须完全抵消掉，保证空间中位错量仅存在于三角形位错面 ABC 内。叠加得到的三角形位错面在空间中产生的位移解析解为

$$u_i = B_j U_{ij}(x; \xi^A, \xi^B, \xi^C)$$ （3.19）

$$U_{ij}(x; \xi^A, \xi^B, \xi^C) = U_{ij}^{AB} + U_{ij}^{BC} + U_{ij}^{CA}$$ （3.20）

正如所期待的那样，任何一个复杂的断层曲面都可以离散成有限个三角形单元，因此可以使用三角形位错面叠加得到复杂断层曲面来模拟复杂地震产生的地表形变场，其位移计算表达式为

$$u(x) = \sum_{L=1}^{N} U_{ij}(x, \xi^L) B_j^L$$ （3.21）

式中：N 为断层面上的三角形数目；$U_{ij}(x,\xi^L)$ 为第 L 个三角形的位移计算函数；B_j^L 为第 L 个三角形上的位错量。

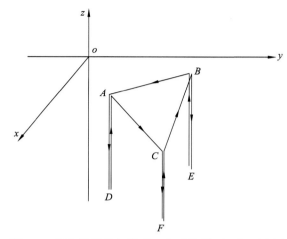

图 3.4　角位错段叠加得到三角形位错面几何示意图

2）三角元位错模型奇异点

前面介绍的三角元位错模型构建方法是通过全空间和半空间角位错解（Comninou and Dundurs，1975；Yoffe，1960）相互叠加得到的，除此之外还可以在三角形表面上对解析解进行积分（Hirth et al.，1983）得到三角元位错模型。但是，位错理论在诞生之初就存在计算奇异点和计算不稳定的问题（通过位错理论计算空间位移时，在位错线上位移、应力、应变出现奇异值），因此无论通过哪一种方法构建三角元，其计算的奇异值问题始终存在。这些奇异值会出现在三角形边界的延长线上及过三角形顶点的竖直线上。三角元位错模型的奇异点问题极大地限制了三角元建模和应用的灵活性。

Nikkhoo 和 Thomas（2015）通过两个方向相反的三角错位元（triangular dislocation element，TDE）相互补充的方法，在编程计算时有效避免了所有点上的奇异性和计算不稳定的问题。本小节将在程序中采用这一方法来避免三角元位错模型的奇异点问题。下面就这一方法作简要介绍。

图 3.5 展示了同一个三角元位错面的两种不同角位错构建方案，容易发现 P 点在左侧方案［图 3.5（a）］中是计算的奇异点，而在右侧方案［图 3.5（b）］中 P 点可以稳定地计算出来，这样就可以使用右侧方案的三角元位错模型对左侧方案中的奇异点进行位移、应力和应变的计算，图 3.6 展示了这种选择性互补算法消除奇异点的计算思想。三角元位错面所在的平面被划分为 7 部分，红色虚线和绿色虚线分别表示两种三角元位错构建方案所对应的奇异点位置。为了有效避免奇异点，使用红色虚线对应的位错面计算深色区域的位移、应力和应变，使用绿色虚线对应的位错面计算浅色区域的位移、应力和应变。

3.1.2　断层滑动反演模型

通过 3.1.1 节对位错模型的简单介绍，不难发现，无论是 Okada 位错模型还是三角元位错模型，其计算位移、应力和应变的函数仅与三类参数有关，第一类是断层几何模型参数，包括断层位置（E、N）、断层长度（L）、宽度（W）、深度（d）、走向（strike）和倾向（dip）；

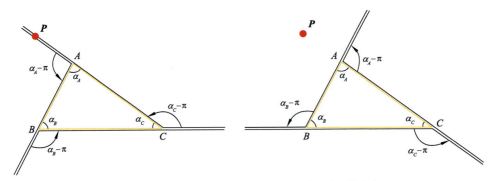

（a）顺时针构建方案　　　（b）逆时针构建方案（修改自Nikkhoo and Walter，2015）

图 3.5　同一个三角元位错面的两种不同角位错构建方案

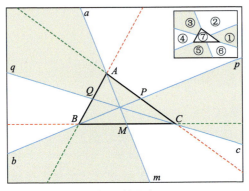

图 3.6　无奇异点三角元位错面的计算方案（Nikkhoo and Walter，2015）

第二类是运动学参数，主要是指断层位错量大小（U）及滑动角（rake）；第三类是空间介质参数。而且，位错量所产生的空间位移、应力、应变与断层几何参数之间存在复杂的非线性数学关系，如果根据先验信息将断层几何模型提前确定，那么复杂的位错模型解析式便可以简化为

$$d = Ms + d^0 \tag{3.22}$$

式中：M 为位错模型计算得到的格林函数；s 为待估计的位错三分量；d 为地表位移观测值；d^0 为模拟值与观测值的差值。

多种数据联合反演时，其对应的观测方程为

$$
\begin{bmatrix}
\mathrm{Obs}_{\mathrm{GNSS}} \\
\mathrm{Obs}_{\mathrm{InSAR}} \\
\mathrm{Obs}_{\mathrm{body\text{-}wave}} \\
\mathrm{Obs}_{\mathrm{tsunami}} \\
\vdots
\end{bmatrix}
=
\begin{pmatrix}
G_s & G_t \\
G_s & G_t \\
G_s & G_t \\
G_s & G_t \\
\vdots & \vdots
\end{pmatrix}
\begin{bmatrix}
S_s \\
S_t
\end{bmatrix}
+ \Delta\delta
\tag{3.23}
$$

式中：G_s 为走滑分量对应的格林函数；G_t 为逆冲分量对应的格林函数；S_s 为断层面走滑分量；S_t 为逆冲分量。

根据此观测方程，可以进一步建立目标函数，即反演过程中的最优化标准：$f(s) = \|\mathrm{Obs} - G_s\|^2 + \beta$，其中 β 为正则化因子。最优的断层滑动模型即目标函数 $f(s)$ 最小时所对应的滑动模型。在多种数据的联合反演中，必须要考虑不同数据的权重，这时目标函数的形式改写为

$$f(s) = \frac{\sum_i w_i \| \mathrm{Obs} - G_s \|^2}{\sum_i w_i} + \beta \tag{3.24}$$

式中：w_i 为数据权重；下标 i 为第 i 个数据集。

正则化因子 β 的形式取决于所使用的数据类型，当仅涉及地表形变数据时，断层面滑动量或者应力降分布的二阶导数是常用的形式（Wang et al.，2013），即

$$\beta = \alpha^2 \left(\left\| \frac{\partial^2}{\partial x^2} \tau(s) \right\|^2 + \left\| \frac{\partial^2}{\partial y^2} \tau(s) \right\|^2 \right) \tag{3.25}$$

式中：α^2 为平滑因子；$\tau(s)$ 为断层面的应力降；x 和 y 分别为断层面的走向和倾向方向坐标。

在建立起完备的目标函数之后，便可以对目标函数进行求解，得到目标函数最小时对应的滑动模型。目标函数的求解过程是一个最优化过程。从式（3.24）可以看出，断层面滑动量与 $f(s)$ 是线性关系，而断层的几何参数是计算格林函数 G 所必需的，因此，已知断层面几何参数，反演断层面滑动分布是线性反演过程，常用的寻优方法有最小二乘法、最速下降法（Wang et al.，2013）等；若断层几何参数未知，同时反演断层的几何参数和滑动分布是非线性反演，常用的寻优方法有遍历全局搜索（Copley，2014）、模拟退火（Cervelli et al.，2001）、贝叶斯反演（Bagnardi and Hooper，2018）等。

线性反演方法求解过程稳定且迅速，而非线性反演求解计算量大且强烈依赖于选定的初始值。在贝叶斯反演被广泛应用之前，无论是线性反演还是非线性反演，反演结果仅给出一个最优值，且很难估计反演结果的不确定性。贝叶斯反演可以通过考虑观测数据的误差和先验信息，给出能够在误差范围内解释观测数据的模型参数的范围，从而估计反演结果的不确定性（Bagnardi and Hooper，2018）。然而，贝叶斯反演方法的结果依然需要给出接近于真实结果的初始参数，这显然需要基于丰富的经验判断或者基于其他反演方法（如模拟退火）得到的模型参数作为初始参数。此外，贝叶斯反演的效率较低，需要耗费大量的计算资源。

3.2 2021 年玛多 $M_{\mathrm{w}}7.3$ 地震

3.2.1 多源数据的三维形变获取

1. 构造背景

青藏高原是地震活动和构造运动最强烈的地区之一，受到欧亚板块和印度板块持续地挤压作用，其内部分布着一系列活动断裂和次级块体。巴颜喀拉块体（图 3.7）是青藏高原内部近些年地震活动最强烈的次级块体（邓起东 等，2014），其南、北边界分别被甘孜-玉树-鲜水河断裂带和东昆仑断裂带所围限，块体的边界断裂均为大型走滑型断裂，历史地震活动的时空迁移性明显，地震危险性高，边界主断裂带未破裂段的地震危险性一直受到重点关注，但块体内部重要次级断裂的地震危险性缺乏研究和关注。2021 年 5 月 22 日在青海果洛州玛多县附近发生了 $M_{\mathrm{w}}7.3$ 地震。根据中国地震台网测定，震中（34.59°N、98.34°E）位于无人区，震源深度为 17 km。玛多 $M_{\mathrm{w}}7.3$ 地震发生在青藏高原中北部巴颜喀拉次级块体内部一条与东昆仑断裂带主断裂近平行的次级断层上，靠近东昆仑断裂带中东段的几何大拐弯。

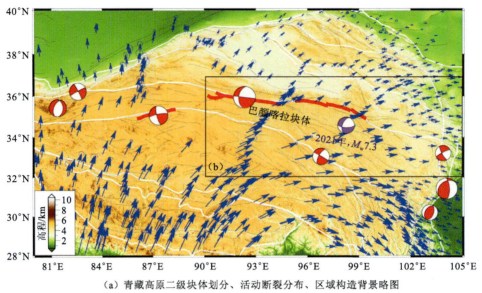

（a）青藏高原二级块体划分、活动断裂分布、区域构造背景略图

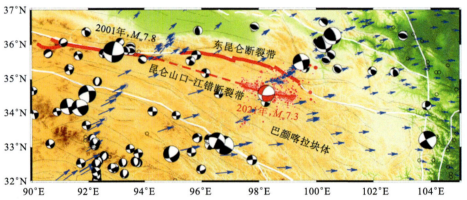

（b）昆仑山地震和玛多地震区域的局部放大图

图 3.7　巴颜喀拉块体及周边区域地震构造背景略图

（a）中红色沙滩球表示 1997 年以来发生在巴颜喀拉块体边界的 7 级以上地震中及震源机制解；紫色沙滩球表示玛多地震震源机制解；白色粗线表示二级块体边界；灰色细线表示活动断裂；蓝色箭头表示震间 GPS 速率；（b）中红色虚线表示昆仑山口-江错断裂带；红色粗线表示东昆仑断裂带历史地震破裂段；红色圆点表示玛多地震余震分布；红色和黑色沙滩球表示玛多地震和历史地震震源机制解

　　大尺度的震间 GPS 观测显示巴颜喀拉地块的平均活动速率为 2～20 mm/a（张培震 等，2003）。由于印度板块和欧亚板块的斜向碰撞、挤压，以及青藏高原地壳物质的构造旋转、东向逃逸，巴颜喀拉块体运动速度自西向东逐渐衰减。玛多地震是继 2017 年四川九寨沟 7 级地震以来青藏高原时隔 4 年发生的又一次 7 级以上地震。玛多地震的发生显示了巴颜喀拉块体在 1997 年玛尼 M_S 7.5 地震、2001 年昆仑山 M_S 8.1 地震、2008 年汶川 M_S 8.0 地震、2010 年玉树 M_S 7.1 地震、2013 年芦山 M_S 7.0 地震和 2017 年九寨沟 M_S 7.0 级地震（季灵运 等，2017；单新建 等，2017）之后仍然具有很强的活动性。

　　虽然活动块体的边界是强震频发的地带，但不能因此忽略块体内部重要断裂的地震危险性。玛多地震的同震运动学研究能揭示块体内部活动断裂的构造分段性、地震活动的时空不均匀性及其与边界断裂的关系。块体内部是否具有发生强震的可能，取决于断层的规模、震间滑动速率加载量级及周围地震事件的应力扰动等。Sentinel 卫星可全天候、全天时地获取雷达数据，为地壳形变监测提供了丰富的、海量的、高精度的卫星观测数据，能够有效弥补利用空间稀疏 GPS 数据、远场地震波数据等反演震源运动学参数精度和分辨率的不足，并准确地约束发震断层的滑动以及同震破裂静态分布。本小节基于欧洲空间局升降轨 Sentinel-1 卫星数据，在地震发生后获取玛多地震的三维同震形变场，并结合震源机制解综合分析发震断层的几何参数，基于弹性半空间 Okada 模型（Okada，1985）和 Sentinel-1A/B 升降轨数据反演玛多 M_w 7.3 地震的同震滑动分布，探讨玛多地震和 2001 年 M_w 7.8 昆仑山地震同震–震后的关系。

2. InSAR 三维形变场

本小节获取 2021 年 5 月 22 日玛多地震的 Sentinel-1 IW 模式的升降轨 SAR 数据，工作波段为 C 波段（波长为 5.6 cm），幅宽为 250 km，每个轨道采用两个 SAR 影像数据集，可完整覆盖地震同震形变范围。其中震前升降轨数据为 Sentinel-1A IW 模式，观测日期是 2021 年 5 月 20 日；震后升降轨数据为 Sentinel-1B IW 模式，观测日期是 2021 年 5 月 26 日。SAR 影像干涉对的垂直基线分别为-0.36 m（升轨）和 3.22 m（降轨），时间间隔为 6 天。

震前和震后 SAR 数据采用 GAMMA 软件进行 D-InSAR 处理。首先提取升降轨 Sentinel-1 SAR 数据 SLC 影像对应相同区域的 Burst，根据卫星轨道参数将 SRTM-3-arc-sec（90 m 分辨率）数字高程模型转换至雷达坐标系。对升降轨干涉对进行粗配准、精配准提高方位向配准精度。根据 DEM 和 SAR 轨道参数去除地形相位和平地相位后得到原始的差分干涉图。为了抑制相位噪声、提高信噪比，在数据处理中对干涉图进行了方位向视数 10、距离向视数 2 的多视处理。对得到的干涉图进行自适应滤波，去除相位噪声，降低相位解缠难度。为提高干涉图相位解缠精度，对相干性较低的区域进行掩膜处理。采用基于德洛奈三角网的最小费用流算法（Galland et al.，2016）进行二维相位解缠，得到可靠的解缠相位，并将形变相位转换为视线向的位移值。最后通过地理编码将干涉图转换至地理坐标系，得到升降轨同震干涉图和形变场。处理 SAR 数据过程中没有采用精密轨道数据（震后短时间内尚未发布重定轨的精密轨道数据），在相位解缠后，获取的 InSAR 同震形变场存在明显的残余轨道误差（Staniewicz et al.，2020），采用线性经验拟合法基于远场 InSAR 数据（没有同震形变）去除残余轨道误差，得到精度较高的玛多地震同震形变场。

为了计算完整的三维同震位移场，利用升降轨的 InSAR 形变以及偏移量追踪方法获取距离向位移场（range offset），采用 Liu 等（2017）提出的融合地应变解算三维同震形变的方法，考虑相邻像素之间地壳变形的空间相关性，在数据处理过程中，通过试错策略采用 4×4 像素窗口大小，解算玛多地震的同震三维形变场（图 3.8）。通过构建三维形变场，很好地揭示了复杂的同震地表形变特征。通过比较地表破裂带和三维位移场发现，玛多地震破裂了多个断层段，跨断层水平形变的非对称性揭示了断层倾向的空间变化，尤其是在断层几何走向发生显著变化的区域。从东到西，断层北侧的水平运动方向的走向逐渐旋转。在断层近场区域，中长波长的地表隆起和沉降变形广泛分布，与地表破裂和余震聚集区域的空间关系一致，表明断层中段轻微向北倾的几何形态。局部、短波长的垂直变形与断层几何复杂性相关，如断层弯曲、阶区和花状结构等。

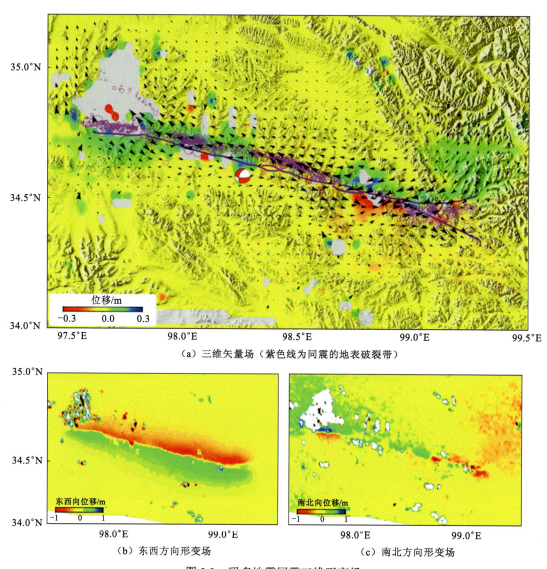

（a）三维矢量场（紫色线为同震的地表破裂带）

（b）东西方向形变场

（c）南北方向形变场

图 3.8　玛多地震同震三维形变场

3.2.2　滑动分布反演及发震构造

反演同震滑动分布之前，需要确定发震断层的几何模型。全球矩心矩张量（global centroid moment tensor，GCMT）地震目录和 USGS 等都发布了玛多地震基于地震波数据约束的震源机制解节面和震源参数，可作为断层滑动分布模型几何和运动学参数的初始值。玛多地震的震源机制解揭示发震断层为走滑型断层，但断层面走向相差近 180°，倾角为正，表明两个机构提供的震源机制解的断层走向基本一致，但倾向相反：USGS 给出的倾向为南西，GCMT 地震目录给出的结果的倾向为北东。邓起东等（2014）研究的断裂带显示，昆仑山口-江错断裂断层倾向为北东。结合 InSAR 和小震精定位剖面结果以 GCMT 地震目录的结果作为断层模型构建的先验值。

使用 InSAR 数据反演断层滑动分布，需要确定断层的地表迹线。通过 InSAR 干涉条纹的疏密和正负位移值分界线来确定发震断层的地表迹线。根据玛多地震余震精定位跨断层剖面结果确定初始倾角为 90°，平滑因子设为 0.05，最大迭代次数为 10 000。根据发震断层左旋走滑特征，设置滑动角的范围为−50°～50°，最大滑动量为 15 m。使用最速下降法（steepest descent method，SDM）（Wang et al.，2013）反演程序，将断层面划分为 5 km×5 km 的子断层，使用弹性半空间介质模型（Okada，1985）对玛多地震进行滑动分布反演，获得模型与观测数据拟合均方差最小的滑动分布。

在反演之前，考虑 InSAR 同震形变场数据量过大，且 InSAR 观测在空间上是连续的，过多的数据不仅不会提供更多的细节信息，还会使计算量呈指数增长，从而使反演结果难以收敛。因此在反演断层几何参数之前，采用均匀降采样法对升降轨 InSAR 同震形变场进行降采样处理，分别得到 2563（升轨）个和 2340（降轨）个形变数据点，用以约束断层面的同震滑动分布。

图 3.9 为反演的玛多地震断层三维滑动分布。可知，同震滑动以左旋走滑为主，断层走向为 276°，倾角为 80°，最大滑动量约为 5 m，平均滑动角为 4°，沿断层走向破裂长度超过 160 km，主体破裂位于 0～10 km 深度，整体上破裂带东侧的滑动量大于西侧的滑动量，显示了发震断层破裂的分段性特征。最大滑动量约为 6.0 m，位于地下 5 km 处，断层在近地表处滑动量较大，表明同震滑动破裂到地表，与野外考察和 InSAR 结果一致。反演得到的矩震

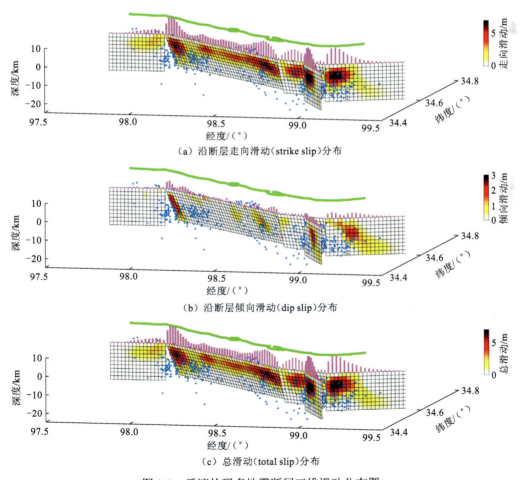

（a）沿断层走向滑动（strike slip）分布

（b）沿断层倾向滑动（dip slip）分布

（c）总滑动（total slip）分布

图 3.9　反演的玛多地震断层三维滑动分布图

级为 M_W 7.45,比 GCMT 地震目录和 USGS 基于地震波确定的矩震级略大,原因可能是 InSAR 获取的玛多同震形变场(包括震后短期内)的形变贡献。基于玛多 InSAR 同震形变场反演得到的断层运动学参数与 GCMT 地震目录给出的震源机制结果基本一致,但反演得到的断层走向、倾角、滑动角和断层深度都比 GCMT 地震目录结果小,原因可能是玛多地震的震中处于无人区,附近台站较少,GCMT 地震目录反演结果存在较大的误差。

3.2.3 玛多地震和 2001 年昆仑山地震同震−震后形变的关系

1. 昆仑山地震震后形变场大范围整体分布变化特征

2001 年 M_W7.8 昆仑山地震的震后形变效应及其时空演化特征是一个备受关注的科学问题,解决对这一问题可为深入理解和认识东昆仑断裂带的活动习性、地震周期、流变结构及两盘介质差异等深层次科学问题提供重要约束和依据。大面积、高分辨率、短周期重复观测的 InSAR 技术为研究大范围动态变化的震后形变时空特征提供了前所未有的技术途径(Weiss et al.,2020;Garthwaite et al.,2013)。

首先利用 2003～2010 年 ENVISAT/ASAR 长条带数据研究 2001 年昆仑山地震的震后形变演化特征。ASAR 长条带数据扫描幅宽 100 km,利用 5 个相邻轨道长条带数据覆盖西至太阳湖、东至昆仑山口大约 400 km 的整个地震破裂带,每个轨道上的可用数据条带有 17～27 景,其中位于震中区的 T133 条带的数据量最大,有 27 景,可用于进行震后形变动态演化精细研究。采用 SBAS InSAR 技术进行时序数据处理,通过干涉网络构建、远场轨道相位误差拟合及时空滤波等方法精细去除各项残余误差,提取震后形变。计算震后不同时段和整个观测时段的平均速率场,以及累计位移变化时间序列,分析沿东昆仑断裂带不同段落震后形变衰减的时间演化过程及大范围震后形变场的整体分布变化特征。

将 5 个相邻轨道的长条带 InSAR 速率场拼接,得到覆盖整个昆仑山地震破裂带的大范围震后形变场空间分布变化图像(图 3.10),该图清晰地勾勒出昆仑山地震震后形变场在 2003～2010 年观测时段内的整体分布形态、空间作用范围及沿断层/跨断层非均匀变化差异等信息。可以看出,震后形变影响范围很大,在东西向沿断层方向长达约 500 km,南北向跨断层方向宽达约 300 km,呈现出明显的南北盘不对称分布特征,南盘的形变范围和形变量级均明显大于北盘,南盘的形变宽度可达 200～250 km,是北盘的 3～4 倍,而且南盘震后形变场向南部远场区和破裂带东西两端的衰减都比较平稳且缓慢,特别是破裂带东部尾端震后形变依然很显著,在断层近场 150 km 范围以内甚至与震中区的形变量级相当。而断层北盘形变主要集中在震中附近区域,形变宽度窄而且向东西两侧衰减快。这些结果表明昆仑山地震的震后形变主要发生在断层南侧的巴颜喀拉块体,而且作用范围大、持续时间长,而对北侧柴达木盆地的影响是有限的,这意味着东昆仑断裂带南北两侧存在巨大的地壳结构和流变性质差异,且南侧巴颜喀拉块体的深部运动是主导性的。

对比分析昆仑山地震震后形变场与玛多地震同震形变场的分布位置,很显然玛多地震正好位于东昆仑断裂带南侧约 130 km,昆仑山地震震后东向加载作用最显著和持久的方向上,而且两个形变场边缘相距不超过 300 km,玛多地震可能就位于昆仑山地震的震后加载区。此外,昆仑山地震同震破裂沿南侧分支断层——昆仑山口-江错断裂终止,而这条分支断层的东延正是玛多地震的发震断层,这进一步说明玛多地震的孕育发生与昆仑山地震及震后形变密切相关。

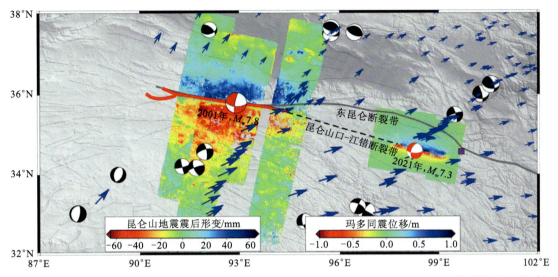

图 3.10 昆仑山地震震后累积形变场（2003~2010 年）与 2021 年玛多地震同震形变空间分布关系

蓝色箭头表示震间 GPS 速率；灰色粗线表示东昆仑断裂带；黑色虚线表示昆仑山口-江错断裂带；红色沙滩球分别表示
2001 年昆仑山地震和 2021 年玛多地震震源机制解；黑色沙滩球表示历史地震（$M>5.5$）震源机制解

2. 玛多地震前震源区背景形变场

Sentinel-1 是 ESA 于 2014 年 4 月发射的新一代雷达卫星，用于接替早期 ERS/ENVISAT 卫星的观测任务，在分辨率、扫描宽度及轨道稳定性等方面有了大幅提升，特别是 SAR 影像幅宽达到 250 km，为研究大区域地壳形变提供了前所未有的时空维连续观测数据。本小节利用宽幅 Sentinel-1 SAR 数据研究东昆仑断裂带在 2015~2020 年时段的震后形变时空特征，该数据跨断层南北方向上每个轨道的长度在 500~700 km，便于揭示断层远近场的形变差异。采用 PS InSAR 技术进行数据处理，提取这一观测时段的大区域形变速率场。图 3.11 显示了升降轨 Sentinel-1 SAR 数据获得的玛多地震震中区域震前（2015~2020 年）的平均形变速率场。图 3.11 表明，该区域在东昆仑断裂主断裂南北两盘存在明显的形变差异，但形变差异主要体现在远离断层的位置，而在断层附近的跨断层形变梯度较为平缓，反映出无论是东昆仑主断裂还是巴颜喀拉块体内部次级断层均处于闭锁状态。升轨和降轨速率场显示出反向形变趋势，是升降轨卫星观测几何的不同视线向投影所致，实际上与东昆仑断裂带左旋走滑运动性质一致，揭示的东昆仑主断层视线向远场速率在 3~4 mm/a，相当于 8~12 mm/a 的近东西向走滑速率，略大于该区域长期地质学滑动速率和早期 GPS 远场速率（Kirby et al.，2007；van der Woerd et al.，2000）。同时形变也主要发生在东昆仑断裂南侧的巴颜喀拉块体中，因此，推测该区域仍受到昆仑山地震震后形变的影响，进而对块体内部的次级断层形成一定的加载作用。

3. 昆仑山地震对巴颜喀拉块体东部系列断层的应力加载效应

2001 年昆仑山地震同震破裂及其持久的震后效应在周边区域产生了长期的加载或卸载效应，影响了巴颜喀拉块体内部一系列近平行主次断层的应力积累状态，甚至运动学状态。例如，弱闭锁或者蠕滑的断层在应力加载的情况下可能蠕滑速率加快，在应力卸载的情况下蠕滑速率减慢，而强闭锁的断层在应力加载的情况下只会增加应力积累，在短时间尺度内不一定产生可观测的运动学响应。

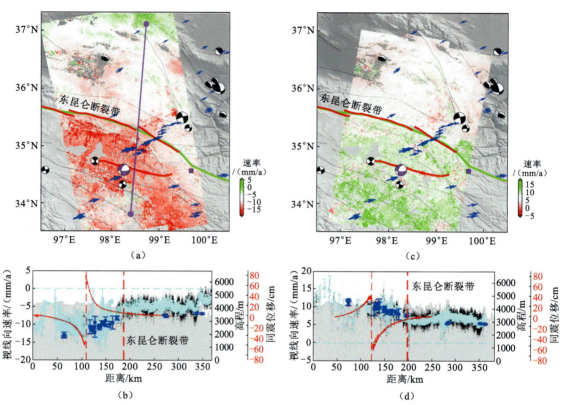

图 3.11　玛多地震前震源区升降轨 InSAR 形变速率场（2015～2020 年）

（a）、（b）为 InSAR 升轨观测结果；（c）、（d）为 InSAR 降轨观测结果。（a）、（c）中蓝色箭头表示震间 GPS 速率（Wang and Shen, 2020）；红色线段表示地震破裂带；绿色线段表示东昆仑断裂带；紫色沙滩球表示 2021 年玛多地震震源机制解；紫色线段表示形变剖面位置。（b）、（d）中红色粗虚线表示东昆仑断裂带；红色细虚线表示玛多地震发震断层；黑色点表示 InSAR 观测值；浅蓝色点表示沿剖面每 5 km 的平均值；红色点表示玛多地震的同震形变剖面

为了研究这种效应，本小节基于库仑应力变化（ΔCFS）模型，计算 2001 年昆仑山地震同震破裂和震后形变在东昆仑断裂带中段、东段及其南侧块体内部 6 条次级断裂上产生的库仑应力变化空间分布。这 6 条次级断裂自北向南分别为昆仑山口-江错断裂带、甘德南缘断裂带、达日断裂带、巴颜喀拉主峰断裂带、玉科断裂带和五道梁-长沙贡玛断裂带[图 3.12（a）]。应力计算中 7 条断裂的几何参数及运动学参数来自中国地震断层系统，为了简化计算，断层的倾角均为 90°，即高倾角的直立断层，断层的滑动均为纯左旋走滑运动性质。根据库仑应力准则 $\Delta CFS = \tau + \mu\sigma_n$[其中 τ 为剪应力，σ 为正应力，μ 为经验摩擦系数（取 0.4，Barbot et al., 2009）]，计算同震、震后不同过程在断层面引起的剪应力和正应力变化，则可以根据库仑应力准则计算库仑应力变化分布。由于正应力扰动变化较小，库仑应力变化的主要贡献为剪切应力变化。昆仑山地震的同震破裂和震后运动学模型来自 Zhao 等（2021）的研究，其中，震后模型包含震后余滑和黏弹性松弛的联合贡献。由于震后形变为时间依赖的过程，为了量化震后形变产生的累积库仑应力加载，采用的时间窗口为 2001～2021 年。

图 3.12（b）为 2001 年昆仑山地震同震破裂和震后效应（2001～2021 年）在东昆仑主断裂东段和中段及 6 条块体内部次级断裂产生的累积库仑应力变化分布。结果表明，同震破裂和震后形变对 7 条断裂带均产生了库仑应力加载效应，但同震破裂库仑应力变化比 20 年时间

窗口的震后库仑应力变化还要大。以昆仑山口-江错断裂带为例，同震破裂在97°附近产生的库仑应力约为1.5 kPa，而震后20年时间段内累积库仑应力变为0.4 kPa。在空间分布上，随着昆仑山地震同震破裂距离逐渐增大，同震和震后库仑应力加载逐渐递减，且多条次级断裂的库仑应力加载量级无显著差异。因此从库仑应力变化的角度讲，昆仑山地震同震破裂和震后形变对7条断裂带均产生了应力加载效应。结合玛多地震震前地表应变率的空间分布，发现同震和震后显著库仑应力加载区只有在沿昆仑山口-江错断裂带才和地表高应变率带空间分布一致，说明昆仑山口-江错断裂带西段（94°～97°）的闭锁程度可能比较弱，或者闭锁深度比较浅，而其他断裂带可能仍然处于强闭锁状态。

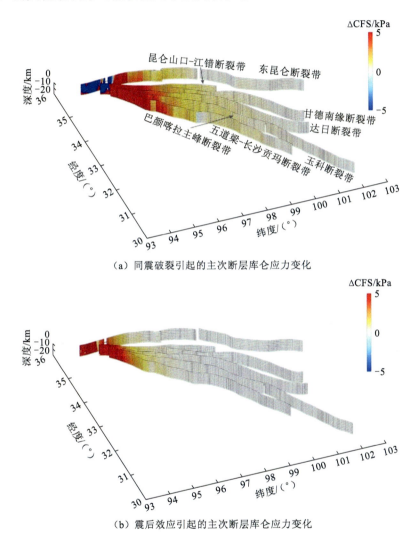

（a）同震破裂引起的主次断层库仑应力变化

（b）震后效应引起的主次断层库仑应力变化

图3.12　2001年昆仑山地震同震破裂和震后效应引起的巴颜喀拉块体东部主次断层库仑应力变化

震后效应包含震后余滑和黏弹性松弛的联合贡献，时间段为2001～2021年；最后模型来自 Zhao 等（2021）

震后野外考察（Yuan et al.，2022）和 InSAR 观测研究表明（Jin and Fialko，2021），玛多地震是一次左旋走滑型破裂事件，InSAR 同震形变场显示的地表破裂带西起鄂陵湖，东至昌麻河，长约160 km，而且地表破裂带分布位置与昆仑山口-江错断裂重合。因此认为2021

年玛多 M_w 7.3 级地震的发震断裂是左旋走滑的昆仑山口-江错断裂。2001 年昆仑山地震破裂自西向东传播，但在破裂带东端并未沿昆仑山主断裂带——西大滩断裂带继续向东扩展并终止，而是在昆仑山口区域向南偏转至沿南部分支断层——昆仑山口-江错断裂，继续破裂约 70 km 后终止，这个分支断裂的延伸方向正是 2021 年玛多地震发震断层的展布方向。昆仑山地震同震和震后库仑应力变化计算结果（图 3.12）表明，此次地震对巴颜喀拉块体东部的边界断裂和内部次级断裂均产生了 0～10 kPa 的应力加载作用，在邻近昆仑山地震破裂段的区域（破裂段以东 100～200 km），库仑应力加载达到 1～2 MPa 量级。

本小节的库仑应力计算结果并未显示玛多地震发震断层所受的应力加载作用显著强于邻近的其他近平行分支断层，这几条相邻的断层都受到了昆仑山地震同震和震后形变的加载作用。同震和震后库仑应力在块体内部的分布式加载和 InSAR 观测的高应变带沿昆仑山口-江错断裂的集中式分布似乎不一致，但这种不一致可能说明不同断层处于非均匀的闭锁状态，如高剪切应变率区域的断层可能为弱闭锁或者浅闭锁状态，而低剪切应变率区域可能为强闭锁或低滑动速率状态。假定巴颜喀拉块体内部的系列次级近平行断层及同一断层不同分段的震间滑动速率量级基本相当（1～4 mm/a）（詹艳 等，2021；梁明剑 等，2020），在受到同等水平应力扰动的情况下，处于强闭锁状态的断层由于较高的应力积累水平，更容易发生地震破裂，这与玛多地震发生在昆仑山口-江错断裂的低剪切应变率区域的观测结果是一致的。

因此可认为，东昆仑断裂带中东段的构造弯曲和昆仑山地震的同震和震后应力加载、昆仑山口-江错断裂的非均匀断层运动学状态共同促进了玛多地震发生。此外，在玛多地震断层北侧约 70 km 的东昆仑主断裂上，曾于 20 世纪 30～70 年代发生了三次 6～7 级地震，分别是 1937 年 M_s 7.5 地震、1963 年 M_s 7.0 地震和 1971 年 M_s 6.3 地震。这些地震对玛多地震断层的加载作用也可能强于距离较远的块体内部断层。这些因素均可能使昆仑山口-江错断裂上的应力积累水平高于其他次级断层，进而有利于玛多地震的发生。

3.3 2021 年漾濞 M_w 6.1 地震

3.3.1 形变数据获取

1. 构造背景

在印度板块持续地北东向推挤作用下，青藏高原内部块体不断发生东向挤出运动（邓起东 等，2014），在东边界受到四川盆地的强烈阻挡之后，开始以东构造结为中心发生顺时针旋转，向中南半岛方向持续推挤，在川滇地区形成了千沟万壑的横断山脉。由于运动速率的差异，川滇地区内部形成了一系列巨型走滑断裂：维西-乔后-巍山断裂、红河断裂、鲜水河断裂、安宁河断裂、则木河断裂、大凉山断裂和小江断裂等。其中，鲜水河断裂、安宁河断裂和则木河断裂构成了川滇菱形块体的东边界，而维西-乔后-巍山断裂和红河断裂作为主要断裂控制川滇块体的西南边界区域的地壳形变过程。据中国地震台网中心（China Earthquick Networks Center，CENC）报道，1970 年以来，震中 50 km 范围内 3.0 级及以上的地震共发生 145 次，其中 3.0～3.9 级地震 108 次，4.0～4.9 级地震 27 次，5.0～5.9 级地震 9 次，6.0～6.9

级地震 1 次，最大为本次 2021 年漾濞地震。GCMT 地震目录显示，震中区 1976 年以来发生多次大于 M_s 5.0 地震，震源机制以右旋走滑为主，个别为正断地震[图 3.13（a）]。维西-乔后-巍山断裂具有较好的野外露头和详细的野外填图工作，已有研究表明该断裂为北西-南东走向，断层面倾向沿走向存在明显变化，其中点苍山北侧附近断层面倾向北东，然而点苍山南端附近断层面倾向南西。雁列式的断层排列和不稳定的断层倾向、倾角变化，进一步表明该区域断裂演化不成熟、几何产状复杂、应力关联紧密。该断裂最新的活动年代距今约 2200 年，平均滑动速率约为 1.25 mm/a。GNSS 和历史地震震源机制显示，该区域受右旋剪切应力控制，略带北东-南西向的拉张分量[图 3.13（a）]。

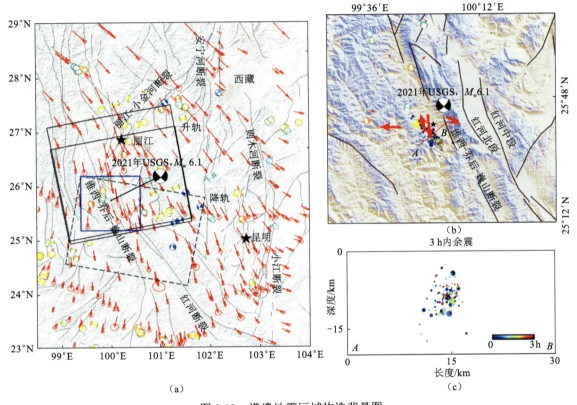

图 3.13　漾濞地震区域构造背景图

（a）中红色箭头表示 GPS 速度场（Wang and Shen，2020），不同颜色的沙滩球表示历史地震；黑色沙滩球表示 USGS 给出的震源机制解；黑色实线矩形分别表示获取的 Sentinel-1A 和 Sentinel-1B 升轨 SAR 影像范围；黑色虚线矩形框表示 Sentinel-1A 降轨 SAR 影像范围。（b）中红色箭头为本次地震获得的 GNSS 同震位移；黄色五角星表示 CENC 给出的震中；黑色五角星表示漾濞县城。（c）中红色直线表示跨断层方向；不同颜色圆点表示主震发生 3 h 内的余震

　　2021 年 5 月 21 日，在云南省大理州漾濞县发生一系列地震（以下称为地震序列）[图 3.13（a）]。CENC、USGS、EarthX 系统和地震的精细定位结果显示，这次地震序列是一次前震-主震-余震序列事件，呈西北-东南方向的破裂趋势。M_w 6.1 主震发生于 5 月 21 日，震中位于大约 25.61°N、99.92°E，发震断层受控于右旋走滑（节理面机制解为走向角=50°、倾角=85°、滑动角=0°）[图 3.13（b）]。就地理位置而言，这次地震序列位于川滇菱形块体的西南边界，是维西-乔后-巍山断裂与红河断裂相接的部分。震中区域由三条左阶右旋断裂所组成，自西向东依次是维西-乔后-巍山断裂、红河断裂北段、红河断裂中段，其中维西-

乔后-巍山断裂距震中垂直距离仅约 10 km。红河断裂作为青藏高原东南缘的一条重要构造分界，经历了早期的大型左旋剪切运动到新近纪以来的右旋走滑运动，从北至南分为红河北段、红河中段和红河南段断裂三个分段。维西-乔后-巍山断裂南与红河断裂相连，北与金沙江断裂相接，新生代以来具有与红河断裂和金沙江断裂相似的运动学特征，可以被认为是红河断裂北延部分。

事实上，沿着维西-乔后-巍山断裂的地震活动经常发生在次生断裂或未知断裂系统上，并且通常在短时间内形成地震序列或震群。例如，2013 年 5.5 级洱源地震序列，2016 年 5.0 级云龙地震序列和 2017 年 5.1 级漾濞地震序列（图 3.14）。这些中等规模地震的滑动运动对确定地震危险性具有重要意义。例如，2014 年 6.5 级鲁甸地震导致了滑坡、泥石流和其他次生灾害，造成了大约 612 人死亡和 8 万栋建筑物倒塌。值得注意的是，漾濞地震序列从 5 月 18 日开始一直持续到 5 月 28 日，其间发生过 34 次震级为 3.5 级及以上的地震，包括最大震级为 5.4 级的前震、震级为 6.1 级的主震以及震级为 4.6 级的余震。重要的是，整个前震序列在主震发生大约 75 h、50 h 和 0.5 h 之前产生了明显的应力释放，厘清前震对主震的触发作用有助于揭示断层活动的机制和过程。通过分析前震的震源机制、断层破裂模式以及前震与主震之间的时空演化，可以深入了解地震的发生机理和断层的性质，对地震活动的物理本质有更深入的认识（图 3.14，表 3.1）。因此，通过对漾濞地震序列高质量的大地测量观测，联合地震数据的约束，可提供：①漾濞地震序列断层破裂的运动学特征；②地震序列之间相互触发和促进成核的机制；③维西-乔后断裂或其次生断裂的后续地震危险性。

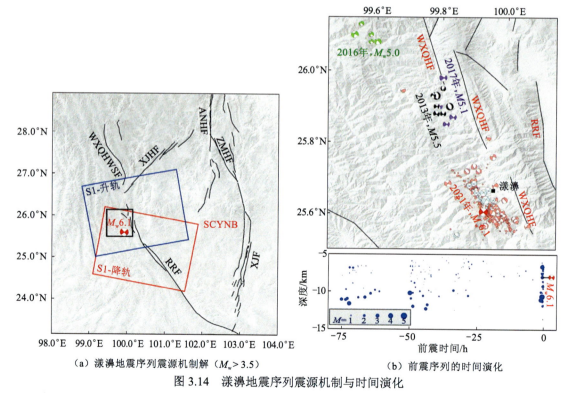

（a）漾濞地震序列震源机制解（$M_w > 3.5$）　　　　　（b）前震序列的时间演化

图 3.14　漾濞地震序列震源机制与时间演化

ANHF 表示安宁河断裂；ZMHF 表示则木河断裂；XJF 表示小江断裂；XJHF 表示小金河断裂；RRF 表示红河断裂；

WXQHWSF 表示维西-乔后-巍山断裂；WXQHF 表示维西-乔后断裂；SCYNB 表示川滇块体

表 3.1 漾濞地震序列震源机制

地震	编号	时间	经度	纬度	深度/km	震级	震源机制（节理面 1）		
							走向/(°)	倾角/(°)	滑动角/(°)
前震	1	2021 年 5 月 18 日	99.93°E	25.63°N	12	3.9	50	75	0
	2	2021 年 5 月 18 日	99.95°E	25.64°N	14	3.6	30	75	0
	3	2021 年 5 月 18 日	99.88°E	25.68°N	26	3.8	50	75	0
	4	2021 年 5 月 18 日	99.94°E	25.67°N	16	4.6	30	75	0
	5	2021 年 5 月 19 日	99.93°E	25.64°N	14	3.8	50	75	20
	6	2021 年 5 月 19 日	99.92°E	25.66°N	14	4.6	230	85	−20
	7	2021 年 5 月 20 日	99.90°E	25.69°N	14	4.0	50	85	−20
	8	2021 年 5 月 20 日	99.90°E	25.66°N	14	3.5	50	85	0
	9	2021 年 5 月 21 日	99.93°E	25.64°N	16	5.4	30	85	20
主震	**10**	**2021 年 5 月 21 日**	**99.92°E**	**25.61°N**	**8**	**5.9**	**50**	**85**	**0**
余震	11	2021 年 5 月 21 日	99.87°E	25.72°N	12	4.1	330	35	−80
	12	2021 年 5 月 21 日	99.96°E	25.58°N	8	4.5	70	55	−40
	13	2021 年 5 月 21 日	99.98°E	25.59°N	10	4.4	290	65	0
	14	2021 年 5 月 21 日	100.03°E	25.59°N	26	3.8	190	45	40
	15	2021 年 5 月 21 日	99.96°E	25.68°N	14	4.4	210	55	20
	16	2021 年 5 月 21 日	99.96°E	25.64°N	26	3.8	210	65	0
	17	2021 年 5 月 21 日	99.99°E	25.59°N	10	3.8	30	75	−20
	18	2021 年 5 月 21 日	100.02°E	25.59°N	14	3.6	50	75	−60
	19	2021 年 5 月 22 日	99.82°E	25.69°N	16	4.6	30	85	0
	20	2021 年 5 月 22 日	99.99°E	25.64°N	19	4.2	190	25	−40
	21	2021 年 5 月 22 日	99.96°E	25.62°N	14	4.4	190	65	−20
	22	2021 年 5 月 22 日	99.97°E	25.61°N	14	4.0	210	75	−20
	23	2021 年 5 月 22 日	100.06°E	25.57°N	26	4.4	210	75	40
	24	2021 年 5 月 22 日	99.91°E	25.72°N	16	4.0	10	55	−40
	25	2021 年 5 月 22 日	99.90°E	25.66°N	12	4.0	50	85	0
	26	2021 年 5 月 22 日	99.95°E	25.61°N	12	4.8	210	85	−40
	27	2021 年 5 月 22 日	99.92°E	25.57°N	12	3.9	210	75	−20
	28	2021 年 5 月 22 日	99.97°E	25.59°N	2	3.6	350	45	−80
	29	2021 年 5 月 23 日	99.98°E	25.59°N	16	3.7	230	55	−20
	30	2021 年 5 月 23 日	100.03°E	25.58°N	8	3.5	230	85	60
	31	2021 年 5 月 24 日	99.98°E	25.61°N	26	3.8	230	75	0
	32	2021 年 5 月 24 日	99.97°E	25.59°N	26	3.7	250	75	20
	33	2021 年 5 月 26 日	99.84°E	25.65°N	16	3.8	30	85	−20
	34	2021 年 5 月 28 日	99.93°E	25.57°N	14	4.2	350	35	−80

2. InSAR 同震形变场观测

漾濞地震之后，利用主震前后的 4 幅 Sentinel-1 卫星升降轨 SAR 影像（表 3.2，其中 2021 年 5 月 26 日获取的 SAR 数据来源为 Sentinel-1B，其余数据来源为 Sentinel-1A），使用 GAMMA 软件（Werner et al.，2002）对 InSAR 数据进行干涉处理，获取漾濞地震的同震形变场。具体处理要点如下：使用日本宇宙航空研究开发机构发布的 AW3D 30 m 分辨率数字高程模型去除地形相位（Farr et al.，2007）；距离向和方位向的多视比为 10∶2，以抑制干涉相位噪声；采用自适应滤波算法对原始干涉相位图进行空间滤波，降低解缠难度；采用最小费流算法（Werner et al.，2002）进行相位解缠；通过线性拟合法拟合残余轨道相位误差，根据相位与形变量关系将相位转化为视线向形变，经地理编码后得到地理坐标系下的同震形变场。利用对流层分层与地形相关的特性，采用线性模型进行建模，并解算相关参数，进而实现对流层分层信号改正的目的。本小节采用类似但相对简化的思路，通过求解地形与分层信号的线性模型参数（Bekaert et al.，2015），进而重建对流层分层信号影响。基于该思路，对原始干涉图进行细致的大气噪声校正，该方法能够在一定程度上抑制大气噪声，提高干涉图质量。本小节获取的 InSAR 升轨、降轨干涉条纹图和同震形变场如图 3.15 所示。

表 3.2 Sentinel-1 卫星影像详细参数

模式	轨道号	时间		时间间隔/天
		参考影像	辅影像	
升轨	99	2021 年 5 月 20 日	2021 年 5 月 26 日	6
降轨	135	2021 年 5 月 10 日	2021 年 5 月 22 日	12

图 3.15（c）和（d）展示了经过大气校正后的升降轨 InSAR 形变场，其中降轨形变场条纹相对清晰，长轴方向大致沿北西-南东走向，包含两个形变区，其中北盘靠近卫星视线向方向运动，最大 LOS 向形变量约为 0.08 m，南盘远离卫星视线向运动，最大 LOS 向形变量约为 0.04 m。与降轨数据不同，升轨数据的质量较差，仅仅能够分辨最大的一个形变中心，该区域靠近卫星视线向运动，最大运动量约为 0.07 m，剩余部分均为噪声。这主要是川滇地区植被覆盖率高、地形起伏大和多变的大气条件所造成的。需要指出的是，鉴于川滇地区独特的自然地理条件，即便经过仔细的大气校正，InSAR 数据的噪声污染仍然很严重，仅仅依靠 InSAR 数据难以直接推断发震断层的运动性质。但是，InSAR 降轨数据显然给出了发震断层具体的空间位置，该断层为北西-南东走向，远离已知断层，位于维西-乔后-巍山断裂以西约 10 km 处。

中国地震局地质研究所"亚失稳实验区"的连续 GNSS 台站覆盖了漾濞地震震区北西侧区域，地震发生后实验区科考组迅速获取了漾濞地震的 GNSS 形变场。漾濞地震的同震形变也被 4 个近场连续 GNSS 站点记录下来（Zhang et al.，2021）。离震中最近的站点（距离震中西部 3 km 的 YBXL 站点）显示出水平方向上约 34.3±0.4 cm 的同震位移（图 3.15）。这些 GNSS 数据对于限制震源机制和滑动模型至关重要。它们主要显示出地表的右走运动，与基于地震学的震源机制及 InSAR 模式一致。此外，从 GNSS 和 InSAR 测量得到的同震位移是一致的。例如，GNSS 站点 H204 的水平位移为 46.1±0.3 mm，对应于模拟的 InSAR 视线向形变为 47 mm[图 3.15（f）中跨断层剖面 AA']。

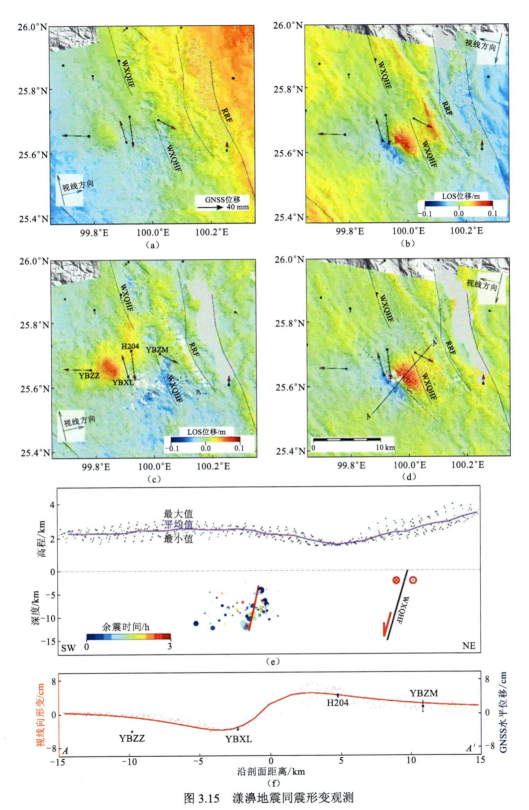

图 3.15 漾濞地震同震形变观测

（a）、（b）为 InSAR 升降轨观测结果；红色箭头表示 GNSS 同震形变；（c）、（d）为大气校正后的 InSAR 升降轨观测结果；
（e）、（f）为使用跨断层的剖面 AA'提取的地形和精定位余震，以及 InSAR 视线向变形和 GNSS 水平位移；RRF 表示红河断裂；
WXQHF 表示维西-乔后断裂；YBZZ、YBXL、YBZM 和 H204 表示 GNSS 台站名

3.3.2　滑动反演及发震构造

为了获取漾濞地震序列主震的发震断层的运动学特征，本小节基于弹性半空间内的 Okada 位错模型（Okada，1985），建立发震断层运动学参数与地表观测数据点之间的函数关系，采用最速下降法反演发震断层滑动模型，具体实现由 Wang 等（2013）的 SDM 反演程序包完成。反演同震滑动分布之前，首先需要确定发震断层的先验几何模型。CENC、EarthX 及 USGS 等不同机构都发布了漾濞地震基于地震波数据约束的震源机制解节面和震源参数，可将其视为断层几何参数和运动学滑动模型的初始值。注意，从 InSAR 同震形变场中直接解译出发震断层的地表迹线，理论上断层破裂到地表时一般位于 InSAR 条纹的疏密和正负位移值分界处。根据漾濞地震序列余震精定位结果，利用跨断层剖面结果确定发震断层初始倾角为 78°，平滑因子设为 0.05，最大迭代次数为 10 000［图 3.15（e）］。反演时将断层面划分为 2 km×2 km 子断层，使用弹性半空间介质模型（Okada，1985），对漾濞地震进行滑动分布反演，获得模型与观测数据拟合均方差最小的滑动分布。

反演前，考虑 InSAR 同震形变场数据量过大，且 InSAR 观测在空间上是连续的，过多的数据不仅不会提供更多的细节信息，还会使计算量呈指数增长，使反演结果难以收敛。为提高约束数据的质量，在反演之前，首先对 InSAR 同震形变场数据进行掩模，仅保留相干系数大于 0.4 的数据点。同时，对 InSAR 升轨、降轨形变场数据分别进行均匀降采样处理，以降低运算量，提高反演效率。最终，获取 6959 个升轨形变数据点和 7321 个降轨形变数据点，并将其用于反演发震断层几何和破裂的运动学特征。由于 GNSS 与 InSAR 观测点的数目差距巨大，且两者具有不同的数据精度，确定 GNSS 与 InSAR 数据的权重比值是反演过程中的重点和难点。鉴于 InSAR 数据较低的信噪比，假设 GNSS 的水平测量结果十分接近真值，分别测试了 GNSS/InSAR 权重比为 1∶1、10∶1、20∶1 等的加权均方根，直到 GNSS/InSAR 权重比约为 100∶1 时，加权均方根变化趋于稳定，反演结果较好。因此，本小节将 GNSS 与 InSAR 的权重比设置为 100∶1。

但是在反演过程中发现，InSAR 与 GNSS 数据对高倾角的发震断层的倾向并不敏感。本小节测试两种倾向的断层模型：南西倾向和北东倾向（图 3.16 和图 3.17），结果显示这两种模型都能够在误差允许范围内拟合 InSAR 和 GNSS 数据。图 3.16 显示了南西倾向的断层模型的拟合结果：InSAR 升轨数据残差的加权均方根约为 0.8 cm，降轨数据的残差约为 1.4 cm；GNSS 南北向位移残差约为 0.3 cm、东西向残差约为 0.3 cm。图 3.17 显示了北东倾向的断层模型的拟合结果：升轨数据残差约为 0.8 cm，降轨残差约为 1.6 cm；GNSS 南北向位移残差约为 0.2 cm、东西向位移残差约为 0.3 cm。出现这样的情况主要是因为以下两点：①漾濞地震的发震断层为倾角较高的走滑断裂，微小的倾向变化并不能被 InSAR 数据有效地捕捉到；②InSAR 大气噪声严重、GNSS 点位稀少。介于精定位余震目录已被广泛用于约束断层几何形状，特别是断层走向及其倾斜方向。根据漾濞地震主震后精定位余震剖面所确定的断层倾角和倾向（图 3.18），最终确定南西倾向的断层模型作为主震最佳的断层模型，因为它不仅能够很好地拟合大地测量形变，而且符合余震与断层几何之间的规律。

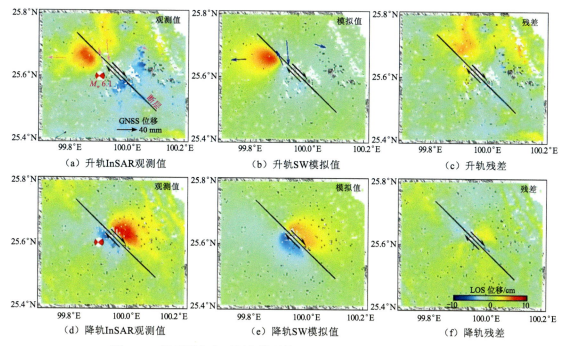

（a）升轨InSAR观测值　　　　　　（b）升轨SW模拟值　　　　　　（c）升轨残差

（d）降轨InSAR观测值　　　　　　（e）降轨SW模拟值　　　　　　（f）降轨残差

图 3.16　用于拟合南西倾向模型的 InSAR 观测值、模拟值和残差

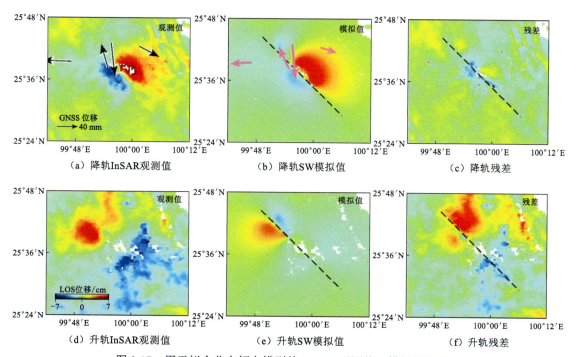

（a）降轨InSAR观测值　　　　　　（b）降轨SW模拟值　　　　　　（c）降轨残差

（d）升轨InSAR观测值　　　　　　（e）升轨SW模拟值　　　　　　（f）升轨残差

图 3.17　用于拟合北东倾向模型的 InSAR 观测值、模拟值和残差

　　图 3.19 为漾濞主震最佳的断层滑动分布。由图可知，断层破裂受控于右旋走滑运动，略带正断分量，断层走向为 135°，倾角为 80°，倾向西南。断层破裂产生的最大滑移量约为 0.8 m，位于地下深度约 5 km 处。从破裂深度上看，主要的断层破裂位于 3～8 km 深度，0～3 km 的浅层发生了很轻微的滑动。反演数据约束的地震矩震级为 6.07，对应的地震矩约为

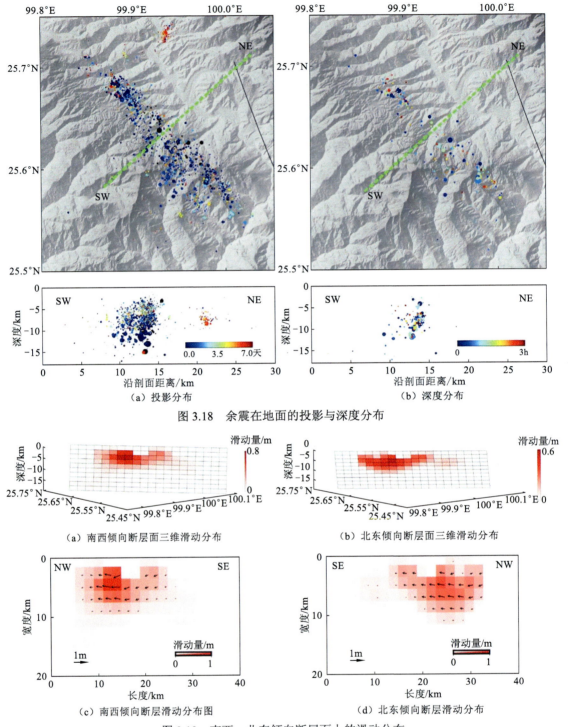

图 3.18　余震在地面的投影与深度分布

（a）南西倾向断层面三维滑动分布　　　　　　（b）北东倾向断层面三维滑动分布

（c）南西倾向断层滑动分布图　　　　　　（d）北东倾向断层滑动分布

图 3.19　南西、北东倾向断层面上的滑动分布

1.6×10^{18} N·m，与 CNEC 和 USGS 等机构界定的断层机制解基本一致。从破裂的空间展布上看，发震断层位于维西-乔后断裂西南约 10 km 处，沿走向破裂长度超过 20 km。根据同震破裂的运动特征分析，该断裂属于维西-乔后-巍山断裂与红河断裂衔接处的分支断裂，可能为维西-乔后-巍山断裂的次级断裂。该断层与周边断层的运动学关系还需要进一步深入研究。

3.3.3 前震-主震-余震触发关系

1. 前震破裂对主震断层的应力加载效应

地震发震断层的破裂必然引起周围介质内的应力变化，这常被用于研究地震之间的触发关系以及分析后续地震危险性。对漾濞地震序列而言，为证实前震序列的破裂产生的应力扰动能否促进甚至直接导致主震发震断层的破裂，需要获取前震破裂导致主震破裂断层面上应力变化分布。本小节使用 EarthX 系统界定的前震震源机制解作为破裂断层的几何模型（位置、深度、走向、倾角和滑动角），但是，依旧缺少前震的断层滑动分布。鉴于地震学数据对地震震级约束通常非常准确，本小节使用大地测量约束的地震震级与断层长度、宽度和平均滑动量之间的经验公式，通过震级计算出 5.4 级前震的断层长度、断层宽度和平均滑动量。因此，可以构建出 5.4 级前震的断层滑动模型。进一步，假设将主震断层模型的滑动量设定为 0（这是主震发生之前该断层上的滑动状态），将其视为接受断层。采用固定的静态摩擦系数 0.4（这是内陆走滑断层的典型值），假设剪切模量和泊松比为 33 GPa 和 0.25，计算出 5.4 级前震破裂导致的主震断层面上的静态应力变化（库仑应力、剪切应力和正应力）。图 3.20（c）显示了 5.4 级前震破裂导致的主震断层面应力变化。结果显示，前震破裂引发的主震断层面上的应力增加，库仑应力增加了大约 0.3 bar（1 bar=100 kPa），库仑应力的增加可以降低断层的摩擦阻力，使断层更容易发生滑动。这样的前震-主震触发关系是常见的。从深度上看，前震的破裂深度集中在 8~16 km，这就意味着前震是在主震破裂以下率先破裂，然后最终导致主震破裂[图 3.20（d）]。

2. 地震序列的演化与区域孕震特征分析

此外可以发现，余震序列主要集中在 8~16 km，即主震的深度以下[图 3.21（d）]。沿维西-乔后断层的大地电磁模型显示，在这个区域内 3~10 km 深度存在高电阻率层，而 16~25 km 深度存在低电阻率层，10~16 km 深度则为一个过渡区域（图 3.21）。漾濞前震-主震-余震序列的演化与大地电磁模型显示的深度分布是一致的。之前的很多研究都表明，地震主震通常在高电阻率和低电阻率之间的过渡区域破裂，余震通常发生在低电阻率区域。实际上，地壳介质内高阻率或者高速通常代表刚度系数较大的介质（即不容易变形的介质），低电阻率和低速会导致柔度系数较大的介质（即容易变形的介质）出现。低电阻率岩石的力学性质较弱，不利于应力积累，刚性的高电阻率岩石容易发生脆性破裂。应力积累导致非均匀的岩石变形，不可避免地会导致高电阻率岩石中的应力集中，最终导致破裂。

事实上，沿着维西-乔后断层及其次级断层发生的地震序列或者震群通常集中在高电阻率和低电阻率之间的过渡区域内。这次漾濞地震序列几乎都位于过渡区域内，即接近高电阻率地壳层附近 1 km 以上。类似的破裂现象也在 2013 年洱源 M_S 5.5 地震序列、2016 年云龙 M_S 5.0 地震序列和 2017 年漾濞 M_S 5.1 地震序列中观察到。综合漾濞地震序列的观测结果、模型结果以及维西-乔后断层的电磁模型，可认为这种地震序列很可能发生和终止于柔度系数较大的介质中（对应相对较低的电阻率），其深度范围为 8~16 km。前震可能进一步促使刚度系数较大的介质中发生更大的滑动（对应相对较高的电阻率），其深度范围为 3~8 km。主震通常发生在高电阻率和低电阻率之间的过渡区域，而余震通常发生在低电阻率区域。应力积累导致非均匀的岩石变形，并在高电阻率岩石中引起应力集中，最终导致破裂。因此，较高电阻率岩石的应力失稳释放可能是主震发生的起始因素。

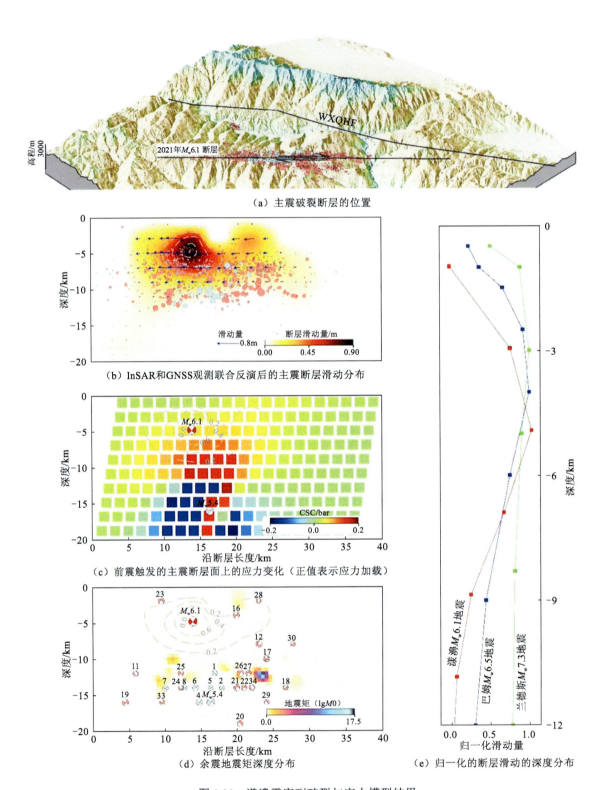

（a）主震破裂断层的位置

（b）InSAR和GNSS观测联合反演后的主震断层滑动分布

（c）前震触发的主震断层面上的应力变化（正值表示应力加载）

（d）余震地震矩深度分布

（e）归一化的断层滑动的深度分布

图 3.20　漾濞震序列破裂与应力模型结果

红色沙滩球表示主震震源机制解；浅蓝色沙滩球表示前震震源机制解；浅红色沙滩球表示余震震源机制解

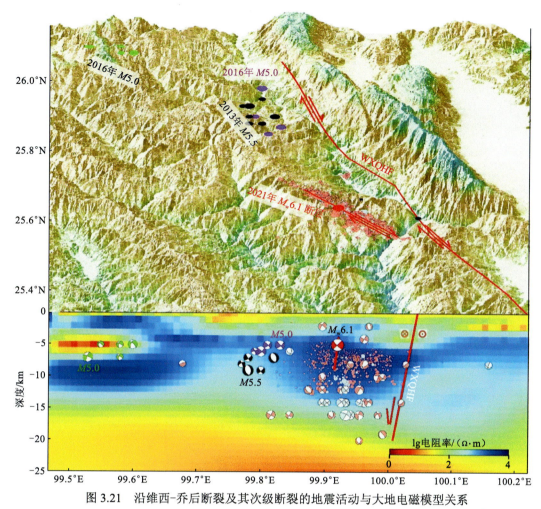

图 3.21　沿维西-乔后断裂及其次级断裂的地震活动与大地电磁模型关系

黑色沙滩球表示 2013 年洱源 M_S5.5 地震序列震源机制解；绿色沙滩球表示 2016 年云龙 M_S5.0 地震序列震源机制解；紫色沙滩球表示 2017 年漾濞 M_S5.0 地震序列震源机制解；红色沙滩球表示 2021 年漾濞地震序列主震震源机制解；淡蓝色沙滩球表示前震震源机制解；淡红色沙滩球表示余震震源机制解；红色线段为 2021 年漾濞地震发震断层；深红色线段为维西-乔后断裂带（WXQHF）

3. 主震破裂对周围断层的应力扰动效应

使用相同的方法，将发震断层替换为主震滑动模型，接受断层为维西-乔后-巍山断裂及红河断裂北段。首先，根据活断层数据库给定的这些断层几何参数生成弹性断层面，深度为 20 km[图 3.22（a）]。沿断层走向和倾向将其划分为一系列 2 km×2 km 子断层。断层受控于走滑运动，兼具拉张分量，向西倾斜（倾角为 78°）。采用相同的静态摩擦系数、剪切模量和泊松比计算出主震破裂导致的这些断层面上的静态应力变化（库仑应力、剪切应力和正应力）。静态应力变化模拟表明，主震破裂导致了沿维西-乔后-巍山断裂出现明显的应力加载段[图 3.22（b）～（d）]。应力加载段沿着断层大约延伸 16 km（25.52°N～25.65°N）。应力加载效应中库仑应力变化显著小于法向应力变化，这表明断层上的应力加载主要贡献是正应力变化。最大应力加载达 0.3 bar，可能会导致该断层轻微松动。通过维西-乔后-巍山断裂以及红河断裂北段的断层滑动速率、闭锁状态的联合约束以正确评估地震危险性是十分必要的。

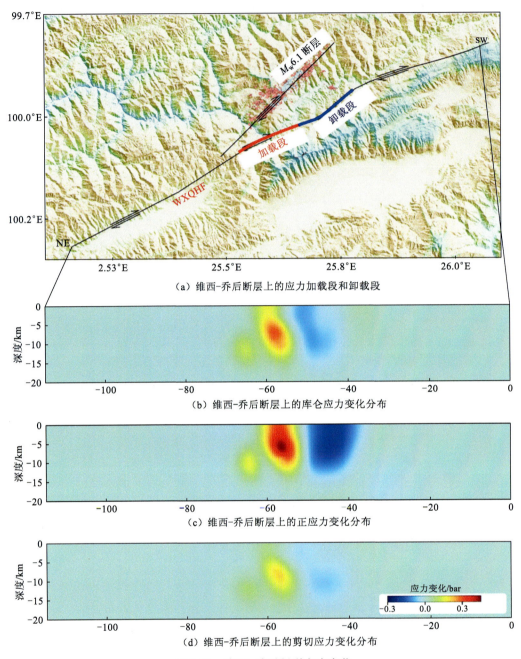

（a）维西-乔后断层上的应力加载段和卸载段

（b）维西-乔后断层上的库仑应力变化分布

（c）维西-乔后断层上的正应力变化分布

应力变化/bar

（d）维西-乔后断层上的剪切应力变化分布

图 3.22　维西-乔后断裂应力变化

参 考 文 献

邓起东，程绍平，马冀，等，2014. 青藏高原地震活动特征及当前地震活动形势. 地球物理学报，57(7): 2025-2042.

季灵运，刘传金，徐晶，等，2017. 九寨沟 M_S 7.0 地震的 InSAR 观测及发震构造分析. 地球物理学报，60(10):

4069-4082.

梁明剑, 杨耀, 杜方, 等, 2020. 青海达日断裂中段晚第四纪活动性与 1947 年 $M7$ 3/4 地震地表破裂带再研究. 地震地质, 42(3): 703-714.

单新建, 屈春燕, 龚文瑜, 等, 2017. 2017 年 8 月 8 日四川九寨沟 7.0 级地震 InSAR 同震形变场及断层滑动分布反演. 地球物理学报, 60(12): 4527-4536.

詹艳, 梁明剑, 孙翔宇, 等, 2021. 2021 年 5 月 22 日青海玛多 M_S 7.4 地震深部环境及发震构造模式. 地球物理学报, 64(7): 2232-2252.

张培震, 邓起东, 张国民, 等, 2003. 中国大陆的强震活动与活动地块. 中国科学(D 辑): 地球科学, 33(S1): 12-20.

Bagnardi M, Hooper A, 2018. Inversion of surface deformation data for rapid estimates of source parameters and uncertainties: A Bayesian approach. Geochemistry, Geophysics, Geosystems, 19: 2194-2211.

Barbot S, Fialko Y, Bock Y, 2009. Postseismic deformation due to the M_w 6.0 2004 Parkfield earthquake: Stress-driven creep on a fault with spatially variable rate-and-state friction parameters. Journal of Geophysical Research: Solid Earth, 114(B7): B07405.

Becken M, Ritter O, 2012. Magnetotelluric studies at the San Andreas Fault Zone: Implications for the role of Fluids. Surveys in Geophysics, 33(1): 65-105.

Bekaert D, Hooper A, Wright T J, et al., 2015. A spatially variable power law tropospheric correction technique for InSAR data. Journal of Geophysical Research, 120(2): 1345-1356.

Brengman C M J, Barnhart W D, Mankin E H, et al., 2019. Earthquake-scaling relationships from geodetically derived slip distributions. Bulletin of the Seismological Society of America, 109(5): 1701-1715.

Cervelli P, Murray M H, Segall P, et al., 2001. Estimating source parameters from deformation data, with an application to the March 1997 earthquake swarm off the Izu Peninsula, Japan. Journal of Geophysical Research, 106(B6): 11217-11237.

Champenois J, Baize S, Vallee M, et al., 2017. Evidences of surface rupture associated with a low-magnitude (M_w 5.0) shallow earthquake in the Ecuadorian Andes. Journal of Geophysical Research: Solid Earth, 122: 8446-8458.

Chang Z F, Zang H, Chang H, 2018. New discovery of Holocene activity along the Weixi-Qiaohou fault in southeastern margin of the Tibetan Plateau and its neotectonic significance. Acta Geologica Sinica, 92(6): 2464-2465.

Chen C S, Chen C C, 2000. Magnetotelluric soundings of the source area of the 1999 Chi-Chi earthquake in Taiwan: Evidence of fluids at the hypocenter. Terrestrial Atmospheric and Oceanic Sciences, 11(3): 679-688.

Chen W X, Qiao W, Xiong P, et al., 2019. The 2007 Ning'er M_w 6.1 earthquake: A shallow rupture in Southwest China revealed by InSAR measurements. Earth and Space Science, 6: 2291-2302.

Chen X, Yang H, Jin M, 2021. Inferring critical slip-weakening distance from near-fault accelerogram of the 2014 M_w 6.2 Ludian earthquake. Seismological Research Letters, 92(6): 3416-3427.

Cheng Y Z, Tang J, Cai J T, et al., 2017. Deep electrical structure beneath the Sichuan-Yunnan area in the eastern margin of the Tibetan plateau. Chinese Journal of Geophysics, 60(6): 2425-2441.

Comninou M, Dundurs J, 1975. The angular dislocation in a half space. Elasticity, 5(3/4): 203-216.

Copley A, 2014. Postseismic afterslip 30 years after the 1978 Tabas-e-Golshan(Iran) earthquake: Observations and implications for the geological evolution of thrust belts. Geophysical Journal International, 197: 665-679

Daout S, Sudhaus H, Kausch T, et al., 2019. Interseismic and postseismic shallow creep of the North Qaidam Thrust faults detected with a multitemporal InSAR analysis. Journal of Geophysical Research: Solid Earth, 124:

7259-7279.

Dawson J, Cummins P, Tregoning P, et al., 2008. Shallow intraplate earthquakes in Western Australia observed by interferometric synthetic aperture radar. Journal of Geophysical Research, 113: B11408.

Duan M Q, Zhao C P, Zhou L Q, et al., 2021. Seismogenic structure of the 21 May 2021 M_S 6.4 Yunnan Yangbi earthquake sequence. Chinese Journal of Geophysics, 64(9): 3111-3125.

Elliott J R, Biggs J, Parsons B, et al., 2008. InSAR slip rate determination on the Altyn Tagh Fault, northern Tibet, in the presence of topographically correlated atmospheric delays. Geophysical Research Letters, 35(12): 1-5.

Elliott J R, Copley A C, Holley R, et al., 2013. The 2011 M_w 7.1 Van(eastern Turkey) earthquake. Journal of Geophysical Research: Solid Earth, 118(4): 1619-1637.

Farr T G, Rosen P A, Caro E, et al., 2007. The shuttle radar topography mission. Reviews of Geophysics, 45(2): 361.

Fialko Y, Sandwell D, Simons M, et al., 2005. Three-dimensional deformation caused by the Bam, Iran, earthquake and the origin of shallow slip deficit. Nature, 435: 295-299.

Freed A S, Ali T, Bürgmann R, 2007. Evolution of stress in Southern California for the past 200 years from coseismic, postseismic and interseismic stress changes. Geophysical Journal of the Royal Astronomical Society, 169: 1164-1179.

Galland O, Bertelsen H S, Guldstrand F, et al., 2016. Application of open-source photogrammetric software MicMac for monitoring surface deformation in laboratory models. Journal of Geophysical Research: Solid Earth, 121(4): 2852-2872.

Garthwaite M C, Wang H, Wright T J, 2013. Broadscale interseismic deformation and fault slip rates in the central Tibetan Plateau observed using InSAR. Journal of Geophysical Research: Solid Earth, 118(9): 5071-5083.

Goldstein R M, Werner C L, 1998. Radar interferogram filtering for geophysical applications. Geophysical Research Letters, 25: 4035-4038.

Hanks T C, H Kanamori, 1979. A moment magnitude scale. Journal of Geophysical Research: Solid Earth, 84(B5): 2348-2350.

Hayes G P, Herman M W, Barnhart W D, et al., 2014. Continuing megathrust earthquake potential in Chile after the 2014 Iquique earthquake. Nature, 512(7514): 295-298.

Hengesh J V, Whitney B B, 2016. Transcurrent reactivation of Australia's western passive margin: An example of intraplate deformation from the central Indo-Australian plate. Tectonics, 35(5): 1066-1089.

Herman M W, Herrmann R B, Benz H M, et al., 2014. Using regional moment tensors to constrain the kinematics and stress evolution of the 2010-2013 Canterbury earthquake sequence, South Island, New Zealand. Tectonophysics, 633: 1-15.

Hirth J P, Lothe J, Mura T, 1983. Theory of dislocations. Journal of Applied Mechanics, 50: 476.

Irmak T S, Doğan B, Karakaş A, 2012. Source mechanism of the 23 October, 2011, Van (Turkey) earthquake($M_w =$ 7.1) and aftershocks with its tectonic implications. Earth, Planets and Space, 64(11): 991-1003.

Janssen V, Ge L L, Rizos C, 2004. Tropospheric correction to SAR interferometry from GPS observations. GPS Solutions, 8(3): 140-151

Jeyakumaran M, Rudnick J W, Keer L M, 1992. Modeling slip zones with triangular dislocation elements. Bulletin of the Seismological Society of America, 82: 2153-2169.

Jiang G Y, Xu X W, Chen G H, et al., 2015. Geodetic imaging of potential seismogenic asperities on the

Xianshuihe-Anninghe-Zemuhe fault system, southwest China, with a new 3-D viscoelastic interseismic coupling model. Journal of Geophysical Research: Solid Earth, 120: 1855-1873.

Jiang Z J, Li J, Fu H, 2018. Seismicity analysis of the 2016 M_S 5.0 Yunlong Earthquake, Yunnan, China and its tectonic implications. Pure and Applied Geophysics, 176(3): 1225-1241.

Jin Z, Fialko Y, 2021. Coseismic and early postseismic deformation due to the 2021 $M7$.4 Maduo(China) earthquake. Geophysical Research Letters, 48(21): e2021GL095213.

King G P, 2007. Fault interaction, earthquake stress changes, and the evolution of seismicity. Treatise Geophys, 4: 225-255.

Kirby E, Harkins N, Wang E, et al., 2007. Slip rate gradients along the eastern Kunlun fault. Tectonics, 26(2): FC2010.

Levin S Z, Sammis C G, Bowman D D, 2006. An observational test of the stress accumulation model based on seismicity preceding the 1992 Landers, CA earthquake. Tectonophysics, 413: 39-52.

Li C Y, Zhang J Y, Wang W, et al., 2021. The seismogenic fault of the 2021 Yunnan Yangbi M_S 6.4 earthquake. Seismology and Geology, 43(3): 706-721.

Li J, Jiang J Z, Yang J Q, 2020. Microseismic detection and relocation of the 2017 M_S 4.8 and M_S 5.1 Yangbi earthquake sequence, Yunnan. Acta Seismologica Sinica, 42(5): 527-542.

Li T, Sun J B, Bao Y Z, et al., 2021. The 2019 M_w 5.8 Changning, China earthquake: A cascade rupture of fold-accommodation faults induced by fluid injection. Tectonophysics, 801(20): 228721.

Li Z, Fielding E J, Cross P, et al., 2009. Advanced InSAR atmospheric correction: MERIS/MODIS combination and stacked water vapour models. International Journal of Remote Sensing, 30(13): 3343-3363.

Li Z W, Xu W B, Feng G C, et al., 2012. Correcting atmospheric effects on InSAR with MERIS water vapour data and elevation-dependent interpolation model. Geophysical Journal International, 189(2): 898-910.

Lin J, Stein R S, 2004. Stress triggering in thrust and subduction earthquakes and stress interaction between the southern San Andreas and nearby thrust and strike-slip faults. Journal of Geophysical Research, 109: B02303.

Liu J H, Hu J, Li Z W, et al., 2017. A method for measuring 3-D surface deformations with InSAR based on strain model and variance component estimation. IEEE Transactions on Geoscience and Remote Sensing, 56(1): 239-250.

Murray K D, Lohma R B, Bekaert D P S, 2021. Cluster-Based empirical tropospheric corrections applied to InSAR time series analysis. IEEE Transactions on Geoscience and Remote Sensing, 59(3): 2204-2212.

Nikkhoo M, Thomas R, 2015. Triangular dislocation: An analytical, artefact-free solution. Geophysical Journal International, 201: 1117-1139.

Okada Y, 1985. Surface deformation due to shear and tensile faults in a half-space. Bulletin of the Seismological Society of America, 75(4): 1135-1154.

Ritz J F, Baize S, Ferry M, et al., 2020. Surface rupture and shallow fault reactivation during the 2019 M_w 4.9 Le Teil earthquake, France. Communications Earth and Environment, 1: 10.

Savage J, Lisowski M, 1993. Inferred depth of creep on the Hayward fault, central California. Journal of Geophysical Research, 98: 787-793.

Staniewicz S, Chen J, Lee H, et al., 2020. InSAR reveals complex surface deformation patterns over an 80 000 km^2 oil-producing region in the Permian Basin. Geophysical Research Letters, 47(21): e2020GL090151.

Steketee J A, 1958. On voltera's dislocation in asemi-infinite elastic medium. Canadian Journal of Physics, 36:

192-205.

Tadono T, Ishida H, Oda F, et al., 2014. Precise global DEM generation by ALOS PRISM, ISPRS Annals of the Photogrammetry. Remote Sensing and Spatial Information Sciences, 2(4): 71.

Tang B, Ge Y, Xue C, et al., 2015. Health status and risk factors among adolescent survivors one month after the 2014 Ludian earthquake. International Journal of Environmental Research, Public Health, 12(6): 6367-6377.

Toda S, Stein R S, Richards-Dinger K, et al., 2005. Forecasting the evolution of seismicity in southern California: Animations built on earthquake stress transfer. Journal of Geophysical Research, 110: B05S16.

van der Woerd J, Ryerson F J, Tapponnier P, et al., 2000. Uniform slip-rate along the Kunlun Fault: Implications for seismic behaviour and large-scale tectonics. Geophysical Research Letters, 27(16): 2353-2356.

Wang M, Shen Z K, 2020. Present-day crustal deformation of continental China derived from GPS and its tectonic implications. Journal of Geophysical Research: Solid Earth, 125(2): 22.

Wang R, Diao F, Hoechner A, 2013. SDM-A geodetic inversion code incorporating with layered crust structure and curved fault geometry//The 2013 EGU General Assembly Conference, Vienna.

Wang R, Parolai S, Ge M, et al., 2013. The 2011 M_w 9.0 Tohoku earthquake: Comparison of GPS and strong-motion data. Bulletin of the Seismological Society of America, 103(2B): 1336-1347.

Wei J, Li Z, Hu J, et al., 2019. Anisotropy of atmospheric delay in InSAR and its effect on InSAR atmospheric correction. Journal of Geodesy, 93(2): 241-265.

Wei S J, Barbot S, Graves R, et al., 2015. The 2014 M_w 6.1 south Napa earthquake: A unilateral rupture with shallow asperity and rapid afterslip. Seismological Research Letters, 86(2A): 344-354.

Weiss J R, Walters R J, Morishita Y, et al., 2020. High-resolution surface velocities and strain for Anatolia from Sentinel-1 InSAR and GNSS data. Geophysical Research Letters, 47(17): e2020GL087376.

Wen X Z, Ma S L, Xu X W, et al., 2008. Historical pattern and behavior of earthquake ruptures along the eastern boundary of the Sichuan-Yunnan faulted block, southwestern China. Physics of the Earth and Planetary Interiors, 168: 16-36.

Werner C, Wegmuller U, Strozzi T, et al., 2002. Processing strategies for phase unwrapping for INSAR applications. Proceedings of the European Conference on Synthetic Aperture Radar(EUSAR 2002), 1: 353-356.

Xu P B, Wen R Z, Wang H W, 2015. Characteristics of strong motions and damage implications of M_S 6.5 Ludian earthquake on August 3, 2014. Earthquake Science, 28(1): 17-24.

Xu X, Tong X, Sandwell D T, et al., 2016. Refining the shallow slip deficit. Geophysical Journal Interational, 204(3): 1843-1862.

Yagüe-Martínez N, Prats-Iraola P, Gonzalez F R, et al., 2016. Interferometric processing of Sentinel-1 TOPS data. IEEE Transactions on Geoscience and Remote Sensing, 54: 2220-2234.

Yang J W, Li L, Zhang P Y, et al., 2019. Using airgun source signals to study regional wave velocity changes before and after the Yunlong M_S 5.0 and Yangbi M_S 5.1 earthquakes. Earthquake Research China, 33(2): 320-335.

Yang T, Li B R, Fang L H, et al., 2021. Relocation of the foreshocks and aftershocks of the 2021 M_S 6.4 Yangbi earthquake sequence, Yunnan, China. Journal of Earth Science, 33: 892-900.

Yang Z G, Liu J, Zhang X M, et al., 2021. A preliminary report of the Yangbi, Yunnan, M_S 6.4 earthquake of May 21, 2021. Earth and Planetary Physics, 5(4): 1-3.

Yao Y S, Wen Y, Li T, et al., 2020. The 2020 M_w 6.0 Jiashi earthquake: A fold earthquake event in the Southern Tian Shan, Northwest China. Seismological Research Letters, 92(2A): 859-869.

Yoffe E H, 1960. The angular dislocation. Philosophical Magazine, 5(50): 161-175.

Yuan Z, Li T, Su P, et al., 2022. Large surface-rupture gaps and low surface fault slip of the 2021 M_w 7.4 Maduo earthquake along a low-activity strike-slip fault, Tibetan Plateau. Geophysical Research Letters, 49(6): e2021GL096874.

Zhan Y, Zhao G Z, Martyn U, et al., 2013. Deep structure beneath the southwestern section of the Longmenshan fault zone and seimogenetic context of the 4.20 Lushan M_S 7.0 earthquake. Chinese Science Bulletin, 58(28): 3467-3474.

Zhang K L, Gan W J, Liang S M, et al., 2021. Coseismic displacement and slip distribution of the 2021 May 21, M_S 6.4, Yangbi earthquake derived from GNSS observations. Chinese Journal Geophysical (in Chinese), 64(7): 2253-2266.

Zhang Y F, Zhang G H, Hetland E A, et al., 2018. Source fault and slip distribution of the 2017 M_w 6.5 Jiuzhaigou, China. Earthquake and Its Tectonic Implications. Seismological Research Letters, 89(4): 1345-1353.

Zhao D, Qu C, Bürgmann R, et al., 2021. Relaxation of Tibetan lower crust and afterslip driven by the 2001 M_w 7.8 Kokoxili, China, earthquake constrained by a decade of geodetic measurements. Journal of Geophysical Research: Solid Earth, 126(4): e2020JB021314.

Zhao G Z, Unsworth M J, Yan Z, et al., 2012. Crustal structure and rheology of the Longmenshan and Wenchuan M_w 7.9 earthquake epicentral area from magnetotelluric data. Geology, 40(12): 1139-1142.

Zhao X Y, Fu H, 2014. Seismogenic structure identification of the 2013 Eryuan M_S 5.5 and M_S 5.0 earthquake sequence. Acta Seismologica Sinica, 36(4): 640-650.

Zhou S H, Chen G Q, Li G F, 2016. Distribution pattern of landslides triggered by the 2014 Ludian earthquake of China: Implications for regional threshold topography and the seismogenic fault identification. ISPRS International Journal of Geo-Information, 5(4): 46.

第 4 章　震间形变监测及典型案例

4.1　震间形变模型及反演方法

4.1.1　应变率计算方法

应变率表现了由板块构造运动引起的岩石圈变形程度。在某些岩石圈脆弱的区域，如海洋的俯冲板块，当应力大小超过岩石圈的强度时，就会发生断层错动，产生地震。断层附近的应变在震间阶段不断积累，积累的应变在地震发生时得以释放，因此应变率可以看作评价地震潜在危险性的一个指标。将应变率与断层滑动速率、地震活动率相结合，可以更好地了解一个区域的地震情况。因此，可以从 GPS 直接获取的地壳运动信息，得到最直观的地壳运动差异图像，而应变场则提供变形的性质与强度。与 GPS 形变场不同的是，应变量是由观测点之间的相对运动来决定的，它的大小和张或压、左旋或右旋剪切等不受速度场的基准影响。目前已有公开的全球应变率场计算结果全局应变率模式（global strain rate model），它是基于全球的 GPS 观测量获取的应变率场，主要用来关注板块运动的应力累积和地震应力释放。现在常用的应变率场计算方法主要分为三角格网法和连续场法两类。

1. 三角格网法

England 和 Molnar（2005，1997）基于三角格网法计算速度场和应变率场，研究亚洲现今的形变场。他们的思路是先构建三角形格网覆盖整个研究区，并假设每个三角形内部应变率均匀，然后利用每个三角形内部的观测量计算格网点的速度，进而计算三角形内部的应变率。如果假设每个三角形中应变率均匀，则速度在三角形内线性变化，那么三角形内任意点的速度 U 可用顶点的速度 u_m 表示：

$$U(x,y) = \sum_{m=1}^{3} N_m u_m \tag{4.1}$$

式中：(x,y) 为顶点的坐标（以三角形的质心为原点）；u_m 为顶点 m $(m=1, 2, 3)$ 的速度；N_m 为顶点 m 的形函数（插值函数）。

描述顶点速度 u_m 对 $U(x,y)$ 的贡献，可表示为

$$N_i = a_i + b_i x + c_i y \tag{4.2}$$

式中： a_i 、 b_i 、 c_i 分别为形函数的参数。

对于顶点 $m = 1$ ，有

$$\begin{cases} a_1 = 1/3 \\ b_1 = (y_2 - y_3)/2\Delta \\ c_1 = (x_3 - x_2)/2\Delta \end{cases} \tag{4.3}$$

式中： Δ 为三角形的面积。

同理可得顶点 $m = 2$ 和 3 时的形函数 N_2 和 N_3 。得到三角形顶点的速度后，可对速度求微分，得到三角形中心的应变率为（Savage et al.，2001）

$$\begin{pmatrix} u_\phi \\ u_\theta \end{pmatrix} = \begin{pmatrix} -r_0 & -r_0 \cos\theta_0\Delta\phi & r_0\Delta\theta & r_0 \sin\theta_0\Delta\phi & 0 & r_0\Delta\theta \\ -r_0\cos\theta_0\Delta\phi & r_0 & -r_0\sin\theta_0\Delta\phi & 0 & r_0\Delta\theta & r_0\sin\theta_0\Delta\phi \end{pmatrix} \begin{pmatrix} \omega_\theta \\ \omega_\phi \\ \omega_r \\ \varepsilon_{\phi\phi} \\ \varepsilon_{\theta\theta} \\ \gamma_{\theta\phi} \end{pmatrix} \tag{4.4}$$

式中： u_ϕ 为三角形顶点速度在东西方向的分量； u_θ 为速度在南北方向的分量； r_0 为地球的半径； ϕ_0 为该点所在的经度； θ_0 为该点所在的纬度； $\Delta\phi$ 和 $\Delta\theta$ 为经度和纬度差（中心点和顶点之间）； ω_ϕ 为旋转率绕经线的分量； ω_θ 为旋转率绕纬线的分量； ω_r 为旋转率绕以地心与该点连线为轴的分量； $\varepsilon_{\phi\phi}$ 为东西方向的正应变率； $\varepsilon_{\theta\theta}$ 为南北方向的正应变率； $\gamma_{\theta\phi}$ 为剪应变率。

式（4.4）中，只有 6 个未知量（ ω_ϕ 、 ω_θ 、 ω_r 、 $\varepsilon_{\phi\phi}$ 、 $\varepsilon_{\theta\theta}$ 、 $\gamma_{\theta\phi}$ ），因此解方程即可得到三角形中心处的旋转率和应变率。

在 England 和 Molnar（2005，1997）的实验中，研究区面积大（60° E～130° E、10° N～65° N），而可用的大地测量数据稀疏（约 2000 个 GPS 站点数据），因而三角网格的边长很长，平均为 300 km；这么大的网格可能对于他们认识和理解研究区的整体特征已经足够，但是对于研究小区域的速度场和应变率场是远远不够的，无法反映局部的特征。而且，三角网格的形状、边长大小、均匀程度等也是在构建三角网格时应该考虑的因素。

2. 连续场法

Shen 等（2015，1996）以圣安德烈斯断层为例，引入计算连续应变场的算法，研究如何利用已有的大地观测资料插值得到连续的速度场和应变率场。他们假定位移在测点附近线性变化（或应变在小区域内是均匀的，为常数），因此可利用待定点周围的多个形变观测量来计算该点的速度。坐标为 $x_0 = (x_{10}, x_{20}, x_{30})$ 待求点 P 的位移 $U_i(i = 1,2,3)$ ，可由其周围的 n 个位移观测量 $u_i(i = 1,2,3)$ 表示：

$$u_i = H_{ij}\Delta x_j + U_i (i, j = 1, 2, 3) \tag{4.5}$$

式中： $\Delta x_{j(n)} = x_{j(n)} - x_{j0}$ 为 n 个数据点与待定点 P 之间的距离向量； $H_{ij} = \partial u_i/\partial x_i$ 为位移梯度张量。

矩阵 H 可分解成一个对称张量矩阵 E 和一个反对称张量矩阵 Ω ，且 $H = E + \Omega$ ，那么有

$$E = \varepsilon_{ij} = \begin{pmatrix} \varepsilon_{11} & \varepsilon_{12} & \varepsilon_{13} \\ \varepsilon_{12} & \varepsilon_{22} & \varepsilon_{23} \\ \varepsilon_{13} & \varepsilon_{23} & \varepsilon_{33} \end{pmatrix} \tag{4.6}$$

$$\boldsymbol{\Omega} = \omega_{ij} = \begin{pmatrix} 0 & -\omega_3 & \omega_2 \\ \omega_3 & 0 & -\omega_1 \\ -\omega_2 & \omega_1 & 0 \end{pmatrix} \tag{4.7}$$

综合式（4.5）～式（4.7），并改写得

$$\begin{pmatrix} u_1 \\ u_2 \\ u_3 \end{pmatrix} = \begin{pmatrix} 1 & 0 & 0 & \Delta x_1 & \Delta x_2 & \Delta x_3 & 0 & 0 & 0 & 0 & \Delta x_3 & -\Delta x_2 \\ 0 & 1 & 0 & 0 & \Delta x_1 & 0 & \Delta x_2 & \Delta x_3 & 0 & -\Delta x_3 & 0 & \Delta x_1 \\ 0 & 0 & 1 & 0 & 0 & \Delta x_1 & 0 & \Delta x_2 & \Delta x_3 & \Delta x_2 & -\Delta x_1 & 0 \end{pmatrix} \begin{pmatrix} U_1 \\ U_2 \\ U_3 \\ \varepsilon_{11} \\ \varepsilon_{12} \\ \varepsilon_{13} \\ \varepsilon_{22} \\ \varepsilon_{23} \\ \varepsilon_{33} \\ \omega_1 \\ \omega_2 \\ \omega_3 \end{pmatrix} \tag{4.8}$$

选取越多组的线应变，会得到越好的结果。而实际当研究区域较大且台网密度不够时，测网内位移线性变化的假定不成立，对于用邻近测点和遥远测点构成的基线长度不同的应变值，在用加权最小二乘法求解时应该赋予不同的权重。例如，可以令权重正比为 $\exp(-d_{(n)}/d_0)$，其中 d_0 为基于对应变空间变化波长的先验假定和当地台网密度的特征距离，即仅选取一定距离内的台站，而且越近的台站赋予越大的权重，用加权最小二乘法求解。该算法明显的不足之处在于使用的坐标系是平面直角坐标系，而非空间直角坐标系，坐标系的不准确可能造成系统误差。石耀霖和朱守彪（2006）提出，应变是变形量与原基线的比值，而并非决定于原基线的大小；坐标系选择产生的误差，不论区域大小都是一样的，因此即使是在区域面积不大的情况下，也应该采用球坐标系而不是直角坐标系。

4.1.2　二维弹性位错模型及反演

19 世纪初，Reid（1910）提出用弹性回跳模型来研究加利福尼亚州地震（1906 年）的发生机理。该模型的基本思想是断层两侧的块体在相反方向上的持续运动可导致长时间内应变的积累。经过一段时间的应变积累后，沿断层发生地震；地震过程中释放的应变称为同震应变，与上次地震以来积累的应变（称为震间应变）相等且相反，这就是弹性回跳模型。该模型表明，断层两侧存在地壳相对运动且断层处于闭锁状态，从而导致了弹性应变能的积累。自 Reid 提出该理论以来，许多作者从不同的假设和观察出发，提出了不同的地震周期模型，其中一个最重要的模型称为螺旋位错模型（图 4.1），是由 Savage 和 Burford（1973）提出的关于震间地表变形的模型。其定义弹性半空间内一个无限深度和长度的断层，上脆性地壳层完全闭锁，积累剪切应变，闭锁深度以下断层自由滑动，地表平行于断层方向的速率与垂直于断层的距离关系为

$$v = \frac{S_r}{\pi} \arctan\left(\frac{x}{D}\right) \tag{4.9}$$

式中：v 为平行于断层方向的速率；S_r 为深部自由滑动速率；D 为闭锁深度；x 为垂直于断层地表迹线的距离。

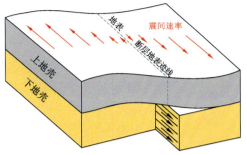

图 4.1　Savage 和 Burford（1973）提出的螺旋位错模型示意图

该模型适用于数据时间跨度较小、断层滑动率稳定不变的情况，是目前基于大地测量资料使用最为广泛的模型。但随着对地壳形变与地震认识的不断发展和进步，人们逐渐认识到不仅上脆性地壳层的弹性应变积累是地震的基础，而且地震的孕育与下地壳上地幔韧性层的活动也密切相关。因此，使用具有弹性上地壳、黏性下地壳和上地幔的层状模型将更适合拟合从地质观测和大地测量数据获得的地表运动。

黏弹性分层模型假设厚度为 H 的弹性层覆盖在麦克斯韦（Maxwell）黏弹性半空间之上，弹性层分为闭锁区域（深度 D）和稳定速度滑动区域。黏弹性半空间的特征松弛时间 $\tau=\eta/\mu$，其中，η 为黏性系数，μ 为剪切模量，该模型加载了重复时间为 T 的周期性地震。

4.1.3　三维位错模型及反演

Savage（1983）与 Savage 和 Burford（1973）较早提出了断层闭锁模型，图 4.2［Savage 和 Burford（1973）］给出了简单的断层运动产生的剪切应变和地表走滑位移示意图。断层存在闭锁时，闭锁深度（D）以下可以自由滑动，闭锁区域不存在相对滑动；断层附近产生剪切应变积累，且靠近断层应变值变大；断层两侧运动呈反正切曲线。

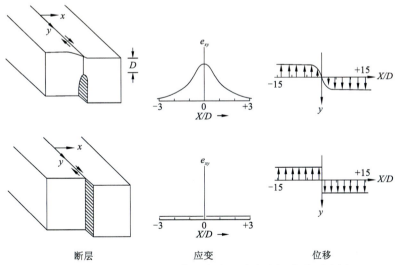

断层　　　　　　　应变　　　　　　　位移

图 4.2　断层运动产生的剪切应变和地表走滑位移示意图

e_{xy} 表示剪切应变

Matsu'ura 等（1986）在研究加利福尼亚霍利斯特地区断层震间构造形变时提出负位错模型（图 4.3），即由于断层闭锁，断层的震间形变等于其两侧块体的相对运动减去断层闭锁（或部分闭锁）效应产生的回滑效应（back-slip）。在此模型分析的基础上，他们推断了圣安德列斯断层上两处最有可能发生中强震的段落。

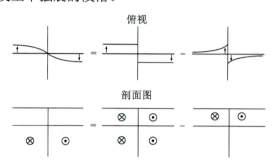

图 4.3　负位错模型示意图

震间形变＝块体相对运动－断层负位错效应

McCaffrey 等（2007）、McCaffrey（2005，2002，1996）与 McCaffrey 和 Wallace（2004）延续了这种思想，并提供了一种能综合利用 GPS 速度场、地震、地质等多种资料，同时能反演块体旋转和变形、断裂同震位移或震间闭锁系数的方法，并以开源程序（Defnode）予以实现，同时引入耦合系数（或滑动速率比值φ）的概念，用以表征断裂带闭锁区域的耦合程度。随着 GPS 连续观测站投入使用，由微地震、震后回滑、慢滑移时间及火山源等引起的地表"瞬时"形变被精确地捕捉，而这些"瞬时"形变破坏了地壳的"稳态"线性运动。为将"瞬时"形变进行分离，McCaffrey（2009）改进 Defnode 程序为 TDefnode，保留了原程序震间形变反演的模块，同时将数据源扩大，引入连续 GPS 站时间序列及 InSAR LOS 向形变数据。本书中针对海原断裂带所做的震间形变反演工作主要是以 Defnode/TDefnode 程序为基础完成的，因此以下对该模型的反演方法做简要介绍。

不同于 Savage 和 Burford（1973）与 Savage（1983）和 Matsu'ura 等（1986）对断层闭锁的描述，Defnode/TDefnode 模型中假设断层闭锁区域与自由滑动区域是连续分布的（图 4.4），因此引入φ（闭锁系数）来表示断层的闭锁程度：

$$\phi(\varSigma) = \varSigma^{-1} \int_{\varSigma} [1 - V_c(s) / V(s)] \mathrm{d}s \tag{4.10}$$

式中：$V(s)$ 为断层长期滑动速率；$V_c(s)$ 为短期滑动速率；$\varSigma$ 为断层面上确定的网格区域。

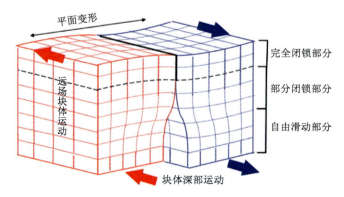

图 4.4　断层闭锁状态随深度变化示意图

对整个断层面进行运算，可以得到ϕ的连续分布，即断层面的闭锁程度。当$\phi=0$时，表示断层处于完全蠕滑状态，断层两盘的相对运动不产生应变能的积累；当$\phi=1$时，表示断层处于完全闭锁状态，断层两盘的相对运动将完全转化为应变能在断层面累积；当ϕ为$0\sim1$时，表示断层处于部分闭锁状态，断层两盘的相对运动以闭锁比例转化为应变能积累（图4.5）（Li et al.，2016；赵静 等，2012；McCaffrey，2002）。

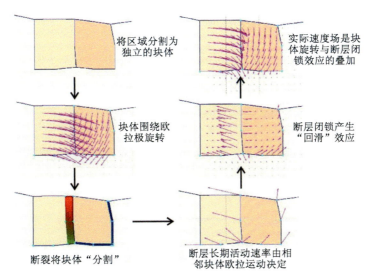

图4.5　Defnode/TDefnode 模型原理示意图（改自 McCaffrey，2002）

在 Defnode/TDefnode 模型中，断层面以三维节点方式进行表示，节点位置由经纬度及相应深度确定。节点在断层走向上沿等深线分布，在垂向上依次排列（图4.6）。在实际反演中，模型利用模拟退火法和格网搜索法拟合每个节点处的闭锁系数ϕ，而相邻节点间断层面再以微小格网的方式被分割，利用双线性插值得到每个微小格网处的闭锁系数，从而得到断层面上近似连续的闭锁分布。模型同时反演了每个块体的欧拉矢量，以此计算分割块体的断层的滑动矢量V；将断层面上微小格网的闭锁系数ϕ与滑动矢量V相乘，即得到了断层面滑动亏损速率的近似连续分布。

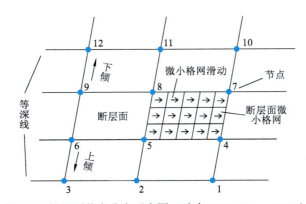

图4.6　断层面节点分布示意图（改自 McCaffrey，2002）

数据拟合的好坏由卡方值χ^2（卡方总和除以自由度）来判断：

$$\chi_r^2 = \sum_1^n (r_i / \sigma_i)^2 / (n - m) \qquad (4.11)$$

式中：r_i 为数据残差；σ_i 为残差标准差；n 为观测数；m 为待估参数个数。

当 χ_r^2 趋近于 1 时，认为是模型的最佳拟合观测数据（McCaffrey，2002）。此外，对模型拟合残差分布及块体内部应变残差的统计分析，也是判定模型反演好坏的重要标准（Li et al.，2016）。

4.2　阿尔金断裂

4.2.1　InSAR 震间形变速率场提取

以阿尔金断裂带中段为试验区，利用 InSAR 等空间大地测量手段获取研究区断裂带震间形变场及断裂带滑动速率，以地表滑动速率为边界条件反映块体构造加载作用，从而建立起考虑块体地质构造运动特征、地下介质不均匀性等因素的黏弹性块体运动模型，以准确了解震间阶段断裂带时间和空间的形变特征。根据研究区覆盖范围，采用改进的小基线集方法对 SAR 数据集分别进行时序处理，经过大气模型校正、DEM 误差改正、轨道误差去除等一系列误差改正，得到断裂带震间形变时序结果及断裂带滑动速率。

1. LOS 向形变场

在获取各轨道的平均速率图后，首先将不同轨道的 InSAR 观测值统一至相同的坐标系和参考基准，即将地理编码后的 InSAR 形变场数据基于外部 GPS 速度场转换到欧亚参考框架下，利用不同轨道数据条带之间的重叠关系进行拼接使之完全匹配，同时统一条带数据的形变参考基准，进而得到长条带模式下的 InSAR 形变监测结果，如图 4.7 所示。在断裂两盘可以看到明显的跨断层形变梯度，在断裂的南盘或北盘颜色相对均匀，但在断裂带附近则存在明显的差异，蓝色朝向卫星运动，红色远离卫星运动，其形变性质与左旋走滑运动一致。

图 4.7（c）和（d）为 PQ 在升轨和降轨 InSAR 形变图中的跨断层形变剖线图，剖线宽度为 10 km，方向从北向南，长度约为 210 km。从 PQ 的跨断层形变剖线图可以看出，在断裂两侧有明显的形变梯度变化，断裂两盘 LOS 向相对形变为 4～5 mm/a。在本小节研究区域内，阿尔金南缘断裂（SATF）为该段断裂的主断层，这段断裂的震间形变场可能还受阿尔金北缘断裂（NATF）和车尔臣河断裂（SCHEF）的共同影响，震间形变剖线图并没有显示出很好的对称性。升轨、降轨速率场显示了反向形变的趋势，是阿尔金断裂走滑形变在两种不同观测几何的 LOS 向投影矢量反向所致，反映了断裂的左旋走滑性质。与 He 等（2003）横跨阿尔金段断裂西段（86°E）布设的 GPS 剖面相比较，按照 InSAR LOS 向形变量与水平分量几何关系，将 GPS 水平速率场转换到 LOS 向（假定 GPS 垂向速率为 0），按照误差传播率获取其误差，将剖面线两侧 100 km 内的 GPS 和 InSAR 数据绘制在同一个剖面图上，所得结果如图 4.7（a）和（b）所示。结果表明，InSAR 观测结果与转换后的 GPS 结果之间的差值基本均分布在 ±1 mm/a 的范围内，在目前时序 InSAR 的测量精度（约 1 mm/a）允许范围内，二者吻合较好，表明形变速率场是可靠的。

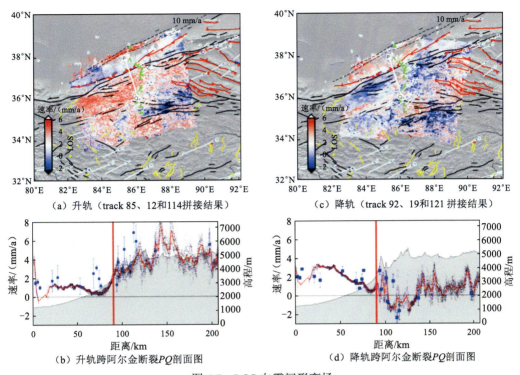

（a）升轨（track 85、12和114拼接结果）　　　　（c）降轨（track 92、19和121拼接结果）

（b）升轨跨阿尔金断裂*PQ*剖面图　　　　（d）降轨跨阿尔金断裂*PQ*剖面图

图 4.7　LOS 向震间形变场

负（蓝色）和正（红色）分别表示朝向和远离卫星的相对运动

2. 形变场分解（平行断层方向与垂向）

根据前人的研究成果，考虑阿尔金断裂系形态、走向、结构和连续性，并考虑断裂活动性质的变化，可将阿尔金断裂系划分为 8 段（国家地震局，1992），本次研究覆盖的区域主要为硝尔库勒段和库鲁阔勒段。其中硝尔库勒段位于 82.75°E～84.5°E，长度为 190 km。整体特征明显且连续，其特点是断陷谷地发育。库鲁阔勒段位于 84.5°E～87.2°E，长约 230 km，总体走向为 NE70°，线性特征明显，左旋走滑显著。

前人利用 InSAR 数据开展阿尔金断裂构造形变研究时（Jolivet et al.，2013，2012；Cavalié et al.，2008），几乎全部是假定 LOS 向的形变只与平行断裂的形变有关（Xu and Stamps，2019；Zhu et al.，2016；Jolivet et al.，2013，2008；Elliott et al.，2008），这种假设适用于几乎没有垂直形变的近东西向走滑断裂，在对青藏高原东北缘进行 InSAR 观测时，LOS 向形变必然包含垂直形变的信息，这可能会对依靠 InSAR 数据的地壳形变解释带来偏差，为此本小节得到拼合后的升轨、降轨不同视角的速率场后，利用升轨、降轨数据进行了垂直和水平形变场分解。

通过结合两个独立的观测方向，假设第三个分量为零，可以将信息投影到任意两个正交基向量的方向上（Fialko et al.，2002）。本小节使用 Lindsey 等（2014）的方法，假设水平运动沿阿尔金断裂平均走向为北偏东 70°，将 LOS 向速率场分解为垂直分量和水平分量（平行于断层方向），图 4.8 显示了分解结果。

为了将分解后的速度场与 GPS 结果比较，将 GPS 速率以平行和垂直断裂走向进行分解，并将平行断裂方向的速率与平行断层 InSAR 速度场剖面进行比较，为此除 *PQ* 剖面外，又在西部增加了一条 *MN* 剖面，位置如图 4.8 所示。与图 4.7 转换到 LOS 向的位移相比，平行断

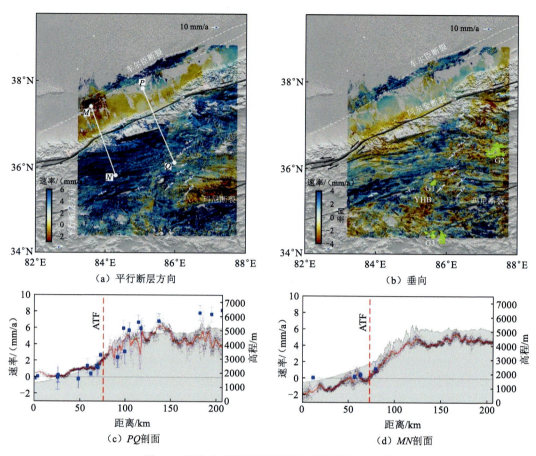

图 4.8　阿尔金断裂西段震间形变场分解示意图

层方向投影契合程度更高，可能与投影到 LOS 向时忽略了垂直形变有关，*PQ* 剖面两盘相对速率约为 6 mm/a。*MN* 剖面两侧 100 km 范围内只在塔里木盆地一侧有少量的几个 GPS 站点，这个剖面无法用 GPS 进行验证，该剖面断层两侧相对速率约为 7 mm/a。综合来看，断层滑动速率有从西到东逐渐减小的趋势。

4.2.2　长期滑动速率反演及应变率计算

采用二维弹性螺旋位错模型（Savage and Burford，1973）模拟阿尔金断裂带闭锁段的震间弹性应变积累，该模型假定断层处于闭锁状态时（震间期），位于闭锁深度（*D*）以下的断层部分可以自由滑动，位于闭锁深度以上的部分由于闭锁作用的存在而不能进行自由滑动，断层附近会积累剪切应变，且距离越靠近断层则应变值越大。距离断层 *x* 处的滑动速率可用反正切模型表示（Hussain et al.，2016）：

$$V_x = \frac{v_0}{\pi} \tan^{-1}\left(\frac{x}{D}\right) + V_{\text{offset}} \tag{4.12}$$

式中：V_x 为距断层 *x* 处的断层平行速率；v_0 为深部滑动速率；*x* 为地面观测点与断层之间的距离；*D* 为断层闭锁深度；V_{offset} 为与参考框架有关的速率偏移常数（Lindsey and Fialko，2016）。

以分解后的水平走滑速率场为约束，考虑地壳形变的稳定性，为避免局部速率陡变点对拟合结果的影响，对形变速率剖面进行平滑处理，按沿剖面线 5 km 长度的窗口计算形变速率平均值和标准差。为解决观测值存在的不确定性，采用贝叶斯概率密度方法对断层的滑动速率和闭锁深度进行拟合，该方法以验后概率密度最大为拟合标准，产生的断层滑动速率和闭锁深度的后验概率密度，能够考虑观测数据空间分布的不确定性（Lindsey and Fialko，2016；Fukuda and Johnson，2010，2008；Johnson and Fukuda，2010）。

参考前人研究成果，对参数取值范围进行先验约束，将滑动速率约束在 1～30 mm/a、闭锁深度约束在 1～65 km 的较宽范围内，并且假定各参数在约束范围内服从正态分布。基于马尔可夫链蒙特卡罗（Markov chain Monte Carlo，MCMC）采样器（Foreman-Mackey et al.，2013；Goodman and Weare，2010），选择 600 个初始步长在全参数空间进行采样。对于每个 InSAR 速率跨断层剖面，模型运行超过 100 万次的迭代，生成超过 2 万个独立随机样本。对于每个未知参数或其组合，计算所有模型参数的后验概率密度函数和相应的不确定度。将得到的最大后验概率（maximum a posteriori，MAP）解作为模型参数的最优解。对两个速度剖面的 MCMC 分析结果如图 4.9 所示。

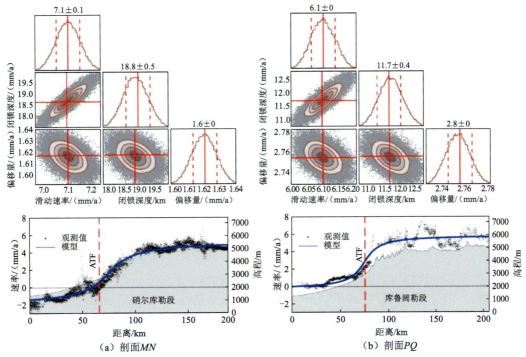

图 4.9 剖面 *MN*（a）和 *PQ*（b）的概率密度分布

红线和黑点表示 MCMC 分析得到的 MAP 解，剖面位置见图 4.8；蓝色粗线表示剖面 *MN* 和 *PQ* 的
最佳拟合的 MAP 解；红色粗虚线（ATF）表示阿尔金断裂带位置

最优拟合结果（图 4.9 中的蓝色曲线）显示：硝尔库勒段的滑动速率为 7±0.1 mm/a，闭锁深度为 18.1±0.6 km；到了库鲁阔勒段，滑动速率减小为 6.1±0.3 mm/a，闭锁深度变为 11.7±0.4 km。表明滑动速率和闭锁深度由西向东存在明显变化，自西向东逐渐减小。

应变率表现了由板块构造运动引起的岩石圈变形程度。在某些岩石圈脆弱的区域，当应力大小超过岩石圈的强度时，就会发生断层错动，产生地震。断层附近的应变在震间阶段不断积累，积累的应变在地震发生时得以释放，因此应变率可以看作评价地震潜在危险性的一个指标。将应变率与断层滑动速率、地震活动率相结合，可以更好地了解一个区域的地震情况。在 InSAR 震间速度场的基础上，联合该区域的 GPS 观测结果，采用 Shen 等（2015）的研究方法计算应变率场。

对于水平应变率场（图 4.10），应变率高值区集中在左旋走滑的阿尔金断裂带和玛尼断裂带上，Wright 等（2013）认为在震间阶段发生应变累积是大型走滑断层的一大特点。阿尔金断裂带西段东西向的剪切与断裂带的方向平行，但是到了阿尔金山的中段，则存在近南北向的挤压，与阿尔金断裂带近乎垂直，这也一定程度上反映了阿尔金山构造变形方式的一种观点，即阿尔金北缘断裂和阿尔金主断裂形成了走滑二元结构的南北边界，在这个二元结构中，转换挤压变形形成了阿尔金山。

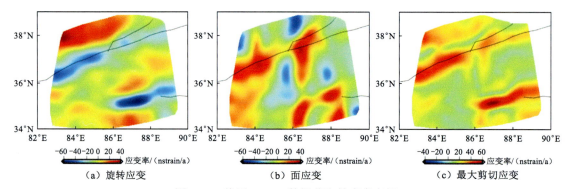

图 4.10　基于 InSAR 数据获取的应变率场

nstrain 即 nano strain，为应变的一个量级，等于 $1×10^{-6}$，用于描述地壳在纳米尺度上的形变模式

4.2.3　断层两侧非对称形变反演

随着 GPS 和 InSAR 等大地测量技术的发展，高空间覆盖、高精度测量数据揭示了主要大陆走滑断层的跨断层速度的不对称模式（Huang and Johnson，2012；Vaghri and Hearn，2012；Le Pichon et al.，2005），如圣安德烈亚斯断层（Lindsey and Fialko，2013；Jolivet et al.，2009；Fialko，2006）和安纳托利亚断层（Aktuğ et al.，2015；Meade et al.，2002）。Elliott 等（2008）与 He（2013）在阿尔金断裂带也发现了类似的非对称形态，并通过偏移地表断裂位置的方法来消除这一非对称现象，使断裂两侧呈现对称状态。深部断裂滑动面向南偏移十多千米，那么断裂向南倾斜将近 45°，显然对于以走滑运动为主、断层产状近乎直立走滑断裂的阿尔金断裂是不合理的。Jolivet 等（2008）采用薄板模型理论研究阿尔金断裂带，最后拟合结果表明两侧刚度对比系数是 0.85，认为这种不对称现象是塔里木盆地与柴达木盆地之间剪切模量逐渐减小和断层迹线偏移的共同结果。前人总结的导致跨走滑断裂形变场不对称现象出现的可能原因主要有以下几种：①断层两侧介质属性差异（Fialko，2006；Fay and Humphreys，2005）；②断裂两侧弹性层厚度不同（Chéry，2008）；③跨断层的下地壳/地幔黏度系数差异（Lundgren et al.，2009）；④断层深部位错偏移了断层地表迹线（Le Pichon et al.，2003）。

存在上述争议的主要原因是早期的大地测量数据可靠性相对较差或分辨率不足。本小节以高分辨率的 Sentinel 震间形变场数据为约束，对前三种可能原因建立不同的模型进行反演，模型如图 4.11 所示，以期对跨阿尔金断裂观测剖面的非对称性给出较好的拟合和解释。模型 A 为修改后的弹性半空间 Savage-Burford 模型[图 4.11（a）]，模型 B 和模型 C 有两层，均为 Savage-Prescott 弹性-黏弹性周期模型，但弹性层厚度不同[图 4.11（b）和（c）]，模型 D 为三层黏弹性周期模型[图 4.11（d）]。

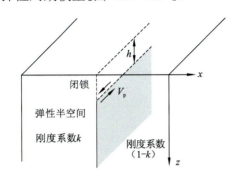

（a）模型A（弹性半空间的Savage-Burford 模型）

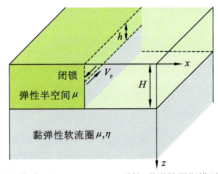

（b）模型B（Savage-Prescott弹性-黏弹性周期模型）

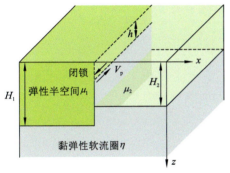

（c）模型C（同模型B，但弹性层厚度不同）

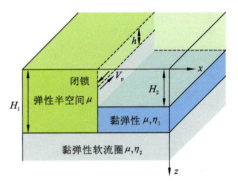

（d）模型D（三层黏弹性周期模型）

图 4.11　模型示意图

上地壳弹性层厚度中间黏弹性层厚度分布用 H 和 h 表示

以阿尔金断裂带的震间形变场为约束，反演断裂的闭锁深度、震间蠕滑速率分布等，研究震间阶段断裂带的时间和空间的形变特征。以分解后的水平走滑速率场为约束，考虑到地壳形变的稳定性，为避免局部速率陡变点对拟合结果的影响，对形变速率剖面进行平滑处理，按沿剖面线 5 km 长度的窗口计算形变速率平均值和标准差。为解决观测值存在的不确定性，采用贝叶斯概率密度方法对断层的滑动速率和闭锁深度进行拟合，且该方法以验后概率密度最大为拟合标准，产生的断层滑动速率和闭锁深度的后验概率密度，能够考虑观测数据空间分布的不确定性（Lindsey and Fialko，2016；Fukuda and Johnson，2010，2008；Johnson and Fukuda，2010）。

参考前人研究成果，对参数取值范围进行先验约束，将滑动速率约束在 1～30 mm/a、闭锁深度约束在 1～65 km 的较宽范围内，并且假定各参数在约束范围内服从正态分布。基于 MCMC 采样器（Foreman-Mackey et al.，2013；Goodman and Weare，2010），选择 600 个初始步长在全参数空间进行采样。对于每个 InSAR 速率跨断层剖面，模型运行超过 100 万次的迭代，生成超过 2 万个独立随机样本。对于每个未知参数或其组合，计算所有模型参数的后验概率密度函数和相应的不确定度。将得到的 MAP 解作为模型参数的最优解。

1. 弹性半空间模型

模型 A 为修正后的 Savage 和 Burford（1973）弹性半空间模型，引入刚度参数 K，考虑断裂两侧介质差异性（Jolivet et al.，2008）：

$$
V_x \begin{cases} \dfrac{2Kv_0}{\pi}\tan^{-1}\left(\dfrac{x}{D}\right)+V_{\text{offset}}, & x>0 \\[3mm] \dfrac{2(1-K)v_0}{\pi}\tan^{-1}\left(\dfrac{x}{D}\right)+V_{\text{offset}}, & x<0 \end{cases} \tag{4.13}
$$

式中：K 为不对称系数，表示断层两侧上地壳的刚度比值，范围为 0～1，$K=0.5$ 表示断裂两侧上地壳的刚度相同。

反演结果如图 4.12（a）和图 4.13（a）所示，硝尔库勒段阿尔金断裂北侧塔里木盆地上地壳与南侧的青藏高原上地壳的刚度比为 0.6/0.4，库鲁阔勒段北侧上地壳与南侧上地壳的刚度比为 0.7/0.3；同时，模型反演的滑动速率与不考虑刚度参数的模型反演结果相近（位于误差范围以内），反演的闭锁深度在硝尔库勒段稍浅 1 km 左右，在库鲁阔勒段深 1 km。总体而言，对于弹性半空间模型，加入不对称系数，反演结果并无太大改变。

2. 弹性−黏弹性地震周期模型

模型 B 为 Savage-Prescott 弹性−黏弹性地震周期模型，由上覆的弹性层和其下伏的黏弹性半空间组成，并假设上部弹性层的错动以固定的地震周期发生，黏弹性模型地表速度与弹性层厚度 H、地震复发周期 T、松弛时间 τ_m 等参数有关（Meade and Hager，2005）。

具体模型反演过程如下：假定模型上部（即上地壳）采用弹性体，下部的下地壳或者上地幔采用麦克斯韦体，且两者之间存在线性耦合关系。设置未知参数的先验空间范围，建立反演参数与跨阿尔金断裂的二维速度剖面的关系（Johnson and Segall，2004）：

$$
v(x,z)=\frac{\Delta\mu}{\pi t_R}\mathrm{e}^{-t/t_R}\sum_{n=1}^{\infty}\frac{(t/t_R)^{n-1}}{(n-1)!}F_n(x,z,D,H) \tag{4.14}
$$

对于地面观测点 $z=0$，F_n 表达式可简化为（Johnson and Segall，2004）

$$
F_n(x,z=0,D,H)=\tan^{-1}\left(\frac{x}{2nH-D}\right)-\tan^{-1}\left(\frac{x}{znH+D}\right) \tag{4.15}
$$

在垂直于断裂的二维剖面速度分量的约束下，可反演计算断裂的滑动速率、有效弹性层厚度、地震复发周期和黏弹性松弛时间，反演结果如图 4.12（b）和图 4.13（b）所示，该模型最优概率密度估计的硝尔库勒段（MN 剖面反演得到的）长期滑动速率为 7.3±1.1 mm/a，闭锁深度为 15.8±4.3 km，弹性层厚度在 26.1±2.2 km；库鲁阔勒段 PQ 剖面反演得到的最优概率密度估计长期滑动速率为 7.5±0.3 mm/a，闭锁深度为 14.8±4.9 km，弹性层厚度为 19.8±4.3 km。因此，该模型反演得到的滑动速率略大于弹性介质深埋位错模型的结果，但仍小于长期地质速率估算结果。

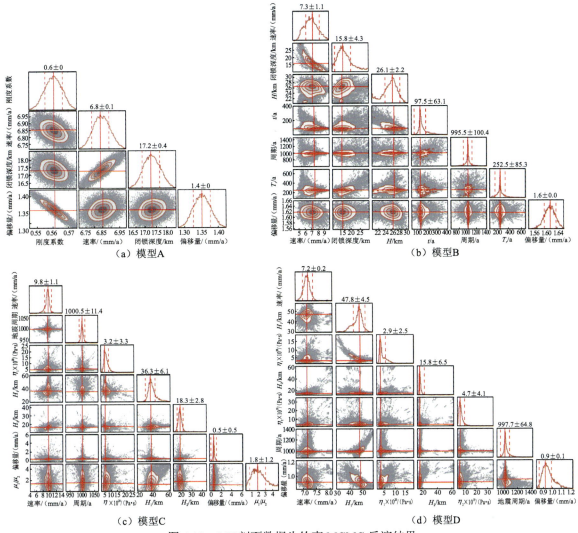

（a）模型A （b）模型B

（c）模型C （d）模型D

图 4.12 *MN* 剖面数据为约束 MCMC 反演结果

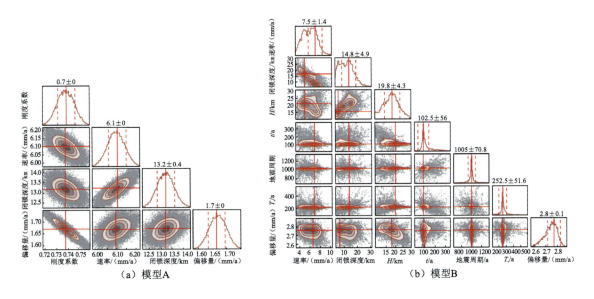

（a）模型A （b）模型B

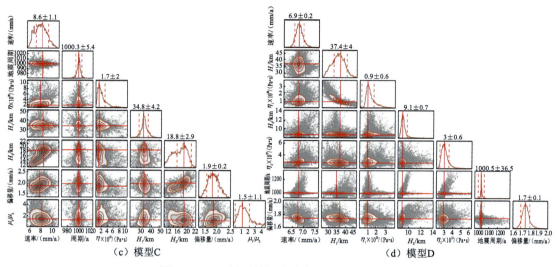

（c）模型C　　　　　　　　　　　　　　（d）模型D

图 4.13　*PQ* 剖面数据为约束 MCMC 反演结果

模型 C 依然采用 Savage-Prescott 弹性-黏弹性模型（Savage and Prescott，1978），不同之处在于考虑了断裂两侧的不同有效弹性层厚度。由于滑动速率与闭锁深度存在折中关系，为减少反演参数数量，闭锁深度直接采用模型 B 的结果，不再参与反演计算。假设阿尔金断裂北侧的塔里木盆地和南侧的青藏高原分别具有不同的地壳有效弹性厚度及剪切模量，其余先验条件均与模型 B 相同，来获取断裂两侧的弹性层厚度差异及剪切模量比值。反演结果如图 4.12（c）和图 4.13（c）所示，该模型最优概率密度估计的硝尔库勒段（*MN* 剖面反演得到的）长期滑动速率为 9.8±1.1 mm/a，下地壳黏弹性层滞系数为（3.2±3.3）×10²⁰ Pa·s，塔里木盆地一侧弹性层厚度为 36.3±6.1 km，青藏高原一侧弹性层厚度为 18.3±2.3 km，两侧的剪切模量比值为 1.8±1.2。库鲁阔勒段 *PQ* 剖面反演得到的最优概率密度估计长期滑动速率为 8.6±1.1 mm/a，下地壳黏弹性层滞系数为（1.7±2）×10²⁰ Pa·s，塔里木盆地一侧弹性层厚度为 34.8±4.2 km，青藏高原一侧弹性层厚度为 18.8±2.9 km，两侧的剪切模量比值为 1.5±1.1，该模型反演断层滑动速率结果与长期地质速率较为接近。

本小节还进行了另两种情况的测试。一是断层两侧弹性层厚度相同而剪切模量不同（即在模型 B 的基础上增加了断层两侧剪切模量比值参数），测试结果表明长期滑动速率有所增加，分别为 9.5±0.5 mm/a 和 9.3±0.5 mm/a，塔里木盆地一侧上地壳与青藏高原一侧剪切模量的比值均为 0.5±0.2（图 4.14），说明塔里木盆地一侧的上地壳刚性强度弱于青藏高原一侧，这与一般性认识不符。二是断层两侧剪切模量相同而弹性层厚度不同（在模型 C 基础上去掉了剪切模量比值参数），测试结果见图 4.14，最优概率密度估计长期滑动速率与模型 C 相近（位于误差范围以内），分别为 9.3±0.2 mm/a 和 9.4±0.2 mm/a，但得到的塔里木盆地一侧弹性层厚度较大，*MN* 剖面反演结果为 41.5±2.5 km，*PQ* 剖面结果为 50.6±3.4 km，青藏高原一侧弹性层厚度与模型 C 没有太大变化，也就是说断层两侧较大的弹性层厚度差异也可造成阿尔金断裂带形变场的这种非对称性。基于地形和重力数据的弹性层厚度 T_e 的研究表明，塔里木盆地具有中等程度的弹性层厚度，T_e 值为 20～60 km，越接近青藏高原值越低，越接近盆地中央值越高（Ravikumar et al.，2020；Chen et al.，2015，2013）。阿尔金山、东昆仑一带明显具有较低的弹性层厚度，T_e 值为 10～30 km，通常大的形变也发生在这些软弱带，也是

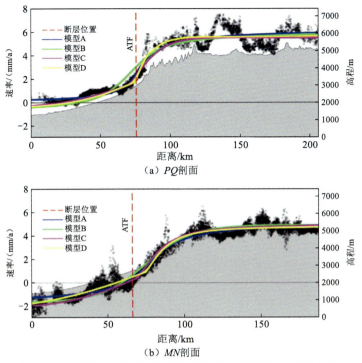

（a）PQ剖面

（b）MN剖面

图 4.14　模型预测结果和平行断层剖面观测值之间差异对比

吸收印欧大陆碰撞缩短量的主要区域（Chen et al.，2013）。可以认为加入剪切模量比值参数后对模型反演并无影响（图 4.15 和图 4.16）。作为岩石圈强度的表征，有效弹性厚度的空间变化对岩石圈变形具有重要的意义。此外，弹性厚度主要取决于地壳厚度、温度、成分等，它可以用来反映岩石圈深部结构的横向变化，可以看出断层两侧弹性层厚度对反演结果影响较大。结果综合模型 B 和模型 C 的 4 种组合测试结果及前人对青藏高原周边弹性层厚度的研究成果，本小节倾向于模型 C 的结果，断层两侧弹性层厚度和剪切模量的差异共同造成了阿尔金在震间形变场不对称现象。

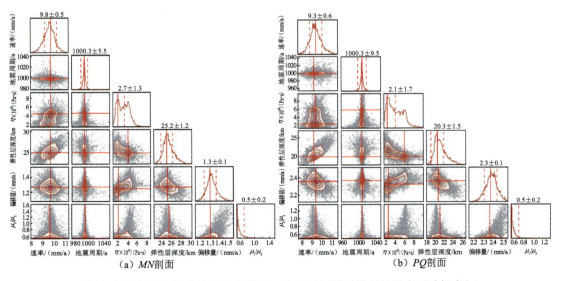

（a）MN剖面　　　　　　　　　　　　　（b）PQ剖面

图 4.15　两边同样弹性层厚度模型、不同剪切模量模型的最大后验概率解

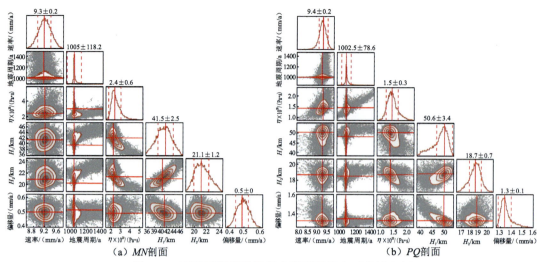

（a）MN剖面　　　　　　　　　（b）PQ剖面

图 4.16　两边同样弹性层厚度模型的最大后验概率解

3. 三层黏弹性地震周期模型

青藏高原及边缘地区的大规模构造演化研究表明，韧性弱的中下地壳具有重要作用，为此，模型 D 仿照 Devries 和 Meade（2013）的做法，在断层青藏高原一侧建立一个简单的三层黏弹性地震周期模型来约束阿尔金断裂下地壳的黏度和厚度，在弹性块与底层基体之间的右侧嵌入一个厚度为 20 km 的低黏度黏弹性通道（H_1）；在塔里木盆地一侧仍然采用两层的弹性-黏弹性模型，如图 4.11（d）所示，反演结果如图 4.12（d）和图 4.13（d）所示，该模型最优概率密度估计的硝尔库勒段（MN 剖面反演得到的）长期滑动速率为 7.2±0.2 mm/a，下地壳黏弹性层黏滞系数为 2.9±2.5×10²⁰ Pa·s，嵌入层的黏滞系数为(4.7±4.1)×10¹⁹ Pa·s，塔里木盆地一侧弹性层厚度在 47.6±4.5 km，青藏高原一侧弹性层厚度在 15.8±6.5 km。到库鲁阔勒段 PQ 剖面反演得到的最优概率密度估计长期滑动速率为 6.9±0.2 mm/a，下地壳黏弹性层滞系数为(0.9±0.6)×10²⁰ Pa·s，嵌入层的黏滞系数为(3.0±0.6)×10¹⁹ Pa·s，塔里木盆地一侧弹性层厚度为 37.4±4 km，青藏高原一侧弹性层厚度为 9.1±0.7 km。Bai 等（2010）通过大地电磁资料发现，在青藏高原存在两条巨大的中下地壳低阻异常带，通过理论计算认为是两条中下地壳的弱物质流，中下地壳热流体丰富（Sun et al.，2013）。模型 D 的目的是测试青藏高原一侧是否存在一低黏度黏弹性通道，相较于模型 D 剖面所在的阿尔金碰撞造山带，该模型可能更适用于拉萨地块和羌塘地块内部缝合带。

4.3　海原断裂

长约 1000 km 的左旋走滑海原断裂系是青藏高原东北缘一条主要的边界断裂，其构造活动调节着青藏高原的东向挤出（Tapponnier et al.，2001；Gaudemer et al.，1995）（图 4.17）。

海原断裂系由 5 条断裂组成，自西向东分别为冷龙岭断裂、金强河断裂、毛毛山断裂、老虎山断裂和狭义海原断裂（本书中的海原断裂特指此处的狭义海原断裂），狭义海原断裂又进一步划分为海原断裂西段、海原断裂中段和海原断裂东段。沿海原断裂 20 世纪发生了两次强震，分别为 1920 年海原 M8 地震和 1927 年古浪 M8～8.3 地震，其中前者破裂了狭义海原

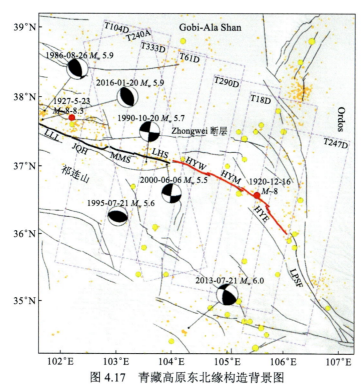

图 4.17　青藏高原东北缘构造背景图

红色线表示 1920 年海原 *M* 8 地震的地表破裂迹线；黑色粗线表示天祝地震空区；黑色细线表示区域次级断裂；橙色点表示
1970～2017 年发生于该区域震级小于 5 的地震（中国地震台网中心）；黄色圆圈表示从公元前 780 年至 1967 年震级大于 6 的
历史地震；黑色震源球表示该区域 1976～2018 年震级大于 5 的地震；紫色虚线框表示 InSAR 条带分布；LLL 表示冷龙岭断裂；
JQH 表示金强河断裂；MMS 表示毛毛山断裂；LHS 表示老虎山断裂；HYW 表示狭义海原断裂西段；HYM 表示狭义海原断
裂中段；HYE 表示狭义海原断裂东段；LPSF 表示六盘山断裂；HYF 表示海原断裂；LMSF 表示龙门山断裂；KLF 表示昆仑
断裂；XAZX 表示鲜水河–安宁河–则木河–小江断裂

断裂，地表破裂长约 240 km、断裂最大同震地表位错约 10 m（Zhang et al.，1987；Deng et al.，
1986）。在两次地震地表破裂带之间的冷龙岭、金强河、毛毛山和老虎山断裂数百年内并未发
生破裂，因此被称为"天祝地震空区"，尽管地貌学证据表明该空区在全新世曾发生过大地震
（Liu-Zeng et al.，2007；Gaudemer et al.，1995）。

　　近 30 年以来，许多学者采用 GPS 和 InSAR 技术来对海原断裂的现今构造活动进行监测
和研究，尽管不同学者所用的数据有所不同，但绝大部分结果厘定海原断裂的现今滑动速率
为约 5 mm/a（Li et al.，2018，2017，2016；Daout et al.，2016；Jolivet et al.，2013，2012；
Cavalié et al.，2008；Gan et al.，2007）。最近的研究强调了海原断裂系沿走向具有非均匀的
断裂闭锁深度（2～22 km）（Song et al.，2019；Li et al.，2017），并且发现在老虎山断裂东端
有一段长约 35 km 的浅层蠕滑段，其蠕滑速率与断裂滑动速率相当（Daout et al.，2016；Jolivet
et al.，2012；Cavalié et al.，2008）。

4.3.1　InSAR 与 GPS 揭示的断层形变特征

1. GPS 揭示的海原断裂形变特征

本小节研究采用的 GPS 数据主要有两个来源：中国地壳观测网和中国地震局地质研究所

地壳形变研究室加密布设的 21 个流动 GPS 观测站 2013～2017 年采集的数据。GPS 测站的建设、观测和数据处理不再赘述。需要说明的是，由于所用 GPS 数据大部分为流动观测，在数据处理中并未对其垂直向的速度进行估计。图 4.18 为处理获得的青藏高原东北缘 1999～2017 年 GPS 和 InSAR 形变场。

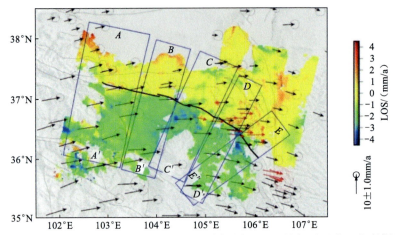

图 4.18　青藏高原东北缘 GPS 和 InSAR 形变场图（GPS 是相对于欧亚参考框架）
红色箭头表示加密观测 GPS 测站的速度；蓝色线框表示 GPS 剖面所在位置

首先采用二维弹性位错模型对平行于断裂走向的 GPS 速度进行拟合，其中剖面位置的选择与 GPS 点位密度和断裂分段有关（图 4.18）。

根据选取的 GPS 剖面，平行断裂的速度拟合结果如图 4.19 所示。可以看出，剖面拟合得到的断裂滑动速率从最西侧的 5.4±1.1 mm/a 降低到最东侧的 2.7±1.1 mm/a，沿断裂走向滑动速率降低这种趋势与前人的研究结果（Li et al.，2017，2009）一致。后验概率密度分布表示出两个特征。反演断裂滑动速率的精度达到 1 mm/a，而断裂闭锁深度并没有峰值，这与 GPS 点位分布稀疏是直接相关的。此外还可以看出，AA'、CC' 和 EE' 剖面所覆盖的断裂段是完全闭锁的，而 DD'（海原断裂东段）的速率剖面显示在跨海原断裂时，GPS 速度表现出明显的阶跃（约 2 mm/a）现象，且阶跃的值大于 GPS 的误差；沿该剖面在断裂两侧的两个 GPS 测站距断裂仅 1 km 远。因此，这种跨断层速度的阶跃很可能与断裂的浅层蠕滑有关。通过剖面反演，海原断裂东段的浅层蠕滑速率为 2.2±1.8 mm/a，约占该位置断裂滑动速率的 55%。还需要说明的是，尽管 BB' 剖面跨越老虎山断裂的浅层蠕滑段（Daout et al.，2016；Jolivet et al.，2013，2012；Cavalié et al.，2008），但现有的 GPS 测站过于稀疏而无法有效捕获其蠕滑信号。

2. GPS 和 InSAR 联合揭示的海原断裂浅层蠕滑特征

本小节采用的 InSAR 数据源于中国地震局地质研究所 Song 等（2019）提供的青藏高原东北缘覆盖海原断裂的 InSAR LOS 形变速率。Song 等（2019）处理了青藏高原东北缘跨海原断裂的 6 个轨道 Envisat ASAR 数据，时间跨度为 2003～2010 年；数据处理采用 ROI_PAC 软件，选择基线小于 200 m 的干涉对来构建干涉图，采用航天飞机雷达地形任务（shuttle radar topography mission，SRTM）数据去除地形的影响，干涉图的解缠采用支切法，解缠后的干涉图叠加以获取形变速率；其中，采用中分辨率成像光谱仪（medium resolution imaging spectrometer，MERIS）数据来进行大气延迟改正。图 4.20 所示为最终获取的 LOS 向形变速率图。

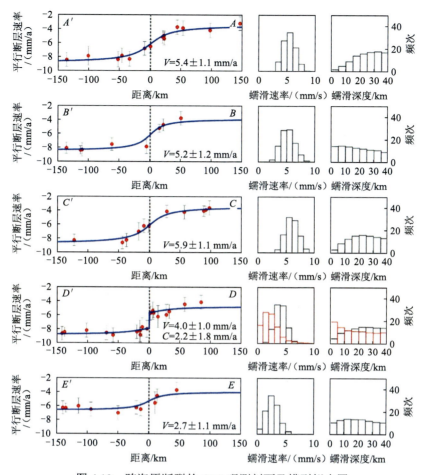

图 4.19 跨海原断裂的 GPS 观测剖面及模型拟合图

红色误差棒表示 GPS 观测值；蓝色曲线表示模型拟合值；右半侧图表示验后概率密度分布，
其中 DD′对应的红色直方图表示蠕滑速率和蠕滑深度

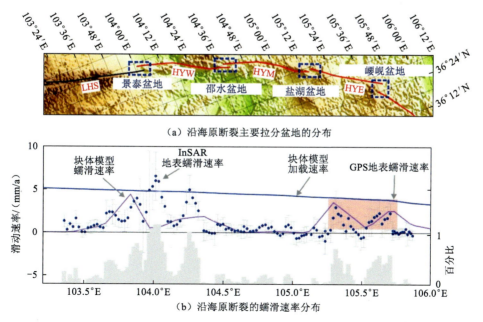

（a）沿海原断裂主要拉分盆地的分布

（b）沿海原断裂的蠕滑速率分布

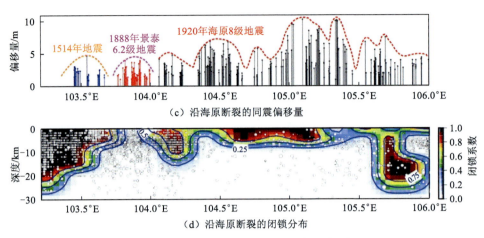

（c）沿海原断裂的同震偏移量

（d）沿海原断裂的闭锁分布

图 4.20　最终获取的 LOS 向形变速率图

（a）中 LHS 表示老虎山断裂；HYW 表示海原断裂西段；HYM 表示海原断裂中段；HYE 表示海原断裂东段；（b）中蓝色的点表示从 InSAR 数据导出的断裂蠕滑速率；浅红色背景的方框表示 GPS 剖面反演的蠕滑速率；蓝色线表示块体模型反演得到的海原断裂滑动速率；紫色线表示块体模型反演的断裂蠕滑速率；灰色直方图表示蠕滑速率与断层滑动速率的比值；（c）中黑色、红色和蓝色竖直点线分别表示 1920 年、1888 年和 1514 年地震的同震偏移量（Ren et al.，2016）；虚线表示地表位错的整体分布趋势；白色点表示 1965～2019 年震级大于 2 的地震

本小节使用 Wei 等（2013）提出的移除−滤波−恢复（remove-filter-restore）方法来融合 GPS 和 InSAR 数据。该方法假定 GPS 观测的速度场主要是长波长地壳水平形变信号，而 InSAR 观测的 LOS 向地壳形变场是长波长和短波长三维地壳形变场信号。该方法首先将 GPS 水平速度场进行插值，并投影至 LOS 向，随后从 InSAR 观测值中将该插值得到的 LOS 形变值减去，得到 LOS 向的残差；其次，利用高斯滤波器将 LOS 残差进行高通滤波，获得滤波之后的 LOS 形变；最后，将滤波之后的 LOS 形变场与 GPS 插值获得的 LOS 值相加，得到恢复后的 LOS 形变。该方法保证最后获取的 LOS 形变场与 GPS 在长波长域相符，且保留了 InSAR 观测值中短波长信息（如蠕滑信号）。

获得融合后的 InSAR LOS 形变场，就可以计算沿断层走向的蠕滑速率分布。采用跨断裂 1 km、平行断裂 2 km 的移动窗口，计算 LOS 向形变量在跨断裂时的阶跃值；如果断裂表现为明显的蠕滑现象，那么该阶跃值明显大于 0，反之则在 0 附近。

图 4.20（b）展示了利用 GPS 和 InSAR 数据计算获取的沿断裂的蠕滑速率分布，该结果有 4 个主要特点：①沿老虎山断裂（103.6°E～103.9°E）有长约 30 km、蠕滑速率为 2～5 mm/a 的浅层蠕滑；②老虎山断裂与海原断裂西段交汇处（约 104°E）表现出明显的形变不连续（阶跃），但并不能肯定该处的形变阶跃是断裂浅层蠕滑的表现，这是由于此处正好是景泰拉分盆地，盆地的下沉可能会导致 LOS 向形变出现阶跃（国家地震局地质研究所，1990），因此，下文中不再对其进行讨论；③海原断裂西段（104.2°E～104.3°E）表现出明显的形变阶跃，蠕滑速率为 3～5 mm/a、长约 10 km，尽管在该段南侧 3～7 km 处有一明显的沉降区（图 4.18），但这并没有影响结果；④海原断裂东段（105.3°E～105.7°E）也表现出明显的蠕滑，其速率为 1～3 mm/a，蠕滑长度沿断层约 43 km，且 InSAR 导出的断裂蠕滑速率与 GPS 剖面反演得到的蠕滑速率结果相互重叠。总结来说，本小节的结果验证了前人认为的老虎山断裂蠕滑现象，同时，在沿海原断裂新发现两处浅层蠕滑段落，其蠕滑速率为 1～5 mm/a。

4.3.2 断层闭锁与 1920 年海原大地震关系

联合 GPS 和 InSAR 观测，使用三维弹性块体模型来反演断层面的闭锁分布。参考前人结果，将青藏高原东北缘划分为 4 个弹性块体（图 4.20）；设置海原断裂为直立断裂（子块大小为沿走向 5 km、倾向 1 km）、六盘山断裂倾角为 45°；在反演模型中，没有设置任何平滑因子以防止断裂上可能的蠕滑信息被平滑；GPS 和 InSAR 的权重设置为 1∶1。

图 4.20（d）和图 4.21 分别展示了块体模型的反演结果。从图 4.21 中可以看出，海原断裂以左旋走滑运动为主，断裂滑动速率为 4～5 mm/a 且向东递减；断裂存在少量的逆冲分量（0～0.5 mm/a）；该结果与前人研究的地质学（Li et al.，2009）和大地测量学（Li et al.，2018，2017）的结果是一致的。图 4.22 分别展示了观测值、模拟值和残差分布，可以看出块体模型能够很好地拟合该区域的 GPS 和 InSAR 观测结果。

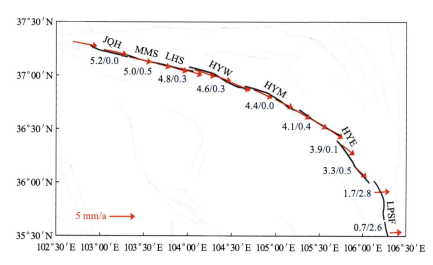

图 4.21　块体模型反演的海原断裂滑动速率

黑色数字表示断裂走滑速率；蓝色数字表示断裂逆冲速率；JQH 表示金强河断裂；MMS 表示毛毛山断裂；LHS 表示

老虎山断裂；HYW 表示海原断裂西段；HYM 表示海原断裂中段；HYE 表示海原断裂东段；LPSF 表示六盘山断裂

图 4.20（d）为 GPS、InSAR 联合反演得到的精细化的海原断裂震间闭锁分布，该结果表现了沿断裂走向强烈不均匀的闭锁分布，既包含强耦合区域又包含闭锁系数较低的段落。该结果反映出沿海原断裂可能存在 4 个凹凸体：①老虎山断裂凹凸体，横向长度最少为 50 km、深度约为 20 km；②海原断裂西段凹凸体，其横向长度约为 40 km、深度约为 15 km；③海原断裂中段凹凸体，其深度仅为约 10 km，沿断裂长约 70 km；④海原断裂东段凹凸体，长约 40 km，深度为 5～25 km。此外，分割凹凸体的段落表现为弱闭锁甚至蠕滑，正好与利用 InSAR 数据计算的地表蠕滑段相重合，在下文中将对其进行更深入的讨论。

三维弹性块体模型反演和 InSAR 数据计算结果均表明，海原断裂西段（104.2°E～104.3°E）和海原断裂东段（105.3°E～105.7°E）存在浅层蠕滑的现象（图 4.22）。注意到在沿海原断裂西段，InSAR 数据计算的蠕滑速率与块体模型反演得到的蠕滑速率存在一些差别，这可能是块体模型会涂抹并掩盖一些更局部的蠕变信号；而在海原断裂东段，GPS 速度剖面反演结果也证实了断裂浅层蠕滑的存在。

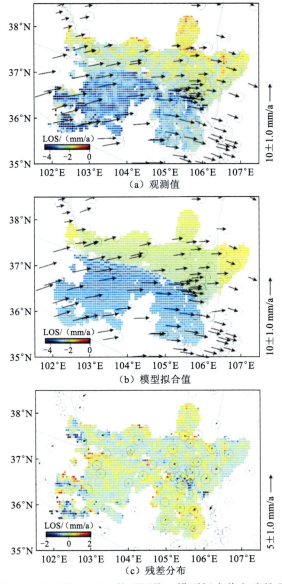

图 4.22　GPS 和 InSAR 的观测值、模型拟合值和残差分布

　　为进一步探讨海原断裂的蠕滑机制与 1920 年海原 M 8 大地震可能存在的联系，图 4.22（c）展示了野外调查获得的 1920 年海原大地震造成的地表位错。首先注意到，拉分盆地所在位置对应的地表位错量相对较小，这是预料之中的；此外，海原断裂西段蠕滑的位置（104.2°E～104.3°E）也表现为相对较低的地表位错量，尽管海原断裂东段蠕滑的位置（105.3°E～105.7°E）与相对较低的地表位错段（105.4°E～105.6°E）部分重叠，但同震位错沿断裂走向跨越该蠕滑段时表现为迅速降低。上述结果表明，尽管海原断裂现在的浅层蠕滑没有完全与 1920 年海原大地震的位错形成互补，但两者之间可能存在一定的关联。

　　从定量的角度来看，海原断裂西段蠕滑段在 1920 年海原大地震中位错量为 3 m，海原断裂东段蠕滑段发生了近 10 m 的地表位错[图 4.22（c）]，这也就意味着 1920 年海原大地震能够破裂原有的浅层蠕滑段，或者大地震之后断裂表现出非均匀的重新闭锁，即蠕滑在断裂的某些段落持续数十年。下面对这两种可能性进行讨论。

（1）假如海原断裂西段和东段的浅层蠕滑现象是 1920 年海原大地震持久性的震后余滑。通过简单计算来讨论蠕滑段在 1920 年地震时的滑动亏损，该计算的基本假设是地震破裂在某一段或者短距离内不会发生很大的变化。在海原断裂西段，1920 年大地震造成的地表位错分别为约 2.6 m（104.1°E～104.2°E）、约 2.0 m（104.2°E～104.3°E）和约 3.6 m（104.3°E～104.4°E），也就意味着海原断裂西段蠕滑段的同震滑动亏损约为 1.1 m；同理，计算得到海原断裂东段蠕滑段的同震滑动亏损约为 1.2 m。已有研究表明对于走滑型地震（$M>7$），断裂的破裂量由于浅层亏损的效应，在地表会降低 3%～18%。按照最大亏损比例来计算，可以预计约 1.3 m 和约 1.4 m 的同震滑动亏损发生在海原断裂西段和东段的蠕滑段。那么，震后余滑能够释放如此多的滑动亏损吗？注意到，在研究程度相对较高的走滑型地震中，1999 年 M_w 7.6 地震在震后前 15 个月的余滑量为 0.5 m（Yu et al.，2003）；2004 年 Parkfield M_w 6 地震在震后前两年产生的余滑量为 0.1～0.15 m（Freed，2007）；而 Perfettini 和 Avoual（2007）的研究结果表明，1992 年 Landers M_w 7.3 地震在震后 6 年内的余滑量达到 1.4 m；更令人惊讶的是，1999 Izmit-Düzce 地震序列（$M=7.4$ 和 $M=7.2$）在震后 6.5 年在断层面上的余滑量为 2～3.8 m（Ergintav et al.，2009）。由此看来，本小节对上述的猜测是可能的。

最有意思的问题是何种机制控制了海原断裂震后的余滑持续了近 100 年？已发表的研究成果表明，1944 年在 NAF Ismetpasa 段发生的 Bolu/Gerede M_w 7.4 地震，其震后余滑可能持续高达 50～70 年（Cetin et al.，2014；Ozener et al.，2013；Cakir et al.，2005），由此看来，海原断裂持久性的震后余滑现象并不是特例，而断裂面的摩擦属性可能是导致海原大地震后余滑衰减的周期远大于普通地震震后余滑的原因。

（2）海原断裂的浅层蠕滑是长期存在的，同时，大地震能够破裂该蠕滑区域。事实上，岩石物理实验（Kohli et al.，2011）和数值模拟（Weng and Ampuero，2019）结果均证明地震破裂在一定条件下能够穿越蠕滑区域。这种情景下，计算得到的约 1 m 和约 1.7 m 的跨蠕滑段位错减小量归因于蠕滑区域能够吸收或降低破裂传播的能量。

针对上述两种假说，目前的数据仍不能对其进行区分。今后，开展长时间序列的 InSAR 观测、蠕滑速率的时序变化分析，会对上述的问题进行澄清和厘定。

4.3.3　地震危险性分析

本小节重点关注基于 GPS 和 InSAR 联合反演得到的海原断裂 4 个凹凸体积累应变能量及可能发生的地震破裂情景。假定海原断裂的现今闭锁特征能够代表数个地震周期内的凹凸体分布，计算得到老虎山断裂、海原断裂西段、海原断裂中段和海原断裂东段凹凸体的地震矩积累率分别为 $2.36×10^{16}$ N·m/a、$1.27×10^{16}$ N·m/a、$9.14×10^{15}$ N·m/a 和 $2.03×10^{16}$ N·m/a。假定海原断裂系 1092 年的大地震（$M>8$）（Liu-Zeng et al.，2007）释放了老虎山断裂所有的积累能量，而 1514 年该段的地震假定为 M_w 6.0～6.5，此时计算得到老虎山断裂现今累计的地震矩为 $(1.56～2.08)×10^{19}$ N·m；这也就意味着老虎山断裂累积的能量能够在一次 M_w 6.8～6.9 的地震中进行释放。同样，假定 1920 年海原 $M8$ 大地震释放了海原断裂原有的弹性能量，可以计算得到海原断裂由西到东三个凹凸体地震矩累积为 $1.25×10^{18}$ N·m、$9.05×10^{17}$ N·m 和 $2.0×10^{18}$ N·m，其分别等效于 M_w 6.0、M_w 5.9 和 M_w 6.2 地震释放的能量。上述凹凸体的地震潜能有可能被高估了，这是由于断裂的闭锁在大地震之后会发生有一定的愈合过程。尽管距离 1920 年海原大地震仅约 100 年，上述计算强调了在海原县城所毗邻的海原断裂东段具有较高的地震危险性。

在上述的讨论中，浅层蠕滑段或拉分盆地可能会作为障碍体阻碍地震破裂的传播，因此，海原断裂不均匀的凹凸体分布凸显了以后地震可能会出现的部分段落破裂或者联级破裂。具体来讲，海原断裂在以后的地震中可能会发生震级 M_w 5.9～6.3 的地震，这取决于三个凹凸体破裂的组合。实际上，古地震研究已经报道了沿海原断裂层发生过中等地震（$M6$～7）（Liu-Zeng et al.，2015），这印证了上述的推断。更进一步来讲，如果假定海原断裂三个凹凸体完全闭锁至 15 km，其组合破裂可以产生震级为 7.3～7.7 的地震，这种联级破裂可能正是1920 年海原大地震的情景。上述的推论也为古地震研究和地貌学研究提出了更多挑战，尤其在识别由中等震级地震产生的地表破裂、地貌点偏移量等方面；反过来，对依靠古地震和地貌学等方式评估区域地震危险性的研究带来了更多的不确定性和挑战（Liu-Zeng et al.，2015，2007）。

4.4 则木河和大凉山断裂

以安宁河断裂、则木河断裂、大凉山断裂这三条左旋走滑为主的断裂共同构成了鲜水河-小江断裂系的中段。从安宁河断裂到则木河断裂带再到小江断裂带，主干断裂的走向发生了两次转折变化，西昌和宁南-巧家两个转折部位均形成了拉张局部断陷区，用于调节水平运动（闻学泽，2000；阚荣举 等，1977）。地质研究结果（何宏林 等，2008；He et al.，2008）和GNSS 观测（Wang and Shen，2020）都显示，大凉山断裂带吸收了鲜水河断裂带与安宁河断裂带之间的部分总位移亏损。则木河断裂伴随有正倾的分量（Zhang，2013；He et al.，2008），具有拉张特性，对应速率大约为 2 mm/a（Zhang，2013）。联合水准资料和 GNSS 形变资料，Hao 等（2014）认为则木河断裂拉张速率为 1.6 mm/a，大凉山断裂对应的汇聚速率是 2.6 mm/a。安宁河断裂带和大凉山断裂都发育逆冲分支（He et al.，2008；裴锡瑜 等，1998），如大凉山断裂带的越西段。陈桂华等（2008）研究认为安宁河断裂带和大凉山断裂带在横向上从深部向浅部还可分解为走滑断裂和逆冲断裂，分别形成叠瓦状的斜滑断裂组合，在深部韧性滑脱带组成统一的斜滑断裂。由于两条断裂各自强度差异的变化，区域应变主要分配在断裂间的小相岭块体（刘晓霞，2017）。Wang 等（2008）基于水准资料发现安宁河断裂带和大凉山断裂带之间的块体上有明显的现今隆起变形，相对于四川盆地的隆起速率为 2.5～3.0 mm/a。何宏林等（2008）通过地质地貌研究发现大凉山北段位错是南段的三倍，这种位错亏损一方面可能由于大凉山中段还没有贯穿；另一方面可能通过其他形式的构造活动（如地壳缩短或者造山运动）进行的补偿。该地形复杂且起伏大，地表植被覆盖茂密，虽然覆盖有一定量的 GNSS和水准观测，但空间密度偏低。走滑断裂以近南北走向为主，给 InSAR 震间形变研究也带来了极大的挑战。由于历史星载 SAR 卫星误差影响大，以及受到 InSAR 技术发展水平的限制，已发表的鲜水河-小江断裂系的 InSAR 研究成果集中在南北 120° 左右走向的鲜水河断裂（Yueand Roland，2019；Zhang et al.，2019；许才军 等，2012；Jiang et al.，2010；Wang et al.，2009），而安宁河断裂、则木河断裂、大凉山断裂等开展的 InSAR 构造形变应用研究相对有限。

则木河和大凉山断裂地区地形起伏剧烈，受人类活动影响大且滑坡分布丰富。区域内虽然具有一定密度的 GNSS 站点分布，但是由于近场形变 GNSS 点位密度稀疏，空间分辨率不够，所以加入星载 InSAR 可以更好地观测该地区的震间近场形变。考虑区域厚植被覆盖特点，且 L 波段更能够维持长期的相干性，本节采用 ALOS-2（L 波段）SAR 数据，以保障该地区的长期时间相干性。值得注意的是，L 波段数据波长约 23 cm，观测尺度相对波长约 5.4 cm 的 C 波段数据要粗，在同等时间数据积累量的前提下，对构造信号的敏感度略低，因此需要对误差等非构造形变信号进行更加精确的改正。例如，改正大气对流层和电离层的强烈影响以保障震间微小形变的观测质量。本节采用 2015～2020 年共计 11 个时间点的 ALOS2 PALSAR2（P2）超精细（ultra-fine）条带模式（stripmap）SAR 数据集，每个时间点获取 3 个标准景卫星数据，大致覆盖了大凉山断裂带的越西至巧家段和则木河断裂带西昌以东至巧家的走滑断层（图 4.23）。本节使用 Wang 和 Shen（2020）的 GPS 水平速率场和 Hao 等（2014）得到的精密水准测量的地壳垂直速度场进行后续的评价与定量分析。首先构成小空间基线-长时间基线的像对组合，对各个差分干涉图分别改正大气电离层和大气对流层误差；再采用小基线集（SBAS）方法进行形变速率场的重建；最后通过建模与反演确定主要段落的滑动速率，并讨论断层形变分配模式与机制。

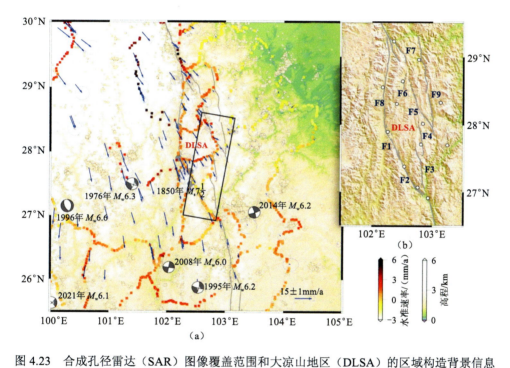

（a）

（b）

图 4.23　合成孔径雷达（SAR）图像覆盖范围和大凉山地区（DLSA）的区域构造背景信息

（a）中黑色方框表示 SAR 图像覆盖范围；蓝色矢量表示 GPS 速率场（Xu and Stamps，2019）；沙滩球表示 1976 年后的 6 个地震事件的震源解（全球质心矩张量[CMT]；$M_w \geqslant 6.0$）；灰色点表示发生在安宁河断裂-则木河断裂上 $M_w \geqslant 6.0$ 的历史地震；灰色粗线代表鲜水河-小江断裂系（XXFS）（Sun et al.，2019；王虎 等，2018；Wang et al.，2017；任治坤，2007）；浅灰细线标示区域性活动断层（徐锡伟 等，2016）；淡米色点表示 2009～2020 年地区地震活动（$M_s \geqslant 2.0$）的重定位结果（祁玉萍 等，2021）。（b）中显示了研究区域的区域地形和县名；白色点与黑色文本结合表示县名，粗体棕色文本表示山脉名称；F1～F9 表示大凉山地区内的主要断层段，其中 F1 和 F2 属于则木河断层，F3～F7 属于大凉山断层（F1：西昌-普格段；F2：普格-宁南段；F3：交际河段；F4：布拖段；F5：普雄河段；F6：越西段；F7：竹马段；F8：安宁河断层；F9：竹河-甘洛断裂）

4.4.1 L 波段 InSAR 震间形变速率场提取

1. 生成差分干涉图时间序列

为了提高干涉图像中的位移信噪比（signal-to-noise ratio，SNR），选择时间基线（B_t）大于 330 天的干涉对，并将垂直基线（$B_\perp$）限制在小于 250 m 以加强干涉相位中位移信号的信噪比。本小节共处理 36 个干涉图像，并保证每个 SAR 影像节点通过冗余干涉对连接。处理过的 ALOS2 大气校正干涉对示例如图 4.24 所示。对于 ALOS2 卫星数据，仅对时间基线做出限制。为了保证相干性（Meyer and Gong，2016）并减少不同季节的大气差异影响，加入同季节跨年度像对，共形成 36 个差分干涉像对。对所选干涉相对采用常规的差分干涉处理（Hanssen，2001），其中使用 90 m SRTM 数字高程模型（Rodriguez et al.，2005）去除地形相位贡献。对每个单独的干涉图应用最小费用流（minimum cost flow，MCF）方法（Werner et al.，2002；Costantini，1998）进行相位解缠，采用人工检查以确保解缠质量。

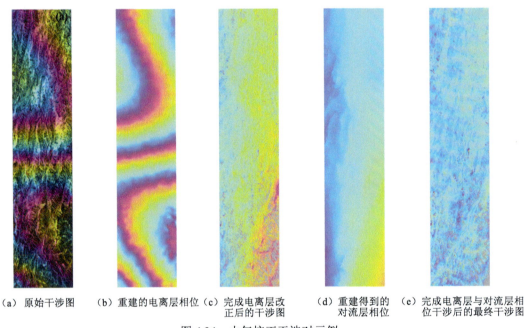

（a）原始干涉图　（b）重建的电离层相位（c）完成电离层改正后的干涉图　（d）重建得到的对流层相位　（e）完成电离层与对流层相位干涉后的最终干涉图

图 4.24　大气校正干涉对示例

干涉像对时间为 2016 年 1 月 2 日～2018 年 1 月 13 日

2. 电离层信号的改正

L 波段干涉图中电离层信号量级较大，因此首先要对电离层信号进行改正。由于电离层等离子体变化在空间上呈现中长信号特征，易与构造形变耦合，在以往的研究中往往被误认为轨道误差，常采用多项式的方式进行建模和改正。但是，一方面构造形变信号的存在，影响了多项式参数估计的准确性并造成形变的误改正；另一方面多项式模型并不能够完全描述电离层信号的空间特征，导致电离层信号改正效果不好。因此，本小节采用子带分割的方式（Liang et al.，2018；Liao et al.，2018；Gomba et al.，2017；Liang and Fielding，2017；Gomba et al.，2015；Bamler and Eineder，2005；Bamler and Eineder，2004）重建每个干涉像对的电离层影响，避免与断层运动信号混淆。电离层信号建模后，将其从缠绕的差分干涉图中间减掉，并重新进行相位解缠。

在此基础上，本小节采用改进的分层大气信号与地形之间经验模型（线性模型）的方法进行对流层信号的改正（Gong et al.，2022），首先用区域平均分割的方式将影像进行空间分割，再求解地形与分层信号模型参数进而重建对流层分层信号影响。为了避免由形变信号导致的过拟合，用 GNSS 形变速率场或者是物理模型模拟形变先进行补偿，再进行估算和大气信号的重建。从所有干涉图进行信号改正前后的标准差情况来看，其中的大气误差（电离层和对流层信号）基本都得到了有效改正。图 4.24 为进行电离层和对流层相位改正的示例。

对所有改正后的解缠干涉图进行小基线时间序列分析处理（Schmidt and Burgmann，2003），最终求解得到区域平均形变速率场。将该结果与 GNSS 水平速率场和水准垂直位移场联合的卫星 LOS 向结果进行比较，InSAR 精度达到约 2 mm/a，成功实现了该地区的 InSAR 震间形变观测（图 4.25）。值得注意的是，考虑安宁河断裂与大凉山断裂的左旋走滑运动都是近南北向的，投影至卫星视线向后形变信号较小，InSAR 观测中的主导信号是垂直方向的形变及部分东西向速率的变化。由图 4.25 可见该区域的垂向位移并不小，也可见该区域活动断裂运动的复杂程度。

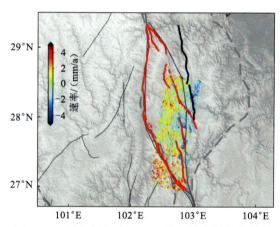

图 4.25 大凉山地区 InSAR 形变速率场最终结果

红色粗折线表示安宁河断裂、则木河断裂和大凉山断裂；黑色虚线框表示滑动速率反演中的分组区域

4.4.2 主要段落滑动速率反演

本小节基于矩形断层设置和均匀滑动假设，采用模拟退火算法定量反演断层运动学参数，确定主要段落的滑动速率、闭锁深度、倾角和滑动角。研究区活动断层分布特别密集，尤其是则木河断裂东南端和大凉山断裂交际河段距离较近，定量反演需要综合考虑多条断裂间的相互影响。但是，考虑定量反演中引入大量的未知参数，其中部分参数的耦合会导致反演计算的失败，设计分两组对研究区的主要活动段落进行定量反演。第一组，由则木河断裂和大凉山断裂的布拖段和交际河段组成，主要位于 SAR 影像覆盖区域的南部[大致范围如图 4.26（a）中红色框所示]；第二组，由大凉山断裂普雄河断裂东南段和雄河断裂西北段组成，主要覆盖了 SAR 影像区域的北部。

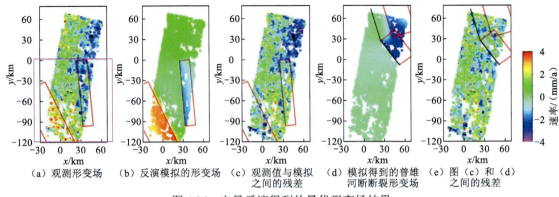

（a）观测形变场　（b）反演模拟的形变场　（c）观测值与模拟　（d）模拟得到的普雄　（e）图（c）和（d）
　　　　　　　　　　　　　　　　　之间的残差　　河断断裂形变场　　之间的残差

图 4.26　定量反演得到的最优形变场结果

（a）～（c）为第一组反演结果（则木河断裂和大凉山断裂的布拖段和交际河段），其中（a）中紫红色方框为
第一组反演大致区域；（d）～（e）为第二组反演结果

在反演计算中，以上断裂的地表的迹线采用了地质调查的研究结果。通过评估 InSAR 形变场的空间特征，并根据文献总结以及测试反演，确定则木河断裂为西南倾角，大凉山断裂所涉段落为东北倾向。此外，将大凉山断裂的布拖段和交际河段线性化为一条直线（以下称为大凉山断裂南段），以简化反演模型。通过采样待反演参数的初始值空间，采用蒙特卡罗方法进行大量重复计算，基于统计结果分析参数估计的不确定性，进而量化未知参数的误差空间及其概率分布特征。反演得到的最优形变场结果如图 4.26 所示，最优解算结果列于表 4.1。

表 4.1　反演中各未知参数的上下限及最优解算结果

组号	段落	倾角 /（°）	滑动倾角 /（°）	滑动速率 /（mm/a）	上部深度 /km	下部深度 /km	偏移量 /（mm/a）
1	ZMHF	(20, 90) 22.23±2.12	(0, 90) 70.99±32.57	(0, 10) 5.06±0.99	(0, 15) 2.83±0.84	(15, 30) 17.83±2.96	(-1, 1) 0.80±0.071
	DLSF-S	(20, 90) 63.50±2.31	(-90, 0) -90.00*	(0, 10) 4.93±0.40	(0, 15) 0.02±0.36	(15, 30) 30.00*	
2	PXH-E	(20, 90) 45.99±1.36	(-90, 0) -68.75±1.68	(0, 10) 5.57±0.64	(0, 15) 0.25±1.54	(15, 30) 26.05±1.39	—
	PXH-W	(20, 90) 29.66±1.29	(0, 90) -40.88±4.76	(0, 10) 9.94±4.76	(0, 15) 10.48±0.63	(15, 30) 29.93±0.52	

注：ZMHF 为则木河断裂；DLSF-S 为大凉山断裂布拖段和交际河段；PXH-W 为大凉山断裂普雄河段西段；PXH-E 为大凉山断裂普雄河段东段；*为未得到有效约束的未知数。

根据第一组反演结果，ZMHF 的滑动倾角反演结果存在很大的不确定性；此外，模型也无法确定 DLSF-S 的滑动倾角和滑动面下边界深度（表 4.1）。约束效果欠佳，可能是由于卫星 InSAR 测量南北向运动能力较弱（Wright et al.，2004），并且可能与 DLSF-S 东北侧的空间覆盖范围有限有关。尽管如此，可以根据 ZMHF 主要为左旋滑动的先验知识来约束滑动倾角。具体来说，反演结果显示 ZMHF 的滑动速率为 5.06±0.99 mm/a，滑动倾角为 70.99°±32.57°。考虑 ZMHF 的左旋走滑特点，取一个接近其上限约为 38.42° 的滑动倾角，对应 ZMHF 的走滑速率约为 3.96±0.88 mm/a，与 Hao 等（2014）和 Wang 等（2016）报道的 4.1～4.4 mm/a

走滑速率接近。因此，本小节更倾向于将 ZMHF 的滑动倾角设为约 38.42°。采用类似的方法对 DLSF-S 进行约束。前人研究认为大凉山断裂左旋走滑速率为 3.7±0.5 mm/a（Hao et al.，2014）或 3.3±0.7 mm/a（Xu et al.，2003），本小节得到的 DLSF-S 的总滑动速率为 4.93±0.40 mm/a。在这种情况下，DLSF-S 的滑动倾角为-48°～-41°。此外，结果显示大凉山断裂普雄河断裂西段的闭锁深度较深（约 10.5 km）；但是，总体普雄河断裂东西两段的约束效果比较有限，主要原因可能是 SAR 数据对大凉山断裂东侧覆盖面积不够，且该段落东侧还存在其他活动断裂（滑动情况和性质均未知）。

最后，对反演得到的三维形变场采用 GNSS 和水准测量进行验证，结果显示采用本小节得到的最优断层参数能够较好地模拟区域三维形变。研究发现则木河断裂西南侧存在一定量的缩短与隆起，该段落的走滑速率约为 4 mm/a；大凉山断裂走滑速率为 3～4 mm/a。

4.4.3 区域断层形变分配模式与机制

本小节联合 GNSS 和 InSAR 观测解算区域应变率场（Wang and Wright，2012）。首先对 InSAR 形变速率场数据进行降采样（采样间隔为 0.02°）。考虑前述 InSAR 速率场与 GNSS 和水准速率比较结果，设定 InSAR 最小不确定度为 2 mm/a，以便于进行空间加权。最终的结果如图 4.27 所示。

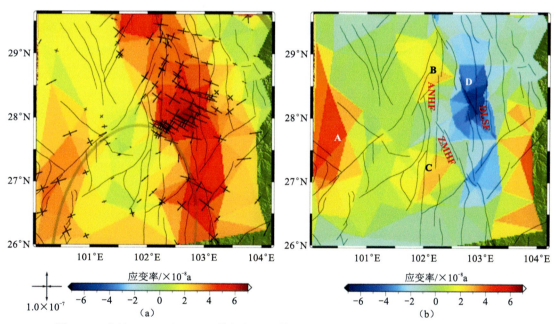

图 4.27　合并 InSAR 和 GNSS 数据得出的剪切（A、C）和面膨胀（B、D）应变率场

黑线表示活动断层；（a）中浅灰色曲线将峨眉山大型火成岩省（ELIP）的内部、中间和外部区域分开（Xu et al.，2015；He et al.，2003）；ANHF 表示安宁河断裂；DLSF 表示大凉山断裂；ZMHF 表示则木河断裂

图 4.27 显示，大凉山断裂中部受到强烈的剪切和挤压应变影响；则木河断裂与昔格达断裂周边区域（B）、安宁河断裂北端往西（C）受到一定拉张应变影响。整个大凉山地区受到分布式剪切应变的影响，表明 ANHF、ZMHF 和 DLSF 共同分担了左旋剪切应变（Wang and Shen，2020）。区域 A（26°N～28°N 和 100°E）分布有一系列正断层活动，可能与重力驱

动力相关（Copley，2008）。Hao 等（2016）讨论了该区域 GPS 速度模式与峨眉山大型火成岩省（ELIP）的潜在联系，认为在 ELIP 内带的北部［图 4.27（a）］，朝东南方向分布的 GNSS 速度场旋转较少；然而，在内带的西部则转为顺时针旋转。ELIP 是一个古老的、广泛分布于四川-云南地区的火山体，其厚度与整个上地壳相当（20～30 km）（Xu et al.，2004）。根据速度结构反演，Guo 等（2017）认为，ELIP 的古岩浆活动会改变地壳强度，对地壳流动产生阻滞作用。如图 4.27（a）所示，DLSA 处于 ELIP 内带和中带的过渡区，在一定程度上可能受到 ELIP 相关的横向强度差异的控制。

通过本小节研究可认为，大凉山断裂中部存在比较强烈且复杂的变形，则木河断裂可能具有多个分支断裂。大凉山地区位于川滇块体东边界中段（安宁河-则木河断裂、大凉山断裂），受到多种动力来源影响，北部区域主要受控于板块汇聚，往南还需考虑重力势能控制因素，则木河断裂位于峨眉山大火成岩省内带向中带过渡的区域。而峨眉山大型火成岩省提高了不同深度层次的耦合程度，应考虑其产生的阻滞作用，相关的讨论也对该地区的研究带来了新的启发。

参 考 文 献

陈桂华，徐锡伟，闻学泽，等，2008. 川滇块体北-东边界活动构造带运动学转换与变形分解作用. 地震地质(1): 58-85.

国家地震局阿尔金活动断裂带课题组，1992. 阿尔金活动断裂带: 中国活断层研究专辑. 北京: 地震出版社.

国家地震局地质研究所,1990. 海原活动断裂带. 北京: 地震出版社.

何宏林，池田安隆，何玉林，等，2008. 新生的大凉山断裂带: 鲜水河-小江断裂系中段的裁弯取直. 中国科学(D 辑): 地球科学, 38(5): 564-574.

阚荣举，张四昌，晏凤桐，等，1977. 我国西南地区现代构造应力场与现代构造活动特征的探讨. 地球物理学报, 20(2): 96-109.

刘晓霞，2017. 川滇块体东边界中段主要断裂及龙门山断裂带南段震间变形状态研究. 北京: 中国地震局地质研究所.

裴锡瑜，王新民，张成贵，1998. 晚第四纪安宁河活断裂分段的基本特征. 四川地震(4): 52-61.

祁玉萍，龙锋，林圣杰，等，2021. 南北地震带中段及周边中强地震序列类型的特征. 地震地质, 43(1): 177-196.

任治坤，2007. 则木河断裂带古地震研究. 北京: 中国地震局地震预测研究所.

石耀霖，朱守彪，2006. 用 GPS 位移资料计算应变方法的讨论. 大地测量与地球动力学(1): 1-8.

王虎，冉勇康，陈立春，等，2018. 安宁河断裂带南段滑动速率估计. 地震地质, 40(5): 967-979.

闻学泽，2000. 四川西部鲜水河-安宁河-则木河断裂带的地震破裂分段特征. 地震地质(3): 239-249.

徐锡伟，韩竹军，杨晓平，等，2016. 中国及邻区地震构造图. 北京: 地震出版社.

许才军，何平，温扬茂，等，2012. 利用 CR-InSAR 技术研究鲜水河断层地壳形变. 武汉大学学报(信息科学版), 37(3): 302-305.

赵静，江在森，武艳强，等，2012. 汶川地震前龙门山断裂带闭锁程度和滑动亏损分布研究. 地球物理学报, 55(9): 2963-2972.

Aktuğ B, Doğru A, Özener H, et al., 2015. Slip rates and locking depth variation along central and easternmost segments of North Anatolian Fault. Geophysical Journal International, 202: 2133-2149.

Bai D, Unsworth M J, Meju M A, et al., 2010. Crustal deformation of the eastern Tibetan plateau revealed by magnetotelluric imaging. Nature Geoscience, 3: 358-362.

Bamler R, Eineder M, 2004. Split band interferometry versus absolute ranging with wideband SAR systems// IEEE International Geoscience and Remote Sensing Symposium, Alaska.

Bamler R, Eineder M, 2005. Accuracy of differential shift estimation by correlation and split-bandwidth interferometry for wideband and delta-k SAR systems. IEEE Geoscience and Remote Sensing Letters, 2(2): 151-155.

Cakir Z, Akoglu A M, Belabbes S, et al., 2005. Creeping along the Ismetpasa section of the North Anatolian fault (Western Turkey): Rate and extent from InSAR. Earth and Planetary Science Letters, 238(1/2): 225-234.

Cavalié O, Lasserre C, Doin M P, et al., 2008. Measurement of interseismic strain across the Haiyuan fault (Gansu, China), by InSAR. Earth and Planetary Science Letters, 275(3/4): 246-257.

Cetin E, Cakir Z, Meghraoui M, et al., 2014. Extent and distribution of aseismic slip on the Ismetpaşa segment of the North Anatolian Fault (Turkey) from Persistent Scatterer InSAR. Geochemistry, Geophysics, Geosystems, 15(7): 2883-2894.

Chang Y C, 2008. A Study on Active Tectonics in the Yuexi Basin (in Chinese), Institute of Geology. Beijing: China Earthquake Administration.

Chen B, Chen C, Kaban M K, et al., 2013. Variations of the effective elastic thickness over China and surroundings and their relation to the lithosphere dynamics. Earth and Planetary Science Letters, 363: 61-72.

Chen B, Liu J, Chen C, et al., 2015. Elastic thickness of the Himalayan-Tibetan orogen estimated from the fan wavelet coherence method, and its implications for lithospheric structure. Earth and Planetary Science Letters, 409: 1-14.

Chéry J, 2008. Geodetic strain across the San Andreas fault reflects elastic plate thickness variations (rather than fault slip rate). Earth and Planetary Science Letters, 269: 352-365.

Copley A, 2008. Kinematics and dynamics of the southeastern margin of the Tibetan Plateau. Geophysical Journal International, 174(3): 1081-1100.

Costantini M, 1998. A novel phase unwrapping method based on network programming. IEEE Transactions on Geoscience and Remote Sensing, 36(3): 813-821.

Daout S, Jolivet R, Lasserre C, et al., 2016. Along-strike variations of the partitioning of convergence across the Haiyuan fault system detected by InSAR. Geophysical Journal International, 205(1): 536-547.

Deng Q, Chen S, Song F, et al., 1986. Variations in the geometry and amount of slip on the Haiyuan (Nanxihaushan) fault zone, China, and the surface rupture of the 1920 Haiyuan earthquake. Earthquake Source Mechanics, 37: 169-182.

Devries P M R, Meade B J, 2013. Earthquake cycle deformation in the Tibetan plateau with a weak mid-crustal layer. Journal of Geophysical Research: Solid Earth, 118: 3101-3111.

Elliott J R, Biggs J, Parsons B, et al., 2008. InSAR slip rate determination on the Altyn Tagh Fault, northern Tibet, in the presence of topographically correlated atmospheric delays. Geophysical Research Letters, 35(12): 1-5.

England P, Molnar P, 1997. The field of crustal velocity in Asia calculated from Quaternary rates of slip on faults. Geophysical Journal International, 130(3): 551-582.

England P, Molnar P, 2005. Late Quaternary to decadal velocity fields in Asia. Journal of Geophysical Research: Solid Earth, 110: 1312401.

Ergintav S, McClusky S, Hearn E, et al., 2009. Seven years of postseismic deformation following the 1999, M=7.4

and *M*= 7.2, Izmit-Düzce, Turkey earthquake sequence. Journal of Geophysical Research: Solid Earth, 114: B07403.

Fay N P, Humphreys E D, 2005. Fault slip rates, effects of elastic heterogeneity on geodetic data, and the strength of the lower crust in the Salton Trough region, southern California. Journal Geophysical Research: Solid Earth, 110: 1-14.

Fialko Y, 2006. Interseismic strain accumulation and the earthquake potential on the Southern San Andreas fault system. Nature, 441: 968-971.

Fialko Y, Sandwell D, Agnew D, et al., 2002. Deformation on nearby faults induced by the 1999 Hector Mine earthquake. Science, 297: 1858-1862.

Foreman-Mackey D, Hogg D W, Lang D, et al., 2013. Emcee: The MCMC hammer. Publications of the Astronomical Society Pacific, 125: 306-312.

Fosdick J C, Graham S A, Hilley G E, 2014. Influence of attenuated lithosphere and sediment loading on flexure of the deep-water Magallanes retroarc foreland basin, Southern Andes. Tectonics, 33(12): 2505-2525.

Freed A M, 2007. Afterslip (and only afterslip) following the 2004 Parkfield, California, earthquake. Geophysical Research Letters, 34: L06312.

Fukuda J, Johnson K M, 2008. A fully bayesian inversion for spatial distribution of fault slip with objective smoothing. Bulletin of the Seismdogical Society of America, 98: 1128-1146.

Fukuda J, Johnson K M, 2010. Mixed linear-non-linear inversion of crustal deformation data: Bayesian inference of model, weighting and regularization parameters. Geophysical Journal International, 181: 1441-1458.

Gan W, Zhang P, Shen Z K, et al., 2007. Present-day crustal motion within the Tibetan Plateau inferred from GPS measurements. Journal of Geophysical Research: Solid Earth, 112: B08416.

Gaudemer Y, Tapponnier P, Meyer B, et al., 1995. Partitioning of crustal slip between linked, active faults in the eastern Qilian Shan, and evidence for a major seismic gap, the 'Tianzhu gap', on the western Haiyuan Fault, Gansu (China). Geophysical Journal International, 120(3): 599-645.

Gomba G, González F R, Zan F D, 2017. Ionospheric phase screen compensation for the Sentinel-1 TOPS and ALOS-2 ScanSAR modes. IEEE Transactions on Geoscience and Remote Sensing, 55(1): 223-235.

Gomba G, Parizzi A, De Zan F, et al., 2015. Toward operational compensation of ionospheric effects in SAR interferograms: The Split-Spectrum method. IEEE Transactions on Geoscience and Remote Sensing, 99: 1-16.

Gong W, Zhao D, Zhu C, et al., 2022. A new method for InSAR stratified tropospheric delay correction facilitating refinement of coseismic displacement fields of small-to-moderate earthquakes. Remote Sensing, 14(6): 1425.

Goodman J, Weare J, 2010. Ensemble samplers with affine. Communications in Applied Mathematics and Computational Science, 5: 65-80.

Guo X, Chen Y, Li S D, et al., 2017. Crustal shear-wave velocity structure and its geodynamic implications beneath the Emeishan large igneous province (in Chinese). Chinese Journal of Geophysics, 60(9): 3338-3351.

Hanssen R, 2001. Radar Interferometry: Data Interpretation and Error Analysis. 1 ed. Dordrecht: Kluwer Academic Publishers.

Hao M, Freymueller J T, Wang Q, et al., 2016. Vertical crustal movement around the southeastern Tibetan Plateau constrained by GPS and GRACE data. Earth and Planetary Science Letters, 437: 1-8.

Hao M, Wang Q, Shen Z, et al., 2014. Present day crustal vertical movement inferred from precise leveling data in eastern margin of Tibetan Plateau. Tectonophysics, 632: 281-292.

He B, Xu Y G, Chung S L, et al., 2003. Sedimentary evidence for a rapid, kilometer-scale crustal doming prior to the eruption of the Emeishan flood basalts. Earth and planetary Science Letters, 213(3): 391-405.

He H, Ikeda Y, He Y, et al., 2008. Newly-generated daliangshan fault zone: Shortcutting on the central section of Xianshuihe-Xiaojiang fault system. Science in China (Series D): Earth Sciences, 51(9): 1248-1258.

He J, 2013. Nailing down the slip rate of the Altyn Tagh fault. Geophysical Research Letters, 40(20): 5382-5386.

Huang W J, Johnson K M, 2012. Strain accumulation across strike-slip faults: Investigation of the influence of laterally varying lithospheric properties. Journal Geophysical Research Solid Earth, 117: 1-16.

Hussain E, Hooper A, Wright T J, et al., 2016. Interseismic strain accumulation across the central North Anatolian Fault from iteratively unwrapped InSAR measurements. Journal Geophysical Research: Solid Earth, 121: 90000-9019.

Jiang L, Lin H, Liu F, 2010. Application of ENVISAT ScanSAR interferometry to long-range fault creep: A case study of the Xianshuihe fault in the eastern Tibetan margin area. Annals of GIS, 16(2): 113-119.

Johnson K M, Fukuda J, 2010. New methods for estimating the spatial distribution of locked asperities and stress-driven interseismic creep on faults with application to the San Francisco bay area, california. Journal Geophysical Research: Solid Earth, 115: 1-28.

Johnson K M, Segall P, 2004. Viscoelastic earthquake cycle models with deep stress-driven creep along the San Andreas fault system. Journal Geophysical Research: Solid Earth, 109: 1-19.

Jolivet R, Bürgmann R, Houlié N, 2009. Geodetic exploration of the elastic properties across and within the northern san andreas fault zone. Earth and Planetary Science Letters, 288: 126-131.

Jolivet R. Cattin R, Chamot-Rooke N, et al., 2008. Thin-plate modeling of interseismic deformation and asymmetry across the Altyn Tagh fault zone. Geophysical Research Letters, 35: 1-5.

Jolivet R, Lasserre C, Doin M P, et al., 2012. Shallow creep on the Haiyuan fault (Gansu, China) revealed by SAR interferometry. Journal of Geophysical Research: Solid Earth, 117: B06401.

Jolivet R, Lasserre C, Doin M P, et al., 2013. Spatio-temporal evolution of aseismic slip along the Haiyuan fault, China: Implications for fault frictional properties. Earth and Planetary Science Letters, 377-378: 23-33.

Kohli A H, Goldsby D L, Hirth G, et al., 2011. Flash weakening of serpentinite at near-seismic slip rates. Journal of Geophysical Research: Solid Earth, 116: B03202.

Le Pichon X, Chamot-Rooke N, Rangin C, et al., 2003. The North Anatolian fault in the Sea of Marmara. Journal Geophysical Research: Solid Earth, 108: 1-20.

Le Pichon X, Kreemer C, Chamot-Rooke N, 2005. Asymmetry in elastic properties and the evolution of large continental strike-slip faults. Journal Geophysical Research: Solid Earth, 110: 1-11.

Li C, Zhang P Z, Yin J, et al., 2009. Late Quaternary left-lateral slip rate of the Haiyuan fault, northeastern margin of the Tibetan Plateau. Tectonics, 28: TC5010. doi: 10.1029/2008TC002302.

Li Y, Liu M, Wang Q, et al., 2018. Present-day crustal deformation and strain transfer in northeastern Tibetan Plateau. Earth and Planetary Science Letters, 487: 179-189.

Li Y, Shan X, Qu C, et al., 2017. Elastic block and strain modeling of GPS data around the Haiyuan-Liupanshan fault, northeastern Tibetan Plateau. Journal of Asian Earth Sciences, 150: 87-97.

Li Y, Song X, Shan X, et al., 2016. Locking degree and slip rate deficit distribution on MHT fault before 2015 Nepal M_w 7.9 earthquake. Journal of Asian Earth Sciences, 119: 78-86.

Liang C, Fielding E J, 2017. Measuring azimuth deformation with L-Band ALOS-2 scan SAR interferometry. IEEE

Transactions on Geoscience and Remote Sensing, 55(5): 2725-2738.

Liang C, Liu Z, Fielding E J, et al., 2018. InSAR time series analysis of l-band wide-swath SAR data acquired by ALOS-2. IEEE Transactions on Geoscience and Remote Sensing, 56(8): 4492-4506.

Liao H, Meyer F J, Scheuchl B, et al., 2018. Ionospheric correction of InSAR data for accurate ice velocity measurement at polar regions. Remote Sensing of Environment, 209: 166-180.

Lindsey E O, Fialko Y, 2013. Geodetic slip rates in the southern san andreas fault system: Effects of elastic heterogeneity and fault geometry. Journal Geophysical Research: Solid Earth, 118: 689-697.

Lindsey E O, Fialko Y, 2016. Geodetic constraints on frictional properties and earthquake hazard in the Imperial Valley, Southern California. Journal Geophysical Research: Solid Earth, 121: 1097-1113.

Lindsey E O, Fialko Y, Bock Y, et al., 2014. Localized and distributed creep along the southern san andreas fault. Journal Geophysical Research: Solid Earth, 119: 7909-7922.

Liu-Zeng J, Klinger Y, Xu X, et al., 2007. Millennial recurrence of large earthquakes on the Haiyuan fault near Songshan, Gansu Province, China. Bulletin of the Seismological Society of America, 97(1B): 14-34.

Liu-Zeng J, Shao Y, Klinger Y, et al., 2015. Variability in magnitude of paleoearthquakes revealed by trenching and historical records, along the Haiyuan Fault, China. Journal of Geophysical Research: Solid Earth, 120(12): 8304-8333.

Lundgren P, Hetland E A, Liu Z, et al., 2009. Southern San andreas-San jacinto fault system slip rates estimated from earthquake cycle models constrained by GPS and interferometric synthetic aperture radar observations. Journal Geophysical Research: Solid Earth, 114: 1-18.

Matsu'ura M, Jackson D D, Cheng A, 1986. Dislocation model for aseismic crustal deformation at Hollister, California. Journal of Geophysical Research: Solid Earth, 91(B12): 12661-12674.

McCaffrey R, 1996. Slip partitioning at convergent plate boundaries of SE Asia. Geological Society of London(1): 3-18.

McCaffrey R, 2002. Crustal block rotations and plate coupling, in plate boundary zones. Geodynamics Series, 30: 101-122.

McCaffrey R, 2005. Block kinematics of the pacific-north America plate boundary in the southwestern United States from inversion of GPS, seismological, and geologic data. Journal of Geophysical Research, 110(B7): 1-25.

McCaffrey R, 2009. Time-dependent inversion of three-component continuous GPS for steady and transient sources in northern Cascadia. Geophysical Research Letters, 36(36), 251-254.

McCaffrey R, Qamar A I, King R W, et al., 2007. Fault locking, block rotation and crustal deformation in the Pacific Northwest. Geophysical Journal International, 169(3): 1315-1340.

McCaffrey R, Wallace L M, 2004. A Comparison of Geodetic and Paleomagnetic Estimates of Block Rotation Rates in Deforming Zones. Washington: AGU Fall Meeting Abstracts.

Meade B J, Hager B H, 2005. Block models of crustal motion in southern California constrained by GPS measurements. Journal Geophysical Research: Solid Earth, 110: 1-19.

Meade B J, Hager B H, McClusky S C, et al., 2002. Estimates of seismic potential in the Marmara Sea region from block models of secular deformation constrained by global positioning system measurements. Bulletin of the Seismological Society of America, 92: 208-215.

Meyer F, J, Gong W, 2016. Coherence model estimation in support of efficient recursive InSAR time-series processing//IEEE International Geoscience and Remote Sensing Symposium (IGARSS), Beijing.

Ozener H, Dogru A, Turgut B, 2013. Quantifying aseismic creep on the Ismetpasa segment of the North Anatolian Fault Zone (Turkey) by 6 years of GPS observations. Journal of Geodynamics, 67: 72-77.

Perfettini H, Avouac J P, 2007. Modeling afterslip and aftershocks following the 1992 Landers earthquake. Journal of Geophysical Research: Solid Earth, 112: B07409.

Ravikumar M, Singh B, Pavan Kumar V, et al., 2020. Lithospheric density structure and effective elastic thickness beneath himalaya and tibetan plateau: Inference from the integrated analysis of gravity, geoid and topographic data incorporating seismic constraints. Tectonics, 39: 1-26.

Reid H F, 1910. In the California earthquake of April 18, 1906//Report of the State Earthquake Investigation Commission, Washington, D.C.

Ren Z, Zhang Z, Chen T, et al., 2016. Clustering of offsets on the Haiyuan fault and their relationship to paleoearthquakes. Geological Society of America Bulletin, 128(1/2): 3-18.

Rodriguez E, Morris C S, Belz J E, et al., 2005. An assessment of the SRTM topographic products. Pasadena: Jet Propulsion Laboratory.

Savage J C, 1983. Dislocation model of strain accumulation and release at a subduction zone. Journal of Geophysical Research Atmospheres, 88(B6): 4984-4996.

Savage J C, Burford R O, 1973. Geodetic determination of relative plate motion in central California. Journal of Geophysical Research: Atmospheres, 78(78): 832-845.

Savage J C, Gan W, Svarc J L, 2001. Strain accumulation and rotation in the Eastern California Shear Zone. Journal of Geophysical Research: Solid Earth, 106(B10): 21995-22007.

Savage J C, Prescott W H, 1978. Asthenosphere readjustment and the earthquake cycle. Journal Geophysical Research, 83: 3369.

Schmidt D A, Burgmann R, 2003. Time-dependent land uplift and subsidence in the Santa Clara valley, California, from a large interferometric synthetic aperture radar data set. Journal of Geophysical Research: Solid Earth, 108(B9): 2416.

Shen Z K, Jackson D D, Ge B X, 1996. Crustal deformation across and beyond the Los Angeles basin from geodetic measurements. Journal of Geophysical Research: Solid Earth, 101(B12): 27957-27980.

Shen Z K, Wang M, Zeng Y, et al., 2015. Optimal interpolation of spatially discretized geodetic data. Bulletin of the Seismological Society of America, 105(4): 2117-2127.

Sinclair H D, Naylor M, 2012. Foreland basin subsidence driven by topographic growth versus plate subduction. GSA Bulletin, 124(3/4): 368-379.

Song X, Jiang Y, Shan X, et al., 2019. A fine velocity and strain rate field of present-day crustal motion of the northeastern Tibetan Plateau inverted jointly by InSAR and GPS. Remote Sensing, 11(4): 435.

Sun H Y, He H L, Ikeda Y, et al., 2019. Paleoearthquake History along the southern segment of the daliangshan fault zone in the Southeastern Tibetan Plateau. Tectonics, 38(7): 2208-2231.

Sun Y, Dong S, Zhang H, et al., 2013. 3D thermal structure of the continental lithosphere beneath China and adjacent regions. Journal of Asian Earth Sciences, 62: 697-704.

Tapponnier P, Zhiqin X, Roger F, et al., 2001. Oblique stepwise rise and growth of the Tibet Plateau. Science, 294(5547): 1671-1677.

Vaghri A, Hearn E H, 2012. Can lateral viscosity contrasts explain asymmetric interseismic deformation around strike-slip faults?. Bulletin of the Seismological Society of America, 102: 490-503.

Wang H, Ran Y K, Chen L C, et al., 2017. Paleoearthquakes on the Anninghe and Zemuhe fault along the southeastern margin of the Tibetan Plateau and implications for fault rupture behavior at fault bends on strike-slip faults. Tectonophysics, 721: 167-178.

Wang H, Ran Y K, Chen Y L, et al., 2018. Determination of slip rate on the southern segment of the Anninghe fault (in Chinese). Seismology and Geology, 40(5): 967-979.

Wang H, Wright T H, Biggs J, 2009. Interseismic slip rate of the northwestern Xianshuihe fault from InSAR data. Geophysical Research Letters, 36: L03302.

Wang H, Wright T J, 2012. Satellite geodetic imaging reveals internal deformation of western Tibet. Geophysical Research Letters, 39: L07303.

Wang M, Shen Z-K, 2020. Present-Day crustal deformation of continental China derived from GPS and its tectonic implications. Journal of Geophysical Research: Solid Earth, 125(2): e2019JB018774.

Wang Q, Cui D, Wang W, et al., 2008. Present vertical crustal displacements of western Sichuan Region (in Chinese). Science in China Series D: Earth Sciences(5): 598-610.

Wang W, Qiao X, Yang S, et al., 2016. Present-day velocity field and block kinematics of Tibetan Plateau from GPS measurements. Geophysical Journal Interhational, 208(2): 1088-1102.

Wei M, Kaneko Y, Liu Y, et al., 2013. Episodic fault creep events in California controlled by shallow frictional heterogeneity. Nature Geoscience, 6(7): 566-570.

Weng H, Ampuero J P, 2019. The Dynamics of Elongated Earthquake Ruptures. Journal of Geophysical Research: Solid Earth, 124: 8584- 8610.

Werner C L, Wegmüller U, Strozzi T, 2002. Processing Strategies for Phase Unwrapping for InSAR Applications. Cologne: Proceedings of the European Conference on Synthetic Aperture Radar (EUSAR 2002), 1: 353-356.

Wright T J, Elliott J R, Wang H et al., 2013. Earthquake cycle deformation and the Moho: Implications for the rheology of continental lithosphere. Tectonophys, 609: 504-523.

Wright T J, Parsons B E, Lu Z, 2004. Toward mapping surface deformation in three dimensions using InSAR, Geophysical Research Letters, 31: L01607.

Xu C, Zhu S, 2019. Temporal and spatial movement characteristics of the Altyn Tagh fault inferred from 21 years of InSAR observations. Journal of Geodesy, 93: 1147-1160.

Xu R, Stamps D S, 2019. Strain accommodation in the Daliangshan Mountain area, southeastern margin of the Tibetan Plateau. Journal of Geophysical Research: Solid Earth, 124(9): 9816-9832.

Xu T, Zhang Z, Liu B, et al., 2015. Crustal velocity structure in the Emeishan large igneous province and evidence of the Permian mantle plume activity. Science China Earth Sciences, 58(7): 1133-1147.

Xu X, Wen X, Zheng R, et al., 2003. Pattern of latest tectonic motion and dynamics of faulted blocks in Yunnan and Sichuan (in Chinese). Science in China Series D: Earth Sciences(S1): 151-162.

Xu Y G, He B, Chung S L, et al., 2004. Geologic, geochemical, and geophysical consequences of plume involvement in the Emeishan flood-basalt province. Geology, 32(10): 917-920.

Yu S B, Hsu Y J, Kuo L C, et al., 2003. GPS measurement of postseismic deformation following the 1999 Chi-Chi, Taiwan, earthquake. Journal of Geophysical Research: Solid Earth, 108(B11): 2520.

Yue X L, Roland B, 2019. Characterizing creeping faults using InSAR: A case study of the Xianshuihe Fault. Los Angeles: 2019 SCEC Annual Meeting.

Zhang L, Cao D, Zhang J, et al., 2019. Interseismic fault movement of Xianshuihe fault zone based on across-fault deformation data and InSAR. Pure and Applied Geophysics, 176(2): 649-667.

Zhang P Z, 2013. A review on active tectonics and deep crustal processes of the Western Sichuan region, eastern margin of the Tibetan Plateau. Tectonophysics, 584: 7-22.

Zhang W, Decheng J, Peizhen Z, et al., 1987. Displacement along the Haiyuan fault associated with the great 1920 Haiyuan, China, earthquake. Bulletin of the Seismological Society of America, 77(1): 117-131.

Zhang W, Liu Y, Sun H, et al., 2021. Holocene activity of the Xigeda Fault and its implications for the Crustal Deformation Pattern in the Southeastern Tibetan Plateau. Tectonics, 40(12): e2021TC007056.

Zhu S, Xu C, Wen Y, et al., 2016. Interseismic deformation of the Altyn Tagh Fault determined by interferometric synthetic aperture radar (InSAR) measurements. Remote Sensing, 8(3): 233.

震后形变监测及典型案例

5.1 震后形变机制及模型

目前的研究认为，震后形变主要是由余滑（同震破裂面浅部未破裂部分或者沿断层面延伸方向的继续滑动）、黏弹性松弛（同震破裂产生应力场的扰动造成深部黏弹性物质的流动）和孔隙弹性回弹等机制共同作用的。通过对震后形变场的模拟，可以获取对地壳结构、深部地球物理参数、地震周期等的进一步认识。

5.1.1 震后余滑形变模拟

震后余滑的动力源为同震破裂在断层面产生的库仑应力扰动，震后余滑的区域、量级与断层面的摩擦属性有关，一般发生在速度强化的区域。基于物理约束模拟震后余滑的通用模型为应力驱动余滑模型（stress-driven afterslip model），模型中引入速度-状态摩擦稳态条件下的本构关系，应用条件为震后余滑的滑动量级大于速度-状态演化过程的临界距离，这种方法被广泛应用于震后余滑的形变模拟中（Diao et al.，2018；Perfettini and Avouac，2007；Marone 1998）。对于走滑型的昆仑山地震，震后余滑的量级在震后最早期阶段可能要大于震后黏弹性松弛，因此评估震后余滑的贡献非常重要。

在稳态的速度状态本构关系下，时间依赖的余滑发生在断层面库仑应力增加的区域，稳态条件下忽略断层摩擦状态变量（state variable）的演化效应（evolution effect），以及基于纯速度依赖（rate-dependent，不考虑应力依赖条件）的假设，余滑滑动速率可以表示为断层同震剪应力、正应力扰动以及摩擦参数的函数：

$$v = 2v_0 \sinh \frac{\Delta \tau}{(a-b)\sigma} \tag{5.1}$$

式中：v_0 为断层余滑的参考滑动速率；$\Delta \tau$ 为断层面的剪应力变化；$(a-b)$ 为断层摩擦参数；σ 为断层面同震正应力变化。

应力驱动余滑模型认为同震滑动区域和震后余滑滑动区域对应的摩擦面摩擦性质分别为速度弱化和速度强化，在忽略地震破裂动态效应的影响下，震后余滑不会发生在同震破裂区域，即同震滑动和震后滑动空间上没有重叠区。在应力驱动余滑模型中，参考滑动速率和摩擦参数决定时间依赖余滑形变的量级、衰减速率和地表形变的空间分布。

5.1.2　黏弹性松弛形变场模拟

　　同震破裂在中下地壳及上地幔产生的应力扰动最终会通过黏性流（viscous flow）释放。而黏性流的黏滞系数（viscosity coefficient）决定了应力松弛（stress relaxation）的时间。麦克斯韦体和标准线性体（standard linear solid）都是线性黏弹性流变（linear viscoelastic rheology）结构。线性黏弹性是指黏弹性完全符合胡克定律的理想弹性体和完全符合牛顿定律的理想黏性体的性质。任何的线性黏弹性结构都会表现出两种行为：应力松弛（应变不变，stress relaxation）和蠕变松弛（固定应力，creep relaxation）。对于理想状态下的地震周期，基于震后形变可以计算震后应力的松弛时间。松弛时间是指应力松弛到原始水平的 $1/e$ 所需要的时间。典型的松弛时间 τ （单位为 s）为

$$\tau = \frac{\eta}{\mu} \tag{5.2}$$

式中：η 为黏滞系数；μ 为剪切模量。

　　黏滞系数为流体对应的参数，剪切模量为弹性体对应的参数，因此松弛时间是模型中同时存在黏性和弹性的结果。松弛时间为特征时间，假设周期地震的复发间隔为 T，如果 τ/T 大于 0.5，那么震间形变的加载基本可以忽略；如果 τ/T 小于 0.2，那么在震间期的后期阶段，跨断层形变的曲线形态为直线而非反正切曲线形态。下面介绍几种常见的震后形变模拟的流变结构单元。

1. 麦克斯韦体

　　麦克斯韦体由一个胡克体和一个牛顿体串联而成，即由一个弹性的弹簧和一个黏性的气缸组成。由串联关系得

$$\sigma = \sigma_1 = \sigma_2 \tag{5.3}$$

$$\varepsilon = \varepsilon_1 + \varepsilon_2 \tag{5.4}$$

对于胡克体有

$$\dot{\varepsilon}_1 = \frac{\dot{\sigma}}{\mu} \tag{5.5}$$

对于牛顿体，有

$$\dot{\varepsilon}_2 = \frac{\sigma}{\eta} \tag{5.6}$$

所以麦克斯韦体的本构方程为

$$\dot{\varepsilon} = \dot{\varepsilon}_1 + \dot{\varepsilon}_2 = \frac{\dot{\sigma}}{\mu} + \frac{\sigma}{\eta} \tag{5.7}$$

设系统有恒定载荷 σ_0，那么 $\dfrac{\mathrm{d}\sigma}{\mathrm{d}t} = 0$，有

$$\dot{\varepsilon} = \frac{\sigma}{\eta} \tag{5.8}$$

解上述微分方程，有

$$\varepsilon = \frac{\sigma_0}{\eta} t + C \tag{5.9}$$

式中: C 为积分常数。

当 $t=0$ 时，系统初始应变为

$$\varepsilon = \varepsilon_0 = \frac{\sigma_0}{u} \tag{5.10}$$

因此有

$$C = \frac{\sigma_0}{u} \tag{5.11}$$

即

$$\varepsilon = \frac{\sigma_0}{\eta}t + \frac{\sigma_0}{u} \tag{5.12}$$

式（5.12）即为麦克斯韦体的蠕变方程，反映出三个性质：①系统恒定应力下，麦克斯韦体有瞬时应变；②应变随着时间呈线性增大的趋势；③蠕变方程反映的是麦克斯韦体的等速蠕变，速度与初始应力和黏滞系数有关。

设系统保持应变 ε 不变，则 $\dot{\varepsilon}=0$，此时麦克斯韦体的本构方程为

$$\frac{\dot{\sigma}}{\mu} + \frac{\sigma}{\eta} = 0 \tag{5.13}$$

解上述微分方程得

$$\frac{-\mu}{\eta}t = \ln\sigma + C \tag{5.14}$$

当 $t=0$ 时，$\sigma = \sigma_0$，所以有

$$C = -\ln\sigma_0 \tag{5.15}$$

由此可得

$$\frac{-\mu}{\eta}t = \ln\sigma - \ln\sigma_0 = \ln\frac{\sigma}{\sigma_0} \tag{5.16}$$

即

$$\sigma = \sigma_0 e^{\frac{-\mu}{\eta}t} \tag{5.17}$$

或者

$$\sigma = \sigma_0 e^{\frac{-t}{\tau}} \tag{5.18}$$

式（5.18）即为麦克斯韦体的松弛方程，表示应变不变时，应力随时间呈指数衰减的过程，说明麦克斯韦体有松弛效应，当时间 t 趋于无穷大时，应力衰减为 0。

2. 开尔文体

开尔文体也是黏弹性体，由一个胡克体和一个牛顿体并联而成。由二元并联关系可得

$$\sigma = \sigma_1 + \sigma_2 \tag{5.19}$$

$$\varepsilon = \varepsilon_1 = \varepsilon_2 \tag{5.20}$$

式中

$$\sigma_1 = \mu\varepsilon_1 = \mu\varepsilon \tag{5.21}$$

$$\sigma_2 = \eta\dot{\varepsilon}_2 = \eta\dot{\varepsilon} \tag{5.22}$$

因此开尔文体的本构方程为

$$\sigma = \mu\varepsilon + \eta\dot{\varepsilon} \tag{5.23}$$

设开尔文体在 $t=0$ 时，受到一个固定的加载 σ_0，由本构方程可得

$$\sigma_0 = \mu\varepsilon + \eta\dot{\varepsilon} \tag{5.24}$$

即

$$\dot{\varepsilon} + \frac{\mu}{\eta}\varepsilon = \frac{1}{\eta}\sigma_0 \tag{5.25}$$

解上述微分方程可得

$$\varepsilon = \frac{1}{\mu}\sigma_0 + A\mathrm{e}^{\frac{-\mu}{\eta}t} \tag{5.26}$$

式中：A 为积分常数。

当 $t=0$ 时，施加固定加载 σ_0 后，由于牛顿体的惰性，开尔文体没有瞬时应变，所以 $\varepsilon = 0$，$A = -\dfrac{1}{\mu}\sigma_0$，即

$$\varepsilon = \frac{1}{\mu}\sigma_0\left(1 - \mathrm{e}^{\frac{-\mu}{\eta}t}\right) \tag{5.27}$$

从式（5.27）可以看出，当时间 t 趋于无穷大时，开尔文体趋于弹簧的应变 $\dfrac{1}{\mu}\sigma_0$，说明开尔文体具有稳定蠕滑的特点，进而可以得到开尔文体的卸载方程：

$$\varepsilon = \frac{1}{\mu}\sigma_0\left(\mathrm{e}^{\frac{-\mu}{\eta}t_1} - 1\right)\mathrm{e}^{\frac{-\mu}{\eta}t} \tag{5.28}$$

从式（5.28）中可以看出，当 $t = t_1$ 时，应力 σ 为 0，但系统的应变 ε 不为 0，当时间继续增加并且趋于无穷大时，应变趋于 0，表明牛顿体在胡克体的收缩作用下，可以恢复变形，即开尔文体具有弹性后效的性质。

此外，当开尔文体的应变保持不变时，系统的本构方程为

$$\sigma = \mu\varepsilon \tag{5.29}$$

式（5.29）说明当应变保持不变时，应力也保持不变，证明开尔文体没有应力松弛效应。

3. 标准线性体

标准线性体（广义开尔文体）由一个弹性体和黏性体并联（开尔文体），再与一个弹性体串联。其中，弹簧和开尔文体的本构方程为

$$\sigma_1 = E_1\varepsilon_1 \quad （弹簧） \tag{5.30}$$

$$\sigma_2 = E_2\varepsilon_2 + \eta_2\dot{\varepsilon}_2 \quad （开尔文体） \tag{5.31}$$

$$\sigma = \sigma_1 = \sigma_2, \quad \varepsilon = \varepsilon_1 + \varepsilon_2 \quad （串联性质） \tag{5.32}$$

由式（5.30）～式（5.32）得

$$\sigma = E_2\left(\varepsilon - \frac{\sigma}{E_1}\right) + \eta_2\left(\dot{\varepsilon} - \frac{\dot{\sigma}}{E_1}\right) \tag{5.33}$$

式（5.33）化简得

$$(E_1 + E_2)\sigma + \eta_2\dot{\sigma} = E_1E_2\varepsilon + E_1\eta_2\dot{\varepsilon} \tag{5.34}$$

式（5.34）可以写为更加一般的形式：

$$\sigma + p_1\dot{\sigma} = q_0\varepsilon + q_1\dot{\varepsilon} \tag{5.35}$$

式中

$$\begin{cases} p_1 = \dfrac{\eta_2}{E_1 + E_2} \\[3mm] q_0 = \dfrac{E_1 E_2}{E_1 + E_2} \\[3mm] q_1 = \dfrac{E_1 \eta_2}{E_1 + E_2} \end{cases} \tag{5.36}$$

标准线性体的蠕变方程为

$$\varepsilon(t) = \frac{\sigma_0}{q_0}\left[1 - \left(1 - \frac{p_1 q_0}{q_1}\right)\mathrm{e}^{\frac{-t}{\tau}}\right] \tag{5.37}$$

标准线性体具有两个弹性模量：当 $t=0$ 时，存在一个冲击弹性模量 E_1；当 t 为无穷大时，存在一个渐进弹性模量 $q_0 = \dfrac{E_1 E_2}{E_1 + E_2}$。初始时刻，只有串联的弹簧承受应变和应力，当 t 为无穷大时，活塞的作用消失，相当于串联的两个弹簧承受应变和应力。

标准线性体的松弛方程为

$$\sigma(t) = \varepsilon_0 q_0\left[1 + \left(\frac{q_1}{p_1 q_0} - 1\right)\mathrm{e}^{\frac{-t}{p_1}}\right] \tag{5.38}$$

标准线性体存在两个弹性模量，对应两个松弛时间，分别为

$$\tau_1 = \frac{\eta}{E_1}, \quad \tau_2 = p_1 = \frac{\eta}{E_1 + E_2} \tag{5.39}$$

5.2　2001 年昆仑山 M_w7.8 地震

5.2.1　震后形变过程提取

1. 远近场震后 GPS 观测时间序列

为了衔接昆仑山地震后不同时段观测的 InSAR、GPS 数据，得到更长时间尺度的完整形变序列，收集已发表的 24 个 GPS 台站的震后观测数据（Li et al.，2019；Zhao et al.，2015；Ren and Wang，2005），包括 13 个断层近场（<150 km）台站，观测时间为 2001 年 11 月～2002 年 11 月；11 个远场（>150 km）台站，观测时间为 2001～2010 年。

远场台站分布范围广泛，包含断层北侧的柴达木盆地和断层南侧的羌塘块体。震后 GPS 时间序列数据均参考欧亚框架，并已去除了震间长期线性加载，可以认为主要的形变贡献为昆仑山地震震后形变（Zhao et al.，2015；Ren and Wang，2005）。采用对数函数拟合的震后形变衰减趋势如图 5.1 所示。

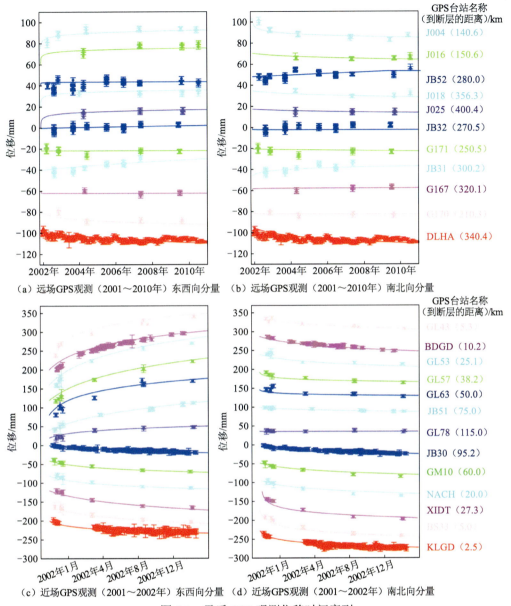

图 5.1　震后 GPS 观测位移时间序列

彩色实线表示对数模型拟合结果

考虑 GPS 观测垂直方向的信噪比要远低于水平方向，GPS 震后时间序列观测的垂直形变可能与季节性冻土效应、水文负荷等非构造信号有关。昆仑山地震以左旋走滑运动为主，多数 GPS 台站震后观测的水平位移量要远大于垂直位移量。因此，后续震后形变建模中只采用信噪比较高的水平位移时间序列。

2. 联合 InSAR 和 GPS 的震后形变时间序列

衔接不同观测时段的 GPS 与 InSAR 数据形成更长时间尺度、连续完整的震后形变序列，需要在这两种手段的共同观测点位上进行。为此本小节选取分布于 InSAR 形变场覆盖区域内的 13 个跨断层近场 GPS 点，并以 GPS 站点周围 5 km 范围内的 InSAR 数据点均值作为该点的

InSAR 观测值，对这 13 个点位处震后不同阶段 InSAR、GPS 观测结果进行归一化和时序计算。

由于 InSAR 和 GPS 的坐标参考框架和形变起始时间均不同，需要将两种数据的参考基准归一化。首先将 GPS 观测的水平形变依据卫星观测几何投影到 InSAR 观测的 LOS 方向，然后将投影后的 GPS 观测数据与 InSAR 数据联合，拟合完整的震后形变衰减趋势，采用的对数衰减模型如下：

$$D(t) = A + B \cdot \lg\left(1 + \frac{t}{\tau}\right) \tag{5.40}$$

式中：$D(t)$ 为随时间变化的震后位移时间序列；t 为震后时间；τ 为指数衰减时间；A、B 为常数，决定了时间序列衰减幅度和位移大小。

联合震后 GPS 和 InSAR 获取的 2002～2011 年连续形变序列如图 5.2 所示，图中清晰地显示了东昆仑断裂带南北两侧远近场不同位置震后形变衰减趋势及其差异：断层南盘震后形变量大，早期衰减快，且距离断层不同远近的点位衰减差异明显，特别是震后早期近场点的衰减速率显著大于远场点，如从近场点 GL43 到远场点 GL78，近 10 年的累积震后形变量从约 60 mm 降至 20 mm。

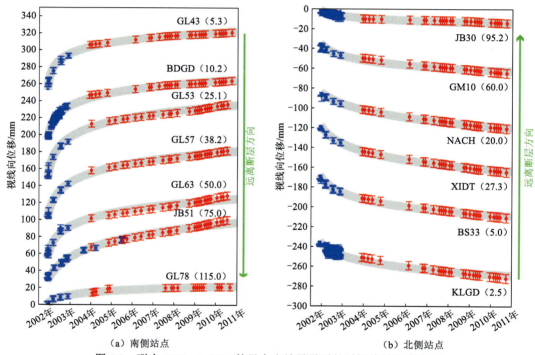

（a）南侧站点　　　　　　　　　（b）北侧站点

图 5.2　联合 GPS、InSAR 的昆仑山地震震后长时间连续形变序列

蓝色点表示 GPS 获取的形变序列；红色点表示 InSAR 获取的形变序列；标注字母及数字表示 GPS 站点名称及距断层的距离（km）

5.2.2　震后形变机制模拟

1. 运动学余滑与应力驱动余滑

考虑震后一个月内的余滑形变贡献可能要远大于震后黏弹性松弛形变贡献，本小节采用 Relax 软件（Barbot and Fialko，2010）基于网格搜索方法模拟昆仑山地震后一个月 GPS 累积震后形变。以均方根误差（root mean square error，RMS）作为模型网格搜索最优解的指标，

RMS 采用式（5.41）计算：

$$RMS = \sqrt{\frac{\sum\limits_{i=1}^{n}\sum\limits_{j=1}^{m}[(D_N)_{obs}^{ij} - (D_N)_{mod}^{ij}]^2}{nm} + \frac{\sum\limits_{i=1}^{n}\sum\limits_{j=1}^{m}[(D_E)_{obs}^{ij} - (D_E)_{mod}^{ij}]^2}{nm}}$$ （5.41）

式中：$(D)_{obs}^{ij}$ 和 $(D)_{mod}^{ij}$ 分别为 GPS 台站 i（共 n 个台站）在第 j 个（共 m 个历元）历元中的观测值和模拟值；E 和 N 分别表示 GPS 时间序列的东西向分量和南北向分量。

图 5.3 为运动学余滑模型反演结果，表明东昆仑断裂带主破裂段的运动学余滑主要分布在同震破裂区域 20 km 以上的深度范围，最大滑动量约为 0.6 m。昆仑山口破裂段运动学余滑主要分布在同震破裂的延伸区域，与同震破裂具有空间互补性。运动学余滑模型基本可以解释断层附近的 GPS 观测，但是不能解释所有站点跨断层震后形变的方向和量级，以及南北盘的非对称分布特征，对相对远场的 GPS 站点存在低估和过度拟合。

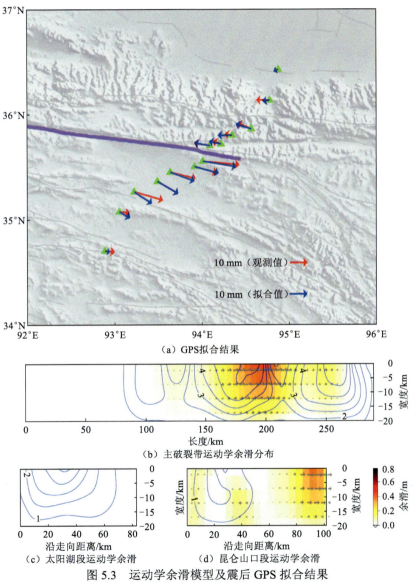

（a）GPS拟合结果

（b）主破裂带运动学余滑分布

（c）太阳湖段运动学余滑　　（d）昆仑山口段运动学余滑

图 5.3　运动学余滑模型及震后 GPS 拟合结果

蓝色曲线表示同震滑动分布等值线

昆仑山地震同震破裂在 20 km 以下的中下地壳及以上邻近区域产生了 1～5 MPa 的库仑应力扰动，并驱动这些区域在震后发生持续的无震滑动。网格搜索结果显示摩擦参数 $(a-b)\sigma$ 和参考滑动速率 v_0 存在线性折中关系（图 5.4）。根据 RMS 获取的最佳参考滑动速率约 1×10^{-7} m/s，即 3.2 m/a，比前人研究（Perfettini and Avouac，2007；Marone，1998）获取的参考滑动速率量值大两个数量级，但是也有研究得到的参考滑动速率量级和本研究相当，如 1992 Landers 地震（Perfettini and Avouac，2007）（约 100 mm/a，下倾角方向）和 2017 年 M_w 7.3 萨尔波勒扎哈卜地震（Wang and Burgmann，2020）（1.42 m/a，上倾角方向）。

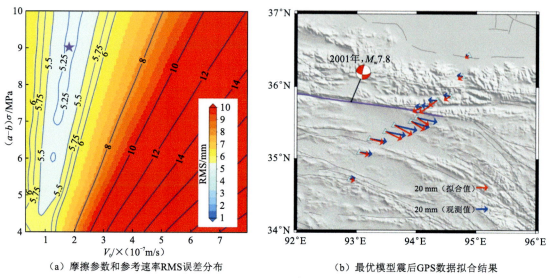

（a）摩擦参数和参考速率RMS误差分布　　（b）最优模型震后GPS数据拟合结果

图 5.4　应力驱动余滑模型最优参数确定及震后 GPS 拟合结果

最佳应力驱动余滑模型拟合结果 [图 5.4（b）] 显示：该模型不能很好地拟合 GPS 震后形变的方向，越靠近断层，方向偏离越大。与运动学余滑模型相比，应力驱动余滑模型不能很好地解释 20 km 以上的断层浅部余滑。但也可能是同震滑动分布低估了昆仑山口破裂段的同震滑动量，使计算的库仑应力偏小。

2. 黏弹性松弛模型

根据初步的同震库仑应力计算，本次地震的应力影响范围可以到上地幔，因此本小节建立包含青藏高原与柴达木盆地下地壳和上地幔的三维地质模型。通过初步的模型测试发现，模型中不加入青藏高原和柴达木盆地上地幔，其结果无法解释 G170 和 J016 等远场站点的震后形变量级。为了避免模型的边界效应，将模型尺寸设置为沿断层 900 km、跨断层 800 km、深度 200 km，将下地壳和上地幔划分为 30 km 尺寸的三维网格，每个网格的走向基本平行于断层走向（约北偏东 110°）。依据青藏高原中北部地震波速结构和各向异性研究确定的青藏高原中北部莫霍面偏移的深度，模型固定青藏高原和柴达木盆地下地壳的深度分别为 70 km 和 60 km。三维流变模型共分为 5 个单元：20 km 厚的弹性地壳、青藏高原黏弹性下地壳和上地幔、柴达木盆地黏弹性下地壳和上地幔。

为了模拟 GPS 和 InSAR 震后时序形变的衰减特征，采用麦克斯韦体和开尔文体串联的伯格斯（Burgers）体模拟下地壳和上地幔流变性质。开尔文体具有剪切模量 μ_1 和瞬态黏滞系数 η_1，而麦克斯韦体具有剪切模量 μ_2 和稳态黏滞系数 η_2。在黏弹性松弛模型中，同样采用

RMS 指标，通过网格搜索法计算下地壳和上地幔最佳瞬态和稳态黏滞系数及其他参数。

1）不同构造单元黏弹性松弛对震后形变贡献的模型测试

黏弹性松弛模型涉及青藏高原下地壳/上地幔以及柴达木盆地下地壳/上地幔 4 个构造单元，为了确定不同构造单元产生的地表震后形变空间特征和量级，需要对其在断层远/近场震后形变观测中的贡献程度进行测试。在每个测试中，只有一个构造单元被赋予伯格斯体固定的瞬态和稳态黏滞系数，其他的流变单元都为弹性，计算震后一年的累积三维和 InSAR LOS 向形变。

模型测试结果（图 5.5）表明，柴达木盆地上地幔黏弹性松弛主要影响断层北侧远场台站（DLHA 和 G170 等），说明柴达木盆地下方更深部的上地幔黏弹性松弛比下地壳影响的区域范围更为广大，因此可以基于这些远场 GPS 台站的震后形变观测约束上地幔的黏滞系数。断层南侧的远场台站（JB52、J018 和 J025）对青藏高原下地壳和上地幔黏弹性松弛的形变响应量级相当。

由于 13 个近场台站（34°N～37°N）同时受到下地壳和上地幔黏弹性松弛效应的影响，需要在确定上地幔黏弹性松弛效应后联合确定下地壳的黏滞系数。由于断层的近东西走向，GPS 剖面与断层斜交，震后形变的东西向分量比南北向形变分量的信噪比更高。在本节下述的计算中，大部分采用震后形变的东西向分量进行约束。青藏高原下地壳的黏弹性松弛也会在柴达木盆地北侧产生一定量级的震后形变，从而影响柴达木盆地北侧下地壳黏滞系数的估计。在接下来的计算中，基于上述测试结果，基于特定的 GPS 震后时间序列约束不同构造单元的黏滞系数。

2）柴达木盆地上地幔/下地壳黏滞系数确定

对于断层北侧远场的 GPS 台站（DLHA、G170），下地壳黏弹性松弛和应力驱动余滑在这些台站产生的形变量级可以忽略，因此，可以认为震后形变的主要机制是上地幔黏弹性松弛，进而利用这三个台站震后形变序列的东西向分量约束柴达木盆地上地幔黏滞系数。以 DLHA 和 G170 台站为例（图 5.5），远场震后 GPS 形变限定的柴达木盆地上地幔最佳瞬态黏滞系数为 $1×10^{19}$ Pa·s，最佳稳态黏滞系数为 $1×10^{20}$ Pa·s。由于缺少其他台站的震后形变时间序列，只能限定柴达木盆地上地幔黏滞系数的量级，忽略其他构造单元黏弹性形变贡献，确定的瞬态和稳态黏度为下限值。

对于柴达木盆地下地壳黏滞系数，由于断层北侧近场 GPS 站点相对较多，基于已确定的柴达木盆地上地幔最佳黏滞系数，继续通过粗、细网格搜索来确定柴达木盆地下地壳最佳瞬态和稳态黏滞系数，然后研究模型弹性层厚度（上地幔深度固定）对稳态和瞬态黏滞系数估计的影响。采用断层北侧近场 6 个 GPS 台站基于 RMS 值确定柴达木盆地的最佳黏度。基于 6 个 GPS 站点粗网格搜索的最佳瞬态和稳态黏滞系数结果为 $1×10^{19}$ Pa·s，对应的 RMS 约为 9 mm[图 5.6（a）]；对于精细网格搜索，得到的最佳瞬态和稳态黏滞系数分别为 $4×10^{18}$ Pa·s 和 $6×10^{19}$ Pa·s[图 5.6（b）]，对应的 RMS 为 4.5 mm。研究发现模型弹性层厚度对瞬态和稳态黏滞系数的估计有影响，随着弹性层厚度减小，模型的拟合度提升[图 5.6（c）、（d）]，即数据支持较薄的弹性层，弹性层厚度为 15 km 和 20 km 的模型拟合程度相当。考虑昆仑山地震同震破裂深度可达 20 km，即 20 km 深的地壳仍然能积累弹性应变，模型采用 20 km 的弹性层厚度。

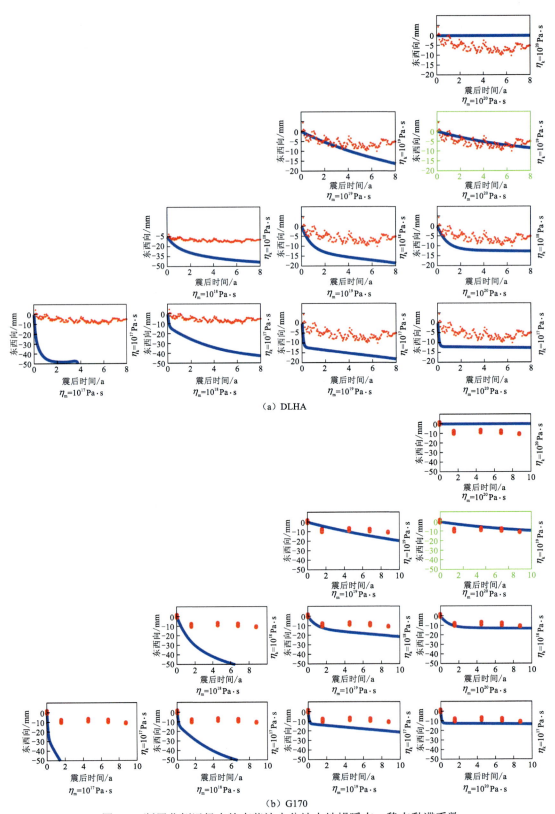

（a）DLHA

（b）G170

图 5.5　断层北侧远场点约束柴达木盆地上地幔瞬态、稳态黏滞系数

η_k 和 η_m 分别表示瞬态和稳态黏滞系数；绿色方框表示最佳拟合结果；红色点表示观测值；蓝色线表示模拟值

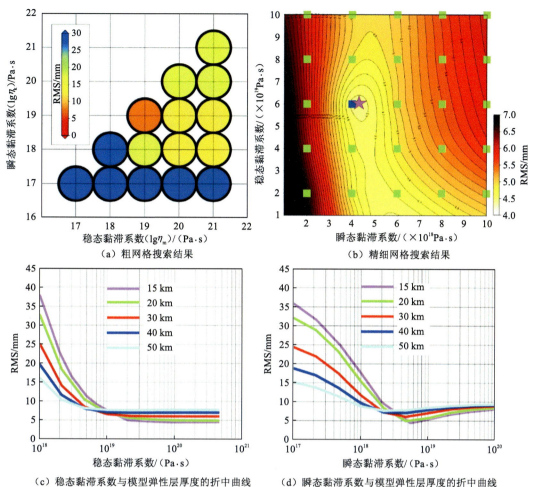

（a）粗网格搜索结果　　　　　　　　　（b）精细网格搜索结果

（c）稳态黏滞系数与模型弹性层厚度的折中曲线　　（d）瞬态黏滞系数与模型弹性层厚度的折中曲线

图 5.6　断层北侧近场 GPS 站点确定柴达木盆地下地壳稳态、瞬态黏滞系数

蓝色正方形代表最优搜索结果；紫色五角星表示确定青藏高原下地壳和上地幔黏度后重新搜索的最优结果

3）青藏高原上地幔、下地壳黏滞系数确定

确定了柴达木盆地上地幔和下地壳黏滞系数后，采用同样策略搜索青藏高原下地壳和上地幔黏滞系数。从前述的测试结果看，JB52、J018、J025 等断层南侧远场台站震后形变同时包含下地壳和上地幔黏弹性松弛的贡献，而 J016 台站则主要受上地幔松弛的控制。因此，基于 G016 台站的震后形变时间序列约束青藏高原上地幔黏滞系数。虽然青藏高原巨厚下地壳产生的广泛震后形变也会对 J016 站点产生少许贡献，但这里只能忽略，以便确定青藏高原上地幔稳态和瞬态黏滞系数的下限值，得到网格搜索的稳态和瞬态的黏滞系数为 1×10^{19} Pa·s（图 5.7）。类似地，采用断裂带南侧 7 个 GPS 台站震后时间序列约束青藏高原下地壳黏滞系数。网格搜索得到的青藏高原下地壳最佳瞬态和稳态黏滞系数分别为 2×10^{18} Pa·s 和 4×10^{19} Pa·s，对应的 RMS 约为 10.4 mm（图 5.8）。与柴达木盆地下地壳类似，青藏高原下地壳也支持较薄的弹性层厚度。研究发现，即使采用最佳的上地幔/下地壳稳态和瞬态黏滞系数也无法完全拟合所有的近场 GPS 震后形变时间序列，基于单纯黏弹性松弛模型仍然存在由远场到近场的系统性低估，需要基于震后余滑和黏弹性松弛模型进一步分析不同机制对震后形变的联合贡献。

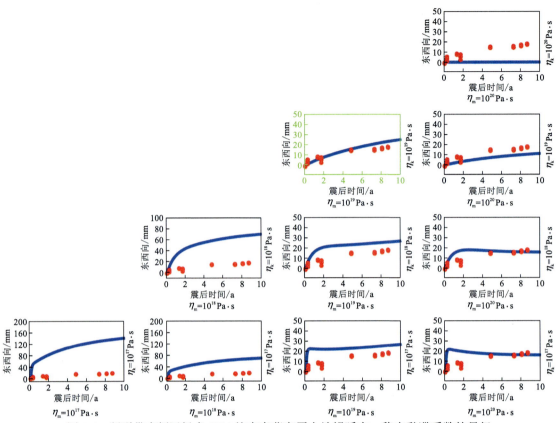

图 5.7 断裂带南侧远场点 J016 约束青藏高原上地幔瞬态、稳态黏滞系数的量级

红色点表示观测值；蓝色线表示模拟值；绿色方框表示最佳拟合结果

3. 余滑和黏弹性松弛联合模型

以上结果表明，单一余滑模型，尤其是应力驱动的余滑模型不能很好地解释 GPS 观测的早期震后形变方向和跨断层形变梯度，只能解析断层面深部滑动（>20 km）。单独黏弹性松弛模型和 GPS 震后形变的方向、量级大致吻合，但也不能很好地解释跨断层形变梯度。黏弹性松弛模型模拟的地表形变最大值并不在断层的最近场，而是存在一个从断层远场到近场系统性的低估和偏差。然而在单一余滑模型中，没有考虑昆仑山口断裂浅层余滑的形变贡献，单一余滑模型解析的余滑分布贡献主要来自断层 20 km 以下的深部余滑。因此在联合模型中，应着重考虑昆仑山口断裂带浅层余滑的贡献，以及震后余滑形变和黏弹性松弛形变的折中关系。

为了研究昆仑山口断裂带浅层余滑的贡献及其形变特征，本小节做了一系列的测试。首先，测试同震滑动模型截断阈值对地表震后形变分布的影响。由于地震破裂时的动态效应，同震滑动分布可能会从速度弱化区穿过速度强化区，尽管同震破裂区域周围的速度强化区发生了一定量级的同震滑动，但受到同震库仑应力加载的影响，这部分区域仍然可能产生一定量级的震后余滑。而应力驱动余滑模型假定震后余滑区域只发生在同震未破裂的速度强化区，对破裂时参与同震滑动的速度强化区没有考虑，因此需要单独进行研究。常规做法是对输入应力驱动余滑模型的同震滑动分布小量级滑动进行截断处理，把截去的这部分小量级滑动均匀地加到大量级滑动区域，保证同震滑动分布总的地震矩没有发生变化（Barbot et al.，2009）。

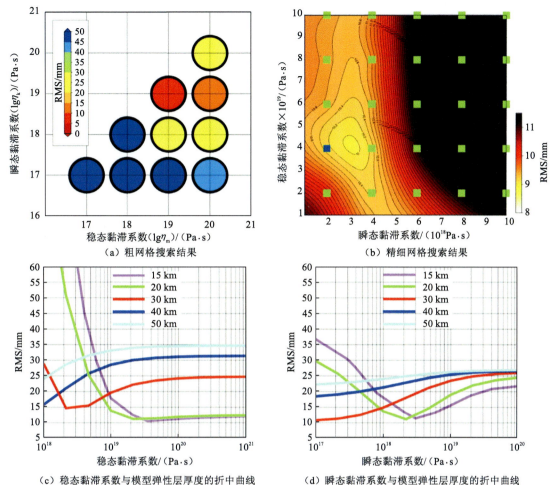

（a）粗网格搜索结果 　　　　　　　　（b）精细网格搜索结果

（c）稳态黏滞系数与模型弹性层厚度的折中曲线 　　（d）瞬态黏滞系数与模型弹性层厚度的折中曲线

图 5.8　断层南侧近场点确定青藏下地壳稳态、瞬态黏滞系数

蓝色正方形表示最优搜索结果

同震破裂滑动模型截断阈值测试的结果如图 5.9 所示。可以看出，截断阈值影响了 GPS 近场台站模拟的震后余滑形变量级和方向。当截断阈值小于 2 m 时，昆仑山口断裂带能够产生明显的震后余滑形变，且形变的方向与最佳黏弹性松弛模型产生的形变方向具有一定的互补性，形变量从断层近场向远场逐渐递减，最大值出现在断层附近，能解释 GPS 数据观测到的跨断层形变速率梯度。当截断阈值大于 2 m 时，不能产生明显的震后形变。据此测试结果，选择截断阈值 2 m 为最佳阈值。基于昆仑山口断裂应力驱动余滑和黏弹性松弛联合模型对 GPS 震后观测的拟合结果如图 5.10 所示。可以看出，联合模型提高了对震后观测形变的拟合度。

　　继续测试不同深度的阈值（余滑发生的截止深度）对震后形变量级和方向的影响。东昆仑断裂带作为块体间的深大断裂，在 20 km 深度以下仍可能存在连续的断层面，但是断层面能延伸到的深度，目前尚不清楚。不同深度阈值可能会产生不同的地表震后形变方向和量值。图 5.11 结果表明，当深度阈值≤30 km 时，深部余滑（>20 km）产生的地表震后形变的方向与黏弹性松弛类似，形变量级最大的台站并不在断层附近，说明大部分深部余滑发生在 20～30 km 深度范围内。当深度阈值为 20 km 时，即 20 km 以下深度没有任何余滑分布，只有浅层余滑产生地表形变。由于 30～50 km 深度阈值产生的地表形变量级和方向相差不大，故采用 50 km 深度阈值作为后续的实验值。

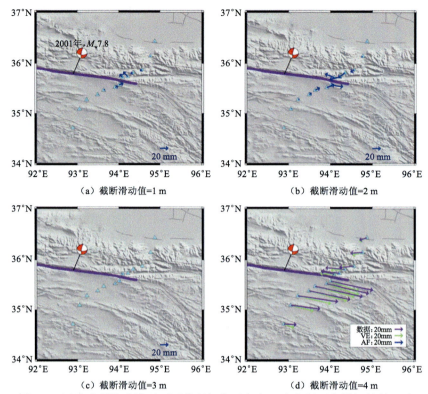

（a）截断滑动值=1 m （b）截断滑动值=2 m

（c）截断滑动值=3 m （d）截断滑动值=4 m

图 5.9　同震破裂滑动模型不同截断阈值对应力驱动余滑形变模拟值的影响

紫色箭头表示观测值；绿色箭头表示最佳黏弹性松弛模型（VE）的震后形变；
蓝色箭头表示滑动分布截断后模拟的应力驱动余滑（AF）形变

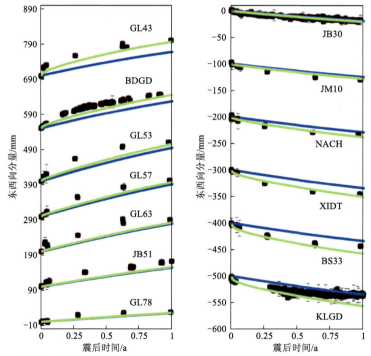

图 5.10　昆仑山口断裂浅部余滑和黏弹性松弛联合模型对 GPS 震后形变的拟合结果

黑色矩形表示震后一年的 GPS 观测值；蓝色实线表示最佳黏弹性松弛模型结果；
绿色实线表示浅部余滑和黏弹性松弛联合模型结果

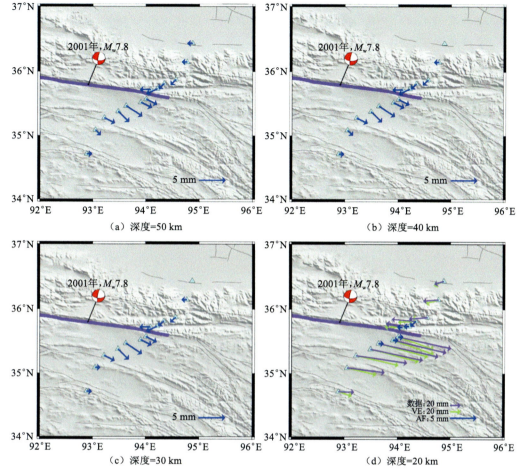

图 5.11　不同深部阈值对地表震后形变的影响

紫色箭头表示观测值；绿色箭头表示最佳黏弹性松弛模型（VE）的震后形变；

蓝色箭头表示不同深度阈值对应的震后余滑（AF）形变

　　总的来说，深部余滑要比浅层余滑大，深部余滑具有与中下地壳黏弹性松弛震后形变类似的特征，而浅部余滑具有与中下地壳黏弹性松弛震后形变互补的特征，余滑和黏弹性松弛联合模型能够提高早期震后形变观测的拟合度。

　　通过以上测试发现，断层深部余滑和相同深度的分布式黏弹性松弛能产生类似的震后形变空间分布特征，因此，需要进一步评估余滑模型对青藏高原和柴达木盆地下地壳瞬态黏滞系数估计的影响。余滑模型中摩擦参数 $(a-b)\sigma$ 的范围为 5～10 MPa，假定有效正应力 σ 为 100 MPa，$(a-b)\sigma$ 的上限值 10 MPa 对应的摩擦系数为 $(a-b)=0.1$，与岩石摩擦试验得出的 $(a-b)\simeq10^{-2}$（Scholz，1998；Scholz and Conie，1990）量级相当。联合模型中包含了断裂带的浅部余滑、深部余滑及下地壳和上地幔黏弹性松弛的共同贡献。结果表明：深部余滑在震后三年内仍然有较大的形变贡献（图 5.12、图 5.13），因此本小节使用的 InSAR 数据（震后第二至第九年）中需考虑深部余滑的贡献。InSAR 观测时间段内相比于观测值，来自深部余滑的贡献小于 17%。应力驱动余滑在地震发生九年后释放的总的地震矩约为 1.03×10^{20} N·m，和 $M_{\mathrm{w}}7.3$ 的地震相当。联合模型对震后第一年 GPS 时间序列以及震后第二至第九年的震后 InSAR 时间序列的模拟结果如图 5.13 和图 5.14 所示，可以看出，联合模型不仅能揭示震后 InSAR 和 GPS 数据观测总体特征，同时也能解释 GPS 数据观测的跨断层震后形变速率梯度。

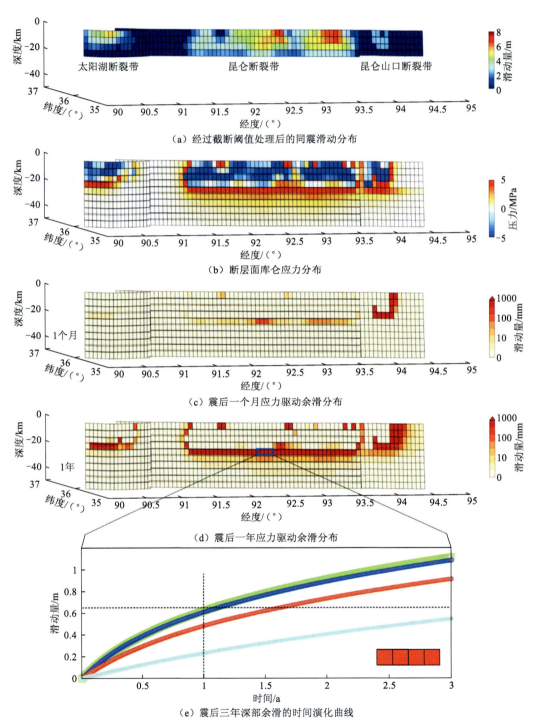

（a）经过截断阈值处理后的同震滑动分布

（b）断层面库仑应力分布

（c）震后一个月应力驱动余滑分布

（d）震后一年应力驱动余滑分布

（e）震后三年深部余滑的时间演化曲线

图 5.12　联合模型确定的深浅余滑分布及其时间演化过程

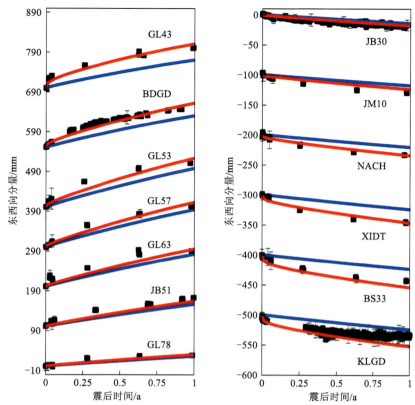

图 5.13　深浅余滑和黏弹性松弛联合模型对早期 GPS 观测的拟合结果

黑色方框表示 GPS 观测值；红色实线表示联合模型拟合值；蓝色实线表示黏弹性松弛模型拟合值

5.3　伊朗地震

2017 年 11 月 12 日，在伊朗卢里斯坦弧和基尔库克湾交界处发生了震级为 $M_w7.3$ 的伊朗地震，造成至少 530 人死亡，超过 7200 人受伤。这次地震是该区域记录到的最大一次地震，且这次地震震级较高却没有破裂到地表，发震断层位置及震源机制解与以往地震有很大差异。由 USGS 和 GCMT 地震目录给出的震源机制解显示，此次地震节面 I 倾向向东，倾角为 11°～19°，并且有一个明显的右旋逆冲滑移，而节面 II 倾向为南南西，倾角为 79°～89°，并有左旋逆冲滑移。震源机制与以往发生在扎格罗斯褶皱逆冲构造带（Zagros fold-and-thrust belt，ZFTB）内中等倾角（20°～60°）逆冲断层上的历史地震完全不同（Nissen et al.，2011；Talebian and Jackson，2004），也与推断的东北向隐伏断层不一致；震源机制解两个节面的断层倾向方向与该地区所推断的倾向为东北的隐伏逆冲断层并不一致。因此，应用现今大地测量学手段研究伊朗 $M_w7.3$ 地震的同震、震后运动形式和震后机理，可以更好地认识这次地震的发震断裂和构造环境，有助于理解该地区的发震机理和断层破裂分布特征，也为地震灾害危险性评估提供理论依据，具有重要的现实意义和科学价值。

已有研究对 2017 年伊朗 $M_w7.3$ 地震的同震形变开展了大量工作，但存在一些争议问题，如发震断层的具体位置、地表褶皱与地下盲断层的关系、滑动模式和破裂机制具体信息等。

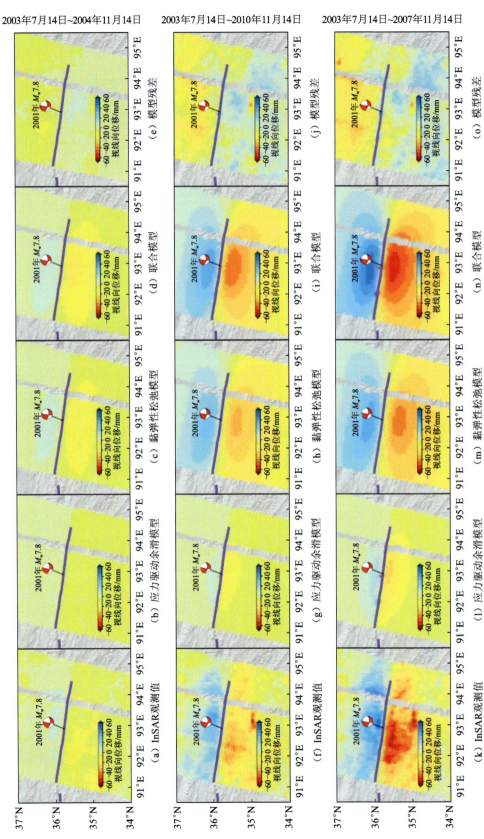

图 5.14 InSAR观测值（第一列）、不同震后形变机制（第二列为应力驱动余滑模型；第三列为黏弹性松弛模型；第四列为联合模型）的模型预测值、模型残差（第五列）沙滩球表示2001年昆仑山地震的震源机制解

而关于震后的研究更是非常少。Barnhart 等（2018）和 Feng 等（2018）分别利用震后 4 个月和 1 个月的 InSAR 数据获取了震后形变，并进行了震后机制模拟研究，但震后研究数据观测时间短且模型认识不统一。因此本小节对伊朗 $M_w7.3$ 地震可能的震后机制进行模拟，为相似构造地震提供有价值的参考。

这次地震发生在位于 ZFTB 内的卢里斯坦弧内，卢里斯坦弧长约 300 km，宽约 200 km，海拔为 1000～1500 m，比邻近的基尔库克湾和迪兹富勒湾高约 1 km。大约在晚始新世 35 Ma 到晚渐新世 25 Ma，位于伊朗中部区域的新特提斯洋停止俯冲开始大陆碰撞，从而造成卢里斯坦弧内 50～60 km 的缩短量（Blanc et al.，2003）。GPS 速度场也表明在阿拉伯半岛和伊朗中部的区域，大约会有（4±2）mm/a 的向北聚敛速度（Vernant et al.，2004）。虽然卢里斯坦弧内的 GPS 台站较为稀疏而无法精确解算出区域内部的水平和垂直运动速度，但整体的南北方向速度还是可以被分解成大致垂直于山脉和平行于山脉的聚敛速度，其中后者使山前断层（mountain front fault，MFF）主要表现为左旋走滑性质（Walpersdorf et al.，1997）。

5.3.1 震后形变过程提取与分析

应用 2.1.2 节介绍的 InSAR 时序分析通用流程，对 2017 年伊朗地震震后一年半的 InSAR 数据进行处理，数据处理的流程简述如下。

（1）获取欧洲空间局的 Sentinel-1A/B 卫星在 2017 年 11 月～2019 年 5 月震后 4 个轨道的升降轨数据（关于卫星数据的具体信息见表 5.1，其数据覆盖范围如图 5.15 和图 5.16 所示）；然后对所有轨道数据均采用 D-InSAR 处理方法得到各个轨道的干涉图数据集，其中升轨 72（Ascending-72）和升轨 174（Ascending-174）及降轨 06（Descending-06）和降轨 79（Descending-79）分别获得 564 幅、608 幅、612 幅和 532 幅解缠后的干涉图。

表 5.1 伊朗地震震后 Sentinel-1A/B 数据参数

轨道	升/降轨	开始时间	截止时间	数量/个	方位角/（°）	入射角/（°）
72	升轨	2017 年 11 月 17 日	2019 年 5 月 6 日	79	−12.95	33.78
174	升轨	2017 年 11 月 19 日	2019 年 4 月 31 日	80	−11.98	33.65
79	降轨	2017 年 11 月 12 日	2019 年 5 月 1 日	78	−166.96	33.97
06	降轨	2017 年 11 月 19 日	2019 年 4 月 30 日	81	−167.02	33.86

（2）为了保证干涉图网络构建的完备性，将所有轨道的时间基线和垂直基线阈值分别设定为 60 天和 150 m，并且将干涉图的最低相干性阈值设定为 0.7，结合最小生成树网络原则构建干涉网络，去除干涉图数据集中受大气湍流层和电离层影响较为严重的干涉图。其中各个轨道构建好的干涉网络图如图 5.17 所示。

（3）选择同时满足位于图像的相干区域、不受大气湍流和电离层条纹影响的区域，以及与研究区域有相近高程的区域，分别在不同轨道的平均空间相干性图中手动选取参考像素点（图 5.18 中的橙色小正方形）。

（4）使用加权后的最小二乘方法将各个轨道构建好的干涉图网络转换成位移时间序列，其中将干涉图中的协方差倒数作为加权因子。

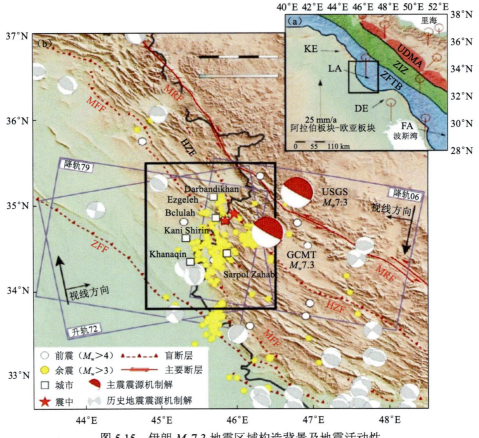

图 5.15 伊朗 M_w7.3 地震区域构造背景及地震活动性

（a）扎格罗斯褶皱逆冲构造带（Zagros Fold-and-Thrust Belt，ZFTB）；扎格罗斯叠瓦区域（Zagros Imbricate Zone，ZIZ）；乌鲁米多卡岩浆带（Urumieh-Dokhar Magmatic Assemblage，UDMA）。其中 ZFTB 沿着从西北到东南的方向可以分成 4 个区域：基尔库克湾（Kirkuk Embayment，KE）、卢里斯坦弧（Lurestan Arc，LA）、迪兹富勒湾（Dezful Embayment，DE）和法尔斯弧（Fars Arc，FA）；黑色和红色箭头表示的是阿拉伯板块相对于欧亚板块的 GPS 整体运动速度和 GPS 速度场（Vernant et al.，2004）；黑色矩形框显示的是研究区域。（b）红色沙滩球和红星表示 USGS 和 GCMT 地震目录分别给出的伊朗地震的震源机制解和震中位置；灰白色沙滩球则是 GCMT 地震目录记录的 1976~2017 年的历史地震震级 M_w>5.0 的地震；白色和黄色的点分别是 USGS 在 2017 年 6~7 月的震级 M_w>4.0 前震和 2017 年 11 月 12 日~2018 年 10 月 1 日的震级 M_w>3.0 级余震；红色实线为走滑断层，主前缘断层（main recent fault，MRF）；红色虚线为推测的可能主盲-逆冲断层的位置，高扎格罗斯断层（high Zagros fault，HZF）、扎格罗斯深前断层（Zagros foredeep fault，ZFF）和山前断层（mountain front fault，MFF）；白色方框为主震周围的城市；紫色矩形为不同轨道 Sentinel-1A/B 数据的空间覆盖范围

（5）采用欧洲中期天气预报中心（European Center for Medium-range Weather Forecasts，ECMWF）提供的 ERA-5 和 ERA-Interim 模型，以及 InSAR 相位和地形高程之间的线性关系对各个轨道解算后得到的位移时间序列进行校正，从而去除对流层相位延迟效应，对每种校正方法的结果计算其残差的均方根分布，发现当采用 ERA-5 大气模型时校正效果最好。

（6）在第（1）步生成干涉图中使用的是 90 m 分辨率 DEM 数据，且在震后一年半时间内还发生了两次震级为 6.0 级和 6.3 级的小震（图 5.18 蓝星标注，有明显形变），因此对所有轨道的位移时间序列采用地形误差校正，从而减少 DEM 精度和小震对地表形变的影响。

（7）计算不同轨道时间位移序列中每个数据残差相位 RMS，将 RMS 较低的数据去除，并选择位移时间序列中的第一个数据作为参考影像，从而解算得到各个轨道的形变平均速率图（图 5.18）和累积位移时间序列图（图 5.19）。

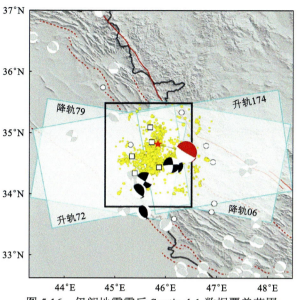

图 5.16 伊朗地震震后 Sentinel-1 数据覆盖范围

红色沙滩球和红星表示 USGS 给出的震源机制解和震中位置；灰白色沙滩球表示 GCMT 地震目录记录的 1976～2017 年的历史地震震级 M_w>5.0 的地震；白色点和黄色点表示 USGS 在 2017 年 6～7 月震级 M_w>4.0 的前震和 2017 年 11 月 12 日～2018 年 10 月 1 日震级 M_w>3.0 的余震；白色方框表示主震周围的城市；蓝色矩形表示升轨 72 和 174 及降轨 06 和 79 四个轨道 Sentinel-1A/B 数据的空间覆盖范围

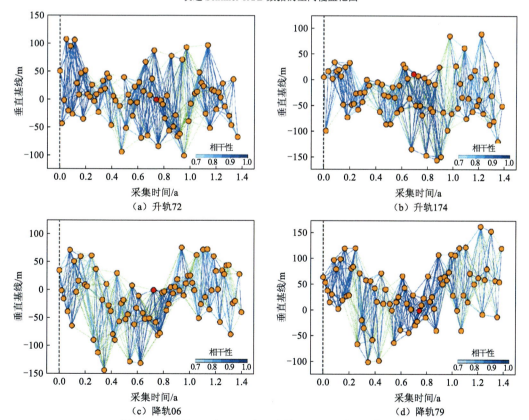

图 5.17 升轨 72 和 174 以及降轨 06 和 79 的干涉网络图

红圈表示各个轨道的主影像；橙色圈表示各个轨道的从影像；黑色虚线表示各个轨道第一个数据的时间线；蓝色渐变线表示各个轨道的干涉对（其中颜色从浅蓝到深蓝色表示解缠干涉图的相干性在 0.7～1.0 变化）；绿色虚线表示各个轨道去除的干涉对

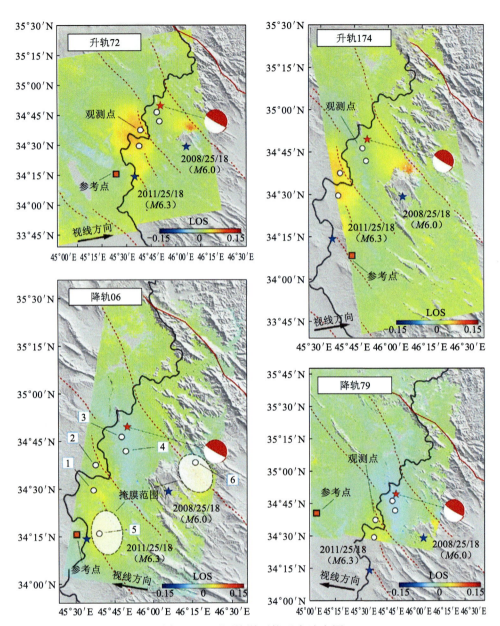

图 5.18　不同轨道平均形变速率图

红色沙滩球和红星表示 GCMT 地震目录给出的主震震源机制解和震中位置；蓝星表示 GCMT 地震目录给出的两次最大余震震中位置；白色圆圈表示观测点位置（点 1～4 为震后观测点）；橙色小正方形表示各个轨道的参考点；点 5 和点 6 表示两次最大余震观测点；红色虚线和实线表示该地区的断层位置；白色透明椭圆框表示掩膜范围

　　图 5.18 和图 5.19 所示的震后累积形变时间序列干涉图清晰展示了 2017 年伊朗地震震后的地表形变过程，另外通过这两幅图有以下发现。

　　（1）在升轨 72 和 174 中均有两个形变中心，且都为视线向隆升区域，其中西南形变中心呈现出椭圆形，信号非常明显，且震后一年半时间里变化程度较大，说明该区域为浅部震后效应的主要影响区域；而东北形变中心信号较为微弱且在震后一年半的时间里变化并不大，说明该地区的信号可能来自深部震后效应或是大气噪声影响。在降轨 06 和 79 中均有两个椭圆状的形变中心，其中西南形变中心为视线向隆升；而东北形变中心为视线向沉降。

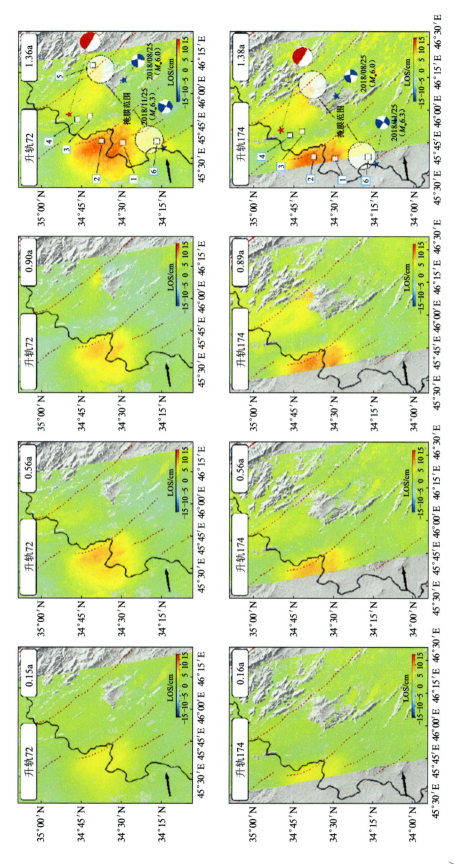

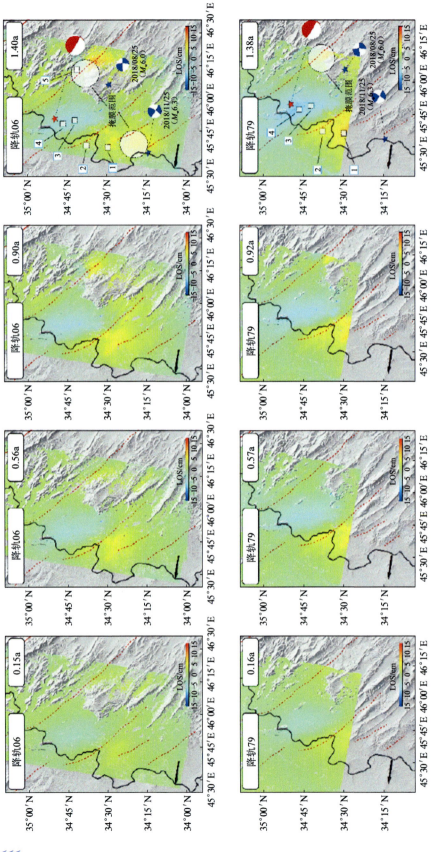

图 5.19 不同轨道的位移时间序列图

红色沙滩球和红星表示GCMT地震目录给出的主震震源机制解和震中位置；蓝色沙滩球和蓝星表示GCMT地震目录给出的两次最大余震震源机制解和震中位置；白色小正方形框表示观测点位置；白色透明圆框表示掩膜范围。由于每个轨道的累积位移时间序列图片很多，这里仅将各个轨道数据按照一定的时间间隔选出4个作为代表

（2）升降轨的形变速率图和累积形变时间序列图均显示其形变形状接近椭圆形，长轴接近南北走向，这与东倾发震断层（模型 A）的走向（351°）较为一致，并且震后形变也主要集中在同震形变的左侧。

（3）升降轨的累积形变时间序列图的隆升区域位置大体一致，说明这次震后运动是以垂直运动为主，以水平运动为辅。为了更好地确定出这次地震的震后运动形式，在图 5.19 中设置 6 个观测点，其中观测点 1～4 涵盖升降轨中该地震的主要形变区域，图中透明白色圆圈范围内的形变可认为与震后两次较大的余震相关，因此设置观测点 5 和观测点 6 进行观测。图 5.20 为观测点 5 和观测点 6 的视线向累积形变时间序列图，可以看出在 2018 年 8 月 20 日和 2018 年 11 月 20 日前后均出现位移阶跃现象。通过 GCMT 网站查阅这次地震震后一年半时间内的余震记录，发现在 2018 年 8 月 25 日和 2018 年 11 月 25 日分别发生了一次震级 $M_w6.0$ 和 $M_w6.3$ 的地震，将其投影到图 5.19 中，发现震中位置离形变区域很近，因此推测观测点 5 和观测点 6 的形变是由这两次余震造成的。考虑这两次余震并不是本小节研究的主要内容，为了后面震后机制模拟的方便，将其产生的形变从图 5.19 中去除，即图 5.19 中的白色透明圆形框。图 5.21 和图 5.22 所示为观测点 1～4 的累积形变时间序列图，从图中可以看到，震后形变在一年半时间内初期快速衰减，中后期逐渐平缓。为便于理解这次的地震震后形变的衰减过程，使用一个简单的 log 型衰减模型来拟合各个观测点的累积形变时间序列（Barnhart et al.，2018；Freed，2007），可表示为

$$y = a_1 + a_2\ln\left(1 + \frac{t - t_0}{\tau}\right) \tag{5.42}$$

式中：y 为 LOS 向的形变积累值；a_1 为静态偏移；a_2 为放大系数；t 为 t_0 之后的 InSAR 数据获取的日期；t_0 为每个轨道的第一幅数据获取日期；τ 为震后形变松弛时间。

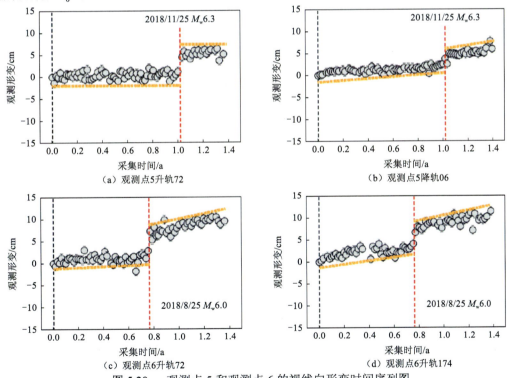

图 5.20　观测点 5 和观测点 6 的视线向形变时间序列图

灰色圆圈表示各个轨道不同观测点的累积 LOS 向形变量；红色虚线表示两次余震发生的时刻；
黄色虚线表示同震引发位移偏移量差值

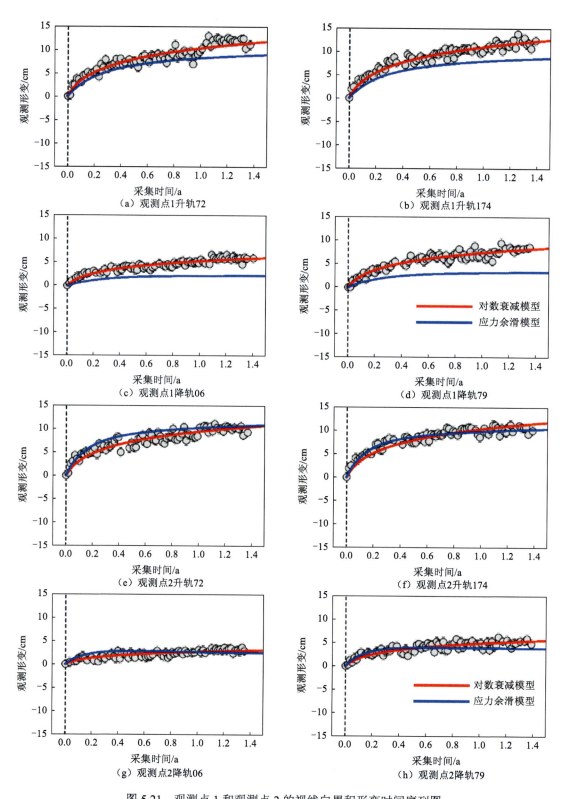

图 5.21　观测点 1 和观测点 2 的视线向累积形变时间序列图

灰色圆圈表示各个轨道不同观测点的累积 LOS 向形变量；红色实线表示本节中描述的简单 log 型衰减模型拟合曲线；

蓝色实线表示最优应力驱动余滑模型拟合曲线

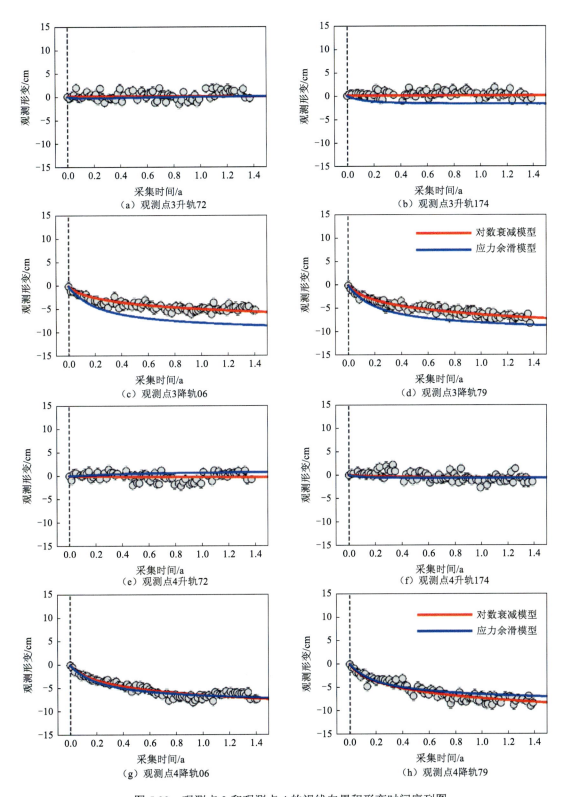

图 5.22 观测点 3 和观测点 4 的视线向累积形变时间序列图

灰色圆圈表示各个轨道不同观测点的累积 LOS 向形变量；红色实线表示本节中描述的简单 log 型衰减模型拟合曲线；
蓝色实线表示最优应力驱动余滑模型拟合曲线

通过最小二乘方法求解各个观测点上述方程的未知系数,发现当 τ 为 24 天时,简单的 log 型衰减模型可以将各个观测点的数据拟合得很好,这说明升降轨中不同形变中心可能为同一种震后机制导致,深部的震后效应影响不大。

5.3.2 震后黏弹性松弛机制模拟

为了验证伊朗地震的早期震后形变是否包含黏弹性松弛的贡献,需要计算黏弹性松弛所引发的地表形变。本小节使用一个简单的地球结构模型:第一层设置为弹性层,弹性层和黏弹性层的转换深度为 H,基于同震滑动分布将滑动基底设定为 20 km,弹性剪切模量设为 30 GPa,泊松比系数设为 0.25;第二层是与低速带相对应的黏弹性层,黏滞系数 η_1 设定为 $1\times10^{18}\sim1\times10^{21}$ Pa·s,并且根据 Hatzfeld 等(2003)所测定该地区的莫霍面深度,将第二层和第三层这两个黏弹性层之间的转换深度设为 45 km;第三层为黏弹性半空间层(>45 km),黏滞系数 η_2 设定为 $1\times10^{18}\sim1\times10^{21}$ Pa·s。然后测试牛顿体($n=1$)模型,通过以 0.5×10^{18} Pa·s 为步长间隔改变黏滞系数 η_1 和 η_2 的值来模拟在不同黏滞系数下黏弹性变形,最后认定模型的模拟值和观测值最小时为最优模型。

由模拟结果发现,当第二层和第三层的黏弹性层 η_1 和 η_2 分别为 5×10^{18} Pa·s 和 5×10^{19} Pa·s 时为最优模型,并且当第三层的黏滞系数低于该阈值时,会使与黏弹性松弛模型相关的形变在干涉图中显现。从图 5.23 中可以看到:①升轨 72 和 174 中有两个较为明显的形变中心,西南形变中心为 LOS 向隆升,东北形变中心为 LOS 向沉降,这与观测结果不符;降轨 06 和 79 中,模拟的形变中心与观测结果几乎一致,但位置有所差异。②据升降轨黏弹性松弛模拟的结果可知其形变量范围为 $10^{-6}\sim10^{-3}$ m,这与观测到的形变量级为 $10^{-3}\sim10^{-2}$ m 不符,因此,可认为黏弹性松弛对于震后形变可能有所贡献,但影响很小。

5.3.3 震后余滑模拟

为了深入研究发震断层面上的余滑分布,本小节利用累积的 LOS 向震后地表形变进行运动学余滑反演。图 5.19 的最后一列展示的是震后一年半时间内升降轨 4 个轨道的累积震后形变。为了提高反演过程中的计算效率,对升降轨 4 个轨道的累积震后形变分别进行降采样处理,并且假设余滑分布主要集中在一个平面矩形的余滑断层面上,同时将其划分成 2 km×2 km 的网格。将同震断层模型套用在余滑反演过程中(倾角为 17.5°),发现观测与模拟的拟合程度较低,但随着模型倾角减小,数据的拟合程度越来越高,这说明震后余滑与同震滑动并不是在同一个断层面上(即余滑断层面不是同震断层面的线性延伸),但同震断层与震后余滑断层面在空间上应该有所衔接,这一结论与 Barnhart 等(2018)得出的结果一致。

反演结果显示,观测到的震后地表形变可以用余震断层面上的最大滑动量为 0.44 m 的条带状滑动区域来拟合。当余滑断层面的几何参数为长 90 km、宽 80 km、顶部深度 6 km、底部深 20 km、倾角 5°、走向 350°、滑动角 146.6° 时,其为余滑断层面的最优模型,并且计算得到的震级为 M_w 6.85。图 5.24 为升降轨数据中的 InSAR 观测-模拟-残差图。可以看出,该地震震后形变场的模拟值从分布形态上看与 InSAR 观测结果是相符的,且大小与 InSAR 观测值差异很小,说明了该余滑断层模型的合理性。图 5.25 展示的是断层面上余滑分布在地表的投影,并且将震后一年半的余震数据和同震断层面上滑动分布同时投影在地表上,可以

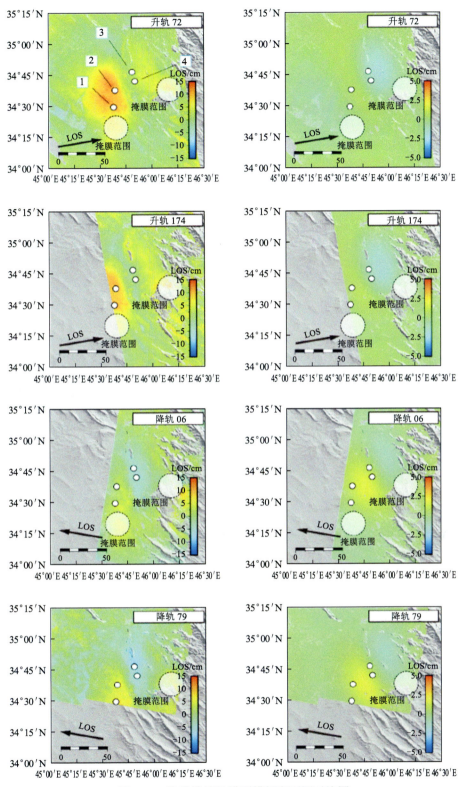

图 5.23　黏弹性松弛模型模拟和观测对比图

左列表示 InSAR 的震后观测图；右列表示黏弹性松弛模型下的模拟值；白色圆圈表示观测点；白色虚线框表示掩膜范围

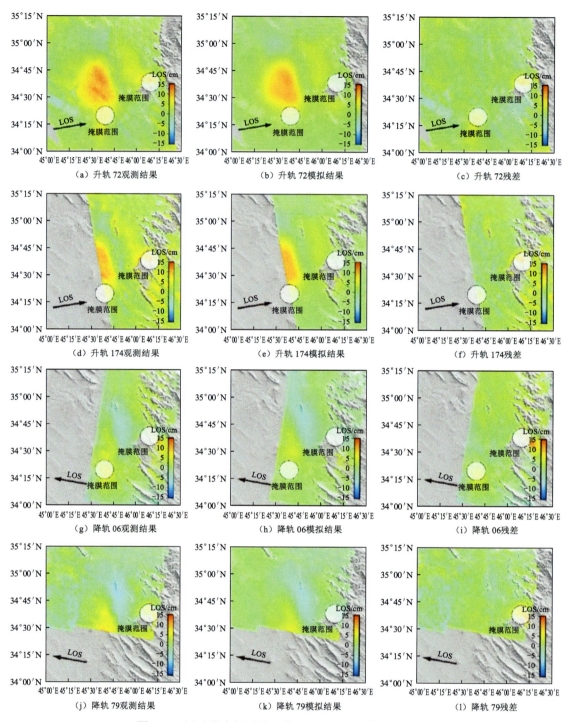

（a）升轨72观测结果　　　　　（b）升轨72模拟结果　　　　　（c）升轨72残差

（d）升轨174观测结果　　　　　（e）升轨174模拟结果　　　　　（f）升轨174残差

（g）降轨06观测结果　　　　　（h）降轨06模拟结果　　　　　（i）降轨06残差

（j）降轨79观测结果　　　　　（k）降轨79模拟结果　　　　　（l）降轨79残差

图 5.24　运动学余滑反演下的 InSAR 观测-模拟-残差图

发现以下特点：①震后余滑主要集中在同震滑动断层面的上倾角部分，虽然下倾角部分也有部分滑动，但滑动方向比较杂乱无章且不集中，推测余滑断层面上的下倾角滑移可能由累积形变图中距离余震断层面较远的远场信号造成；②从水平空间和深度分布上来看，余震主要集中在余滑断层面左上角的区域内，这与反演得到平均滑动角为 146.6° 的结果一致，说明这

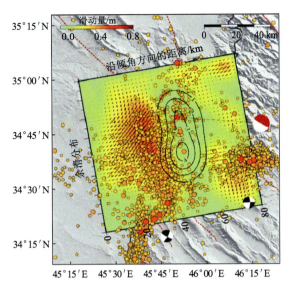

图 5.25 最优运动学余滑断层面滑动情况在地表的投影 1

黄色圆圈表示伊朗地震中心给出的余震大小和位置（颜色深浅表示地震大小）；红色沙滩球和红星以及黑色沙滩球表示 GCMT
地震目录给出的 Darbandikhan 地震和两次最大余震震源机制解和震中位置；黑色等高线表示同震滑动分布在地表的投影

部分区域为整个余滑断层面上的应力集中区域；③余滑分布和同震滑动分布在空间上具有一定的互补性，这一特性也与余震的水平分布结果一致。因此，可认为震后余滑效应是这次地震的主要震后机制，但考虑运动学余滑反演不具备实际的物理含义，以下从应力驱动余滑模型的角度来说明震后余滑的作用。

在了验证此次地震震后地表形变是由同震应力松弛所引起的，假设整个震后余滑断层面上的余滑分布先由速率-状态摩擦本构方程控制再进行计算。首先，设定一个立方体（该立方体范围大小涵盖整个地震同震和震后地区），并且按照其长宽高分辨率分别划分为 512 份，这样每一小方块的体积为 0.125 km^3；然后将震后余滑断层面从地理坐标系转换到立方体的局部坐标系下，并且假定在同震库伦应力发生变化时已划分好的网格就会滑动，同时这种滑动是准稳态蠕滑，那么断层面上的滑动速率就可以通过速度-强化方程来表示（Barbot et al.，2009；Lapusta et al.，2000；Rice and Ben-Zion，1996），即

$$V = 2V_0 \sinh \frac{\Delta \tau}{(a-b)\sigma} \qquad (5.43)$$

式中：V 为滑动速度；V_0 为参考滑动速率（控制震后余滑的时间尺度）；$\Delta \tau$ 为同震剪切应力变化量；$(a-b)\sigma$ 为范围在 0.1～10 MPa 的本构参数。

在这次地震中可通过搜索最优模型的 V_0 和 $(a-b)\sigma$ 来拟合观测到的观测点的时间变化序列，并设定一个系数 ϕ（在 0～1 变化的同震滑动量最大值的滑动量系数），以此按照比例将低于该系数的断层面上同震滑动值去除。此外，根据运动学余滑反演的描述，可以将余滑断层面分成三个区域（图 5.26），橙色方框透明区域为速度强化区域（$a-b>0$），以震后余滑为主；绿色方框透明区域为速度弱化区域（$a-b<0$），以黏滑为主；灰色方框透明区域认定为远场噪声影响的区域，因此在模拟中不考虑。可以发现当 V_0 为 1.8 cm/a，$(a-b)\sigma$ 为 2.8 MPa，且 ϕ 为 0.23 时，观测点 1～4 的时间变化序列和模型的模拟值之间的残差 RMS 最小，于是得到最优应力驱动余滑模型。图 5.27 为基于应力驱动余滑反演模型得到的观测-模拟-残差图。

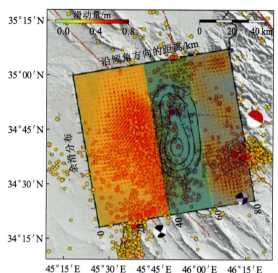

图 5.26　最优运动学余滑断层面滑动情况在地表的投影 2

橙色方框透明区域表示速度强化区域（a–b>0）；绿色方框透明区域表示速度弱化区域（a–b<0）；
灰色方框透明区域表示远场噪声影响的区域

通过残差结果看出，该模型模拟值与震后观测值在形态和量级大小上都非常吻合，且将观测点 1～4 的模拟值提取出来并投影到图 5.21 和图 5.22 中（蓝线所示），发现观测点 2 和观测点 4 中的模拟值与观测值比较一致，而观测点 1 和观测点 3 中的模拟值和观测值具有一致的整体趋势。图 5.28 展示了最优应力驱动余滑模型投影在地表的断层面滑动分布，表明伊朗地震震后一年半的断层面上余滑主要集中在压实后同震断层面的上倾角区域，模型最大滑动量为 0.96 m，远大于运动学余滑反演得到的 0.44 m。因此可认为此次地震震后一年半地表形变主要是由该地震的同震应力变化触发的余滑断层面上震后余滑造成的，且这些余滑主要集中分布在同震滑动的上倾角部分。

震后余滑断层面的滑动分布表明，震后余滑主要集中于沉积盖层内部的低倾角逆掩断层（5°左右），且主要分布在同震断层面的上倾角部分，其滑动方向与同震发震断层的滑动方向类似，为倾斜逆冲运动，滑动深度集中在地下 8～11 km。因此，从垂直空间的分布来看，同震余滑和震后余滑在空间上呈现出一定的互补特性。说明此次地震的同震滑动是在结晶基底发生破裂，然后向上传播到达结晶基底顶部；而震后余滑则是在沉积盖层的基底滑脱层由同震应力变化引发的应力驱动余滑，从形式上构成了褶皱区域常见的断坪-断坡构造。同震和震后反演结果表明,在卢里斯坦弧与基尔库克湾交界地区可能存在结晶基底和底部沉积盖层（结晶基底和沉积盖层之间具有较低摩擦系数的滑脱层，当外部同震应力发生变化时以无震蠕滑的形式进行滑动）所构成的断坪-断坡孕震构造，且该构造发生一定横向缩短，并以低倾角和较大倾角的逆冲断层面滑动的形式来释放能量。

最后，分析伊朗地震这样的同震滑动和余滑之间的结构构造和空间关系（结晶基底处倾角较大的断坡发生破裂从而驱动断层面上倾角较小滑脱层的断坪发生无震蠕滑）有助于理解具有相似构造环境的地震，如 2005 年巴基斯坦发生的 Kashmir 地震（Jouanne et al.，2011）和 2015 年的尼泊尔地震。不过与尼泊尔地震不同之处在于，2015 年尼泊尔地震的震后余滑发生在同震断层面的上倾角区域，而不是下倾角区域（Mencin et al.，2016），当然这种现象可以被解释为发震断层 MHT 断层的上部可能处于闭锁状态（应力集中），并且在未来某一时

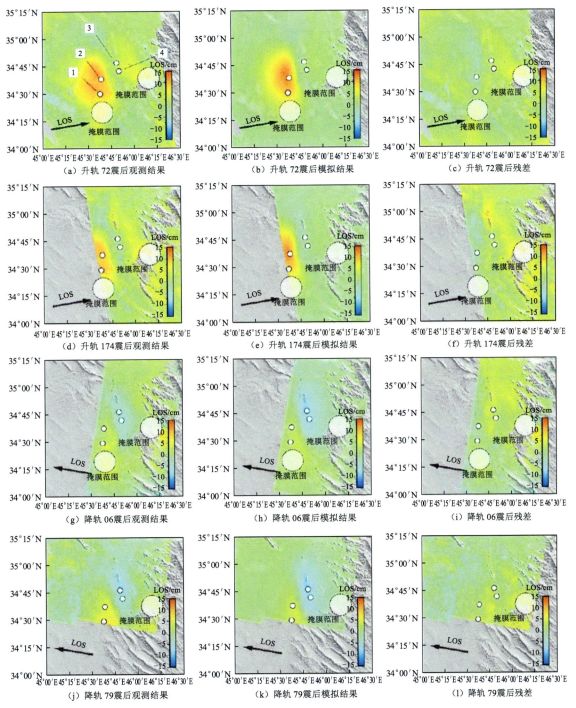

图 5.27　基于应力驱动余滑反演模型得到的 InSAR 观测-模拟-残差图

（a）、（d）、（g）、（j）表示 InSAR 的震后观测图；（b）、（e）、（h）、（k）表示运动学余滑反演下的模拟值；

（c）、（f）、（i）、（l）表示观测值与模拟值的做差得到的残差值；白色虚线区域表示掩膜范围

刻将会以大地震的形式进行破裂释放能量。但也从侧面说明对于具有相似的断坪-断坡构造环境的地震，其震后余滑是在同震断层面的上倾角滑动、下倾角滑动、同时滑动或缺失，仅与断层面上各个区域的速度-状态摩擦本构方程有关，而与断层的几何形式无关。

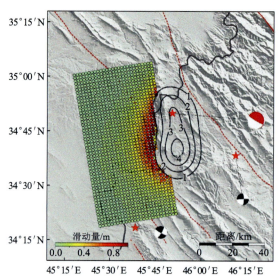

图 5.28　最优应力驱动余滑模型断层面滑动分布在地表的投影

红色沙滩球和红星为 GCMT 给出的 Darbandikhan 地震震源机制解和震中位置；黑色沙滩球及其相连红星为 GCMT 地震目录给出的 Darbandikhan 后两次最大余震震源机制解和震中位置；黑色等高线为同震滑动分布在地表的投影；红色虚线为断层地表迹线

参 考 文 献

Barbot S, Fialko Y, 2010. A unified continuum representation of post-seismic relaxation mechanisms: Semi-analytic models of afterslip, poroelastic rebound and viscoelastic flow. Geophysical Journal International, 182(3): 1124-1140.

Barbot S, Fialko Y, Bock Y, 2009. Postseismic deformation due to the M_w 6.0 2004 Parkfield earthquake: Stress-driven creep on a fault with spatially variable rate-and-state friction parameters. Journal of Geophysical Research: Solid Earth, 114: B07405.

Barnhart W D, Brengman C M, Li S, et al., 2018. Ramp-flat basement structures of the Zagros Mountains inferred from co-seismic slip and afterslip of the 2017 M_W 7.3 Darbandikhan, Iran/Iraq earthquake. Earth and Planetary Science Letters, 496: 96-107.

Blanc E J P, Allen M B, Inger S, et al., 2003. Structural styles in the Zagros Simple Folded Zone, Iran. Quarterly Journal of the Geological Society of London, 160: 401-412.

Diao F, Wang R, Wang Y, et al., 2018. Fault behavior and lower crustal rheology inferred from the first seven years of postseismic GPS data after the 2008 Wenchuan earthquake. Earth and Planetary Science Letters, 495: 202-212.

Feng W, Samsonov S, Almeida R, et al., 2018. Geodetic constraints of the 2017 M_W 7.3 Sarpol Zahab, Iran earthquake, and its implications on the structure and mechanics of the northwest Zagros thrust-fold belt. Geophysical Research Letters, 45: 6853-6861.

Freed A M, 2007. Afterslip (and only afterslip) following the 2004 Parkfield, California, earthquake. Geophysical Research Letters, 34: L06312.

Hatzfeld D, Tatar M, Priestley K, et al., 2003. Seismological constraints on the crustal structure beneath the Zagros Mountain belt (Iran). Geophysical Journal International, 155: 403-410.

Jouanne F, Awan A, Madji A, et al., 2011. Postseismic deformation in Pakistan after the 8 October 2005 earthquake:

Evidence of afterslip along a flat north of the Balakot-Bagh thrust. Journal Geophysical Research: Solid Earth, 116: B07401.

Lapusta N, Rice J R, Ben-Zion Y, et al., 2000. Elastodynamic analysis for slow tectonic loading with spontaneous rupture episodes on faults with rate-and state-dependent friction. Journal of Geophysical Research, 105(B10): 23765-23789.

Li Y, Shan X, Qu C, 2019. Geodetic constraints on the crustal deformation along the Kunlun fault and its tectonic implications. Remote Sensing, 11(15): 1775.

Marone C, 1998. The effect of loading rate on static friction and the rate of fault healing during the earthquake cycle. Nature, 391(6662): 69-72.

Mencin D, Bendick R, Upreti B N, et al., 2016. Himalayan strain reservoir inferred from limited afterslip following the Gorkha earthquake. Nature Geoscience, 9: 533-537.

Nissen E, Tatar M, Jackson J A, et al., 2011. New views on earthquake faulting in the Zagros fold-and-thrust belt of Iran. Geophysical Journal International, 186: 928-944.

Perfettini H, Avouac J P, 2007. Modeling afterslip and aftershocks following the 1992 Landers earthquake. Journal of Geophysical Research: Solid Earth, 112: B07409.

Ren J W, Wang M, 2005. GPS measured crustal deformation of the M_s 8.1 Kunlun earthquake on November 14th 2001 in Qinghai-Xizang plateau. Quaternary Sciences, 25(1): 34-44.

Rice J R, Ben-Zion Y. 1996. Slip complexity in earthquake fault models. Proceedings of the National Academy of Sciences of the USA, 93(9): 3811-3818.

Scholz C H, 1998. Earthquakes and friction laws. Nature, 391(6662): 37-42.

Scholz C H, Cowie P A, 1990. Determination of total strain from faulting using slip measurements. Nature, 346(6287): 837-839.

Talebian M, Jackson J A, 2004. Reappraisal of earthquake focal mechanisms and active shortening in the Zagros mountains of Iran. Geophysical Journal International, 156: 506-526.

Vernant P, Nilforoushan F, Hatzfeld D, et al., 2004. Present-day crustal deformation and plate kinematics in the Middle East constrained by GPS measurements in Iran and northern Oman. Geophysical Journal International, 157: 381-398.

Walpersdorf A, Hatzfeld D, Nankali H, et al., 1997. Difference in the GPS deformation pattern of North and Central Zagros (Iran). Geophysical Journal International, 167: 1077-1088.

Wang K, Bürgmann R, 2020. Probing fault frictional properties during afterslip updip and downdip of the 2017 M_w 7.3 Sarpol-e Zahab earthquake with space geodesy. Journal of Geophysical Research: Solid Earth, 125(11): e2020JB020319.

Zhao B, Huang Y, Zhang C, et al., 2015. Crustal deformation on the Chinese mainland during 1998~2014 based on GPS data. Geodesy and Geodynamics, 6(1): 7-15.

基于高分辨率影像的地震活动断层定量化研究及应用

6.1　地震活动断层地表破裂特征

6.1.1　地震活动断层地貌识别标志种类

由于地震作用，地表会形成特殊的构造地貌，根据这些地震地貌标志，就可以准确标定地震地表破裂带。地震活动断层主要有三大类型：正断层、逆断层和走滑断层（图6.1）。其中走滑断层运动主要在地表构成水平形变特征地貌，而正断层和逆断层运动主要构成垂直形变特征地貌。下面将介绍常见的地震地表破裂的地貌识别标志（韩娜娜，2018）。

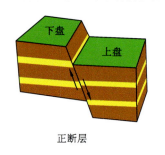
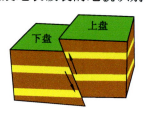
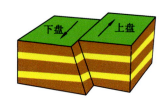

正断层　　　　　　　　逆断层　　　　　　　　走滑断层

图6.1　断层类型

1. 裂缝和鼓包

地震构造裂缝是地震活动在地表的重要表现形式，大地震可在地表形成长达几千米甚至几百千米、宽几米至几百米的地表裂缝带。根据断层力学性质，裂缝的平面形态有平直、弧形、锯齿形、雁列/斜列形等（杨景春和李有利，2011）。

在走滑断层的剪切作用下，常派生一组次生拉张应力和挤压应力，形成与主断层走向斜交的呈雁形分布的裂缝和鼓包，也被称为磨拉构造（mole track structure）。地震裂缝和鼓包常沿洪积扇、山麓等地发育，鼓包一般高 30～60 cm，呈长椭圆形，鼓包和裂缝一般按一定夹角排列分布（Jackson，1997）。其具体力学形成机制如下：在水平地震力作用下，地表松散岩层受到挤压应力，体积不断缩小，然后上升形成鼓包；两个鼓包之间受到拉张应力，从而产生裂缝（国家地震局阿尔金活动断裂带课题组，1992）。通常，断层的局部几何结构导致了其邻近区域不同的应力状态，如断层弯曲、阶区构造，图 6.2 展示了地震鼓包的形成机制（杨景春和李有利，2012；Lin et al.，2004）。

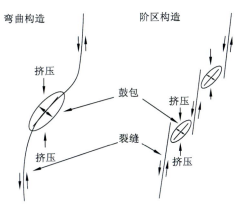

图 6.2　地震鼓包的形成机制

正断层的拉张作用常常形成锯齿状的张裂缝，如图 6.3 所示的 2022 年门源地震地表张裂缝；逆断层的挤压作用常常形成弧形裂缝。除此以外，还有拉张剪切作用或挤压剪切作用形成的裂缝。

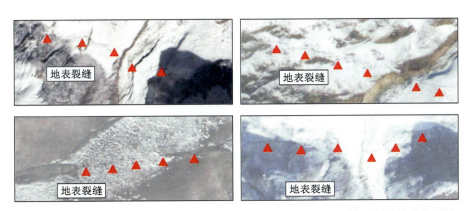

图 6.3　高分七号卫星影像展示的 2022 年 1 月 8 日门源 M_S 6.9 地震同震地表张裂缝

2. 断错地貌

断层活动可形成许多断错地貌，按运动方向可以分成两大类：一类是水平断错地貌，如断错冲沟、河流阶地、洪积扇、山脊等；另一类是垂直断错地貌，如断层陡坎、沟谷裂点以及断错洪积扇、河流阶地等。

断层水平错动使冲沟向一个方向转弯，冲沟流向与断层走向呈一定夹角。一般情况下，冲沟在断裂处的弯曲距离就是其活动位移。冲沟的发育时代不同，其位移大小不同。老的冲沟经历的断层活动次数多，累积位移大；年轻的冲沟经历的断层活动次数少，其累积位移小。如图 6.4 所示，通过分析这些冲沟记录的位移，可以确定地震的活动次数（Klinger et al., 2011；Zielke et al., 2010）。当一次活动位移超过冲沟的宽度时，冲沟的上下游连接不上，从而形成了"断头河""断尾河"，如果"断头河"向下游伸长或"断尾河"向上游溯源侵蚀而组成新的水系，原来的一段被废弃，那么就会形成"断塞塘"。此外，断层的垂直运动使沟谷地形不连续，形成河床裂点，受到侵蚀作用的影响，裂点会向上游方向迁移，因此裂点的数量也记录了地震活动的次数（毕丽思 等，2011）。

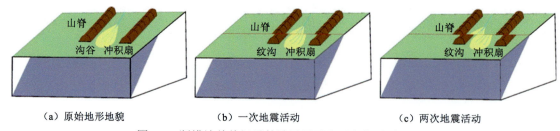

| （a）原始地形地貌 | （b）一次地震活动 | （c）两次地震活动 |

图 6.4　断错地貌体记录的地震同震和累积位移原理图

与断错冲沟机制一样，山脊、洪积扇的错动及其位移量同样代表了断裂的运动方向和幅度。河流下切侵蚀，原先的河谷底部超出洪水位，并呈阶梯状分布在河谷谷坡上，称为河流阶地（杨景春和李有利，2011）。河流阶地的错动是最常见、研究最多的地震活动地貌标志，它既有水平位移也有垂直位移。河流阶地的演化和构造活动具有密不可分的关系，图 6.5 是根据张培震等（2008）和 Cowgill 等（2007）构建的河流阶地演化模型的简化模型。

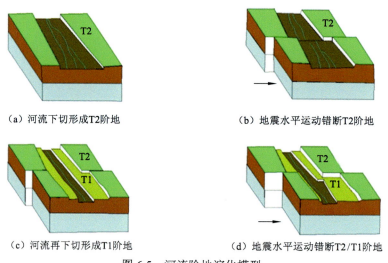

| （a）河流下切形成T2阶地 | （b）地震水平运动错断T2阶地 |
| （c）河流再下切形成T1阶地 | （d）地震水平运动错断T2/T1阶地 |

图 6.5　河流阶地演化模型

3．断层陡坎

断层陡坎一般在平坦地区表现为断层一盘相对于另一盘的抬升，高度从几十厘米到几米不等，是正断层和逆断层重要的垂直运动标志。当然，走滑断层也可以通过起伏不平的地形形成平移断层陡坎，如水平错断山脊形成镰刀形或眉形的陡坎，又称眉脊（杨景春和李有利，2011）。

正断层陡坎形式简单，其高度等于断层垂直活动的幅度。而逆断层倾角一般较陡峭，又是由断层上盘抬升运动形成，所以其陡坎表现形式较复杂。逆断层陡坎类型如图 6.6 所示，主要有：①逆断层陡坎，断层面出露地表直接形成；②崩塌逆断层陡坎，此时陡坎坡向与逆断层倾向相反；③褶皱逆断层陡坎，即陡坎未出露地表而以褶皱隆起的形式表现；④后冲逆断层陡坎，在断层上盘发育与主逆断层平行的次级逆断层陡坎（杨景春和李有利，2011）。此外，逆断层活动有时会形成一些正断层陡坎，如 2008 年汶川地震在北川中坝村形成的正断层陡坎。在山区，有时会由反坡向的垂直运动形成一条沿断层发育的纵沟，称为"坡中槽"。

（a）逆断层陡坎

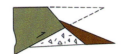
（b）崩塌逆断层陡坎

（c）褶皱逆断层陡坎

（d）后冲逆断层陡坎

图 6.6 逆断层陡坎类型

4. 地震滑坡、崩塌、泥石流

受地震振动作用影响，一些坡度较陡、岩石破碎或有大量松散沉积物的山坡、岸坡或谷坡失去稳定而形成地震滑坡或崩塌，地震形成的大量松散崩积物遇到降水或余震，便形成了泥石流。地震滑坡、崩塌以及泥石流阻塞河道和沟谷，形成堰塞湖。这些地震次生灾害往往比地震本身造成的危害还要严重，给地震应急救援造成了巨大的困扰。地震次生灾害的发生与发震断层、地形地貌、地质条件、水文条件等都有重要关系。一些地震并没有形成明显的地震地表破裂带，但伴随严重的次生灾害，因此，准确识别这些次生灾害的分布特点有利于认识地震的发震构造。

6.1.2 地震活动断层几何结构

地震地表破裂带是震源快速破裂到达地表的直接体现，主要反映在平面展布形态、地表变形及其排列组合等方面，可以根据地震地貌标志直接追踪得到地表破裂带。但实际上，地震破裂主要是受发震断层的几何结构控制的，因此断层几何是深入研究地震破裂机制、理解发震构造的关键。破裂断层几何定量化研究的主要内容包括破裂断层面的走向、倾向、倾角，破裂的长度、宽度，以及次级破裂断层的组合类型等，主要的研究方法有物理勘探、数值模拟及野外测量，而现在基于高分辨率遥感数据的断层几何定量化研究方法逐渐形成。

1. 断层走向、倾向、倾角

断层面是岩石断开并借此滑动的破裂面，由走向、倾向、倾角三要素确定，如图 6.7 所示。断层面与水平面的交线称为走向线，走向线的延伸方向为断层的走向。断层面上与走向线相垂直的线称为倾斜线，将倾斜线投影到水平面上，投影线指向断层面下方的方位为断层的倾向。倾斜线与其在水平面上投影线的夹角称为倾角。

对于地表破裂型地震，在高分辨率遥感数据上可以清楚地观察出地表破裂迹线，根据地震地貌识别标志解译出地表破裂带，可得到破裂断层的平面几何形态。一般根据断层几何形态确定断层分段，然后测量每段断层走向参数（0°～360°）。断层倾向一般使用北/北东/东/东南/南/南西/西/西北进行描述。

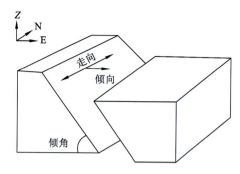

图 6.7　断层面三要素

获取断层面倾角参数的传统方法是野外实地测量，而 Zhou 等（2016）基于高分辨率 DEM 数据建立了局部近地表断层面倾角计算方法，其原理是破裂断层面与地面相交表现为破裂迹线，而地面地形一般具有起伏变化，因此破裂迹线上离散点的高程也不同，利用这些高低起伏的离散点就可以唯一确定出平面，即断层面。

Zhou 等（2016）使用的空间平面方程可表示为

$$Ax + By + Cz + D = 0 \tag{6.1}$$

式中：x、y、z 为破裂迹线上的离散点；A、B、C、D 为要求取的模型参数。

以点到断层面的最小距离和为约束：

$$\text{Min} \sum_{i}^{n} d_i, \quad d_i = \frac{|Ax_i + By_i + Cz_i + D|}{\sqrt{A^2 + B^2 + C^2}} \tag{6.2}$$

运用最小二乘法计算出 A、B、C、D，具体过程不再赘述。

断层倾角的计算公式为

$$\gamma = \frac{\pi}{2} - \tan^{-1} \frac{C}{\sqrt{A^2 + B^2}} \tag{6.3}$$

基于高分辨率 DEM 数据来提取近地表断层面三要素能够节省大量的人力物力，且作业效率高。Zhou 等（2016）建立的模型比野外实地测量精度高，且具有广泛适用性，使用该模型可以详细刻画整个断层不同区段的破裂断层面。

2. 断裂几何形态和次级断层组合类型

从 Clark 等（1972）首次调查并绘制 1968 年 Borrego Mountain 地震地表破裂的几何形态及位移分布开始，研究者至今已绘制了 30 例以上大地震的详细地表破裂带。综合分析这些地震地表破裂几何特征，研究者发现断层的复杂几何形态在一定程度上控制了地震破裂过程，尤其是一些特殊的形态和组合类型，它们控制了断层稳定破裂单元的边界。

断层的几何形态一般有直线形、S 形、反 S 形、弯曲形，如图 6.8 所示，主要组合类型有羽列形、雁列形、梭状交接、Y 形分支、爪状分支等，这些分支组合结构导致断层局部应力状态的变化。图 6.9 展示了走滑型断层中形成的阶区构造，分支断层之间的重叠区域称为阶区，包括扩张型阶区（extensional step）和挤压型阶区（compressional step）（国家地震局阿尔金活动断裂带课题组，1992）。

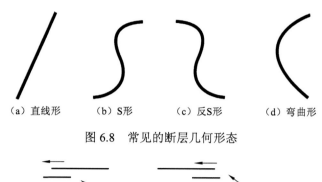

(a) 直线形　　　(b) S形　　　(c) 反S形　　　(d) 弯曲形

图 6.8　常见的断层几何形态

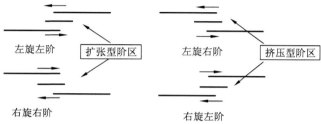

图 6.9　走滑型断层中形成的阶区构造

断层的特殊几何形态和组合类型及其规模使它们在地震破裂过程中发挥着不同程度的作用，有些甚至是相反的作用，已有大地震破裂带和数值模拟的结果都证明了这点，如断层的弯曲、阶区构造达到一定规模后会抑制地表破裂的发育（Lozos et al., 2011；Wesnousky, 2008），使中间破裂断层成为独立的破裂单元。

6.1.3　地震参数经验公式

地震活动断层的古地震和地质学研究主要关注震源特征的评定，如地貌和地质调查关注古地震的发震时间、地震位移以及断层分段等。为了从已有的地震震源参数去探索发震断层的活动习性和地震危险性，地震研究者观察并建立了地震震级、地表破裂参数的经验关系式，而且对于其经验公式的研究具有很好的传承性（Wesnousky, 2008；Wells and Coppersmith, 1994；Chinnery et al., 1969；Tocher, 1958），并得到广泛的验证和使用，成为评价地震震级及活动断层地震危险性的重要方法。

本小节主要介绍并使用 Wells 和 Coppersmith（1994）建立的地震震级（magnitude, M）、地表破裂长度（surface rupture length, SRL）、地表平均位移（average displacement, AD）及最大位移（maximum average, MD）之间的经验关系式。Wells 和 Coppersmith（1994）建立的公式得到了广泛的应用，他们选取了全球 244 个震例，使用对数进行线性回归拟合。本小节介绍走滑型地震的地震参数经验公式：

$$\lg(AD) = a + b*\lg(SRL), \qquad a = -1.7, \quad b = 1.04 \tag{6.4}$$

$$\lg(MD) = a + b*\lg(SRL), \qquad a = -1.69, \quad b = 1.16 \tag{6.5}$$

$$\lg(SRL) = a + b*\lg(AD), \qquad a = 1.68, \quad b = 0.65 \tag{6.6}$$

$$\lg(SRL) = a + b*\lg(MD), \qquad a = 1.49, \quad b = 0.64 \tag{6.7}$$

$$M = a + b*\lg(SRL), \qquad a = 5.16, \quad b = 1.12 \tag{6.8}$$

Wells 和 Coppersmith（1994）的拟合结果显示，地震震级与地表破裂长度参数具有很好的相关性，即式（6.8），其标准偏差为 0.28，相关系数为 0.91，以上公式的相关系数均≥0.82。

同时还需注意公式的适用范围：MD<14.6 m，AD<8 m，SRL<432 km，M 介于 5.6～8.1。正是因为 Wells 和 Coppersmith（1994）采用了大量的地震震例，其拟合公式具有广泛的适用性。震级的回归公式可以用于地表破裂断层和未破裂断层（盲断层）的最大发震震级及其地表位移的预测，因此在断层地震活动习性和危险性预测中具有重要的作用。

6.2 基于高分辨率立体卫星影像的 DEM 提取

6.2.1 高分辨率立体卫星影像介绍

20 世纪 90 年代，航天遥感进入高分辨率遥感时代，美国的 IKONOS 卫星被认为是第一颗高分辨率的民用商业卫星，其空间分辨率达 1 m（孙家抦，2003）。表 6.1 整理了自 20 世纪 90 年代以来各国高分辨率遥感卫星的发射情况。从表 6.1 中可以看出，高分辨率卫星处于快速发展阶段，其分辨率已达米级甚至亚米级。

表 6.1 各国高分辨率遥感卫星发射情况统计

国家	遥感卫星名称	发射时间	分辨率/m	
			全色	多光谱
美国	QuickBird-2	2001 年	0.61	2.44
	Orbview-4	2001 年	1	4
	IKONOS-2	2002 年	1	4
	GeoEye-1	2008 年	0.41	1.65
	WorldView-1	2007 年	0.5	—
	WorldView-2	2009 年	0.46	1.85
	WorldView-3	2014 年	0.31	1.24
	WorldView-4	2016 年	0.31	1.24
法国	SPOT-5	2002 年	2.5	10
	SPOT-6，7/Azersky	2012 年、2014 年	1.5	6
	Pléiades-HR1A，1B	2011 年、2012 年	0.5	2
中国	天绘-1A，1B，1C	2010 年、2012 年、2015 年	2	10
	资源-2 01，02，03	2000 年、2002 年、2004 年	3	—
	资源-3 01，02	2012 年、2016 年	2.1	5.8
	高分-1	2013 年	2	8
	高分-2	2014 年	0.8	3.2
	北京-1	2005 年	4	32
	北京-2	2015 年	0.8	3.2
	吉林-1	2015 年	0.72	2.88
日本	ALOS-1	2006 年	2.5	—

国家	遥感卫星名称	发射时间	分辨率/m	
			全色	多光谱
德国	RapidEye	2008 年	—	5
印度	Resourcesat-1/IRS-P6	2003 年	5.8	5.8/23.5/56
	Cartosat-1/IRS-P5	2005 年	2.5	—
	Cartosat-2，2A，2B	2007 年、2008 年、2010 年	0.8	—
	Resourcesat-2，2A	2011 年、2016 年	5.8	5.8/23.5/56
英国	SSTL-S1	2018 年	1	4
俄罗斯	Kanopus-V1，3，4	2012 年、2018 年、2018 年	2.5	10
	RESURS-DK	2006 年	1	2
	RESURS-P1，2，3	2013 年、2014 年、2016 年	1	4
阿尔及利亚	ALSAT-2A，2B	2010 年、2016 年	2.5	10
加拿大	UrtheCast-1	2013 年	—	5
智利	SSOT	2011 年	1.45	5.8
埃及	EgyptSat-2	2014 年	1	4
以色列	EROS-B	2006 年	0.7	—
哈萨克斯坦	KazEOSat-1	2014 年	1	
	KazEOSat-1	2014 年	0	6.5
马来西亚	RazakSAT	2009 年	2.5	5
西班牙	Deimos-2	2014 年	0.75	4

随着高分辨率遥感卫星技术的发展，使用立体像对提取的 DEM 分辨率和精度越来越高，再加上高分辨率遥感立体测量基于卫星平台，具有覆盖范围广、系统运行稳定、重访周期短等优势，其在活动断层定量化研究中逐渐显示出独特优势，应用越来越广泛。高分辨率 DEM 有助于从形态特征、运动学特征、构造应力场等方面对断层有更深刻的认识。目前在活动断层定量化研究中比较常用的两种卫星是法国的 Pléiades-HR 卫星和美国的 Worldview 系列卫星，下面主要介绍这两个卫星系列。

Pléiades-HR 卫星是法国国家航空局（Centre National d'Etudes Spatiales，CNES）负责的卫星研制计划，是自 1986 年开始启动的 SPOT 系列卫星的后续星座，其任务是满足整个欧洲民众（测绘、洪水跟踪以及火灾监测）和国防需求；同时，Pléiades-HR 卫星是法国与意大利合作开发的光学和雷达联合地球观测（optical and radar federated earth observation，ORFEO）系统的高分辨率光学成像的组成部分，意大利提供的是高分辨率雷达观测 COSMO-Skymed 卫星。Pléiades-HR 由 1A、1B 两颗星座组成，分别于 2011 年、2012 年发射成功，两颗卫星呈 180° 夹角在太阳同步轨道上运行，其重访周期是 24 h。Pléiades-HR 卫星采用线阵列推扫式扫描仪，多光谱通道由 4 个谱段（蓝、绿、红、近红外）相应的电荷耦合检测器（charge coupled detector，CCD）组成像，此外还有全色通道，星下点拍摄的全色和多光谱影像地面空间分辨率分别是 0.7 m 和 2.8 m，标称分辨率分别为 0.5 m 和 2 m，幅宽为 20 km（Zhou et al.，2015）。Pléiades-HR 卫星的核心目标是在不使用依赖精确地面控制点的严格几何成像模型的情况下，使影像的绝对定位精度达到地理信息系统（geographical information system，GIS）分析的应用要求，甚至达到民用 GPS 的绝对定位精度。Pléiades-HR 卫星重 970 kg，高度灵活性可以使其迅速拍摄到目标区域的一系列影像。同时，Pléiades-HR 卫星延续了 SPOT 卫星的立体观测设计，可以在一次飞行路线上拍摄目标区域正视、前视以及后视全色影像，其基高比（baseline/height）介于 0.1~0.5。星上存储能力为 600 GB，向下传输速度为 450 MB/s。

WorldView 系列卫星是美国 DigitalGlobe 公司于 2007~2016 年陆续发射的高分辨率卫星系统。其中 WorldView-3 是一个具有里程碑意义的卫星，它是第一颗空间分辨率达到 0.31 m且具有 16 个光谱波段的卫星，同时它还是第一颗拥有大气校正波段的卫星。WorldView-3 卫星轨道高度为 617 km，具有一个全色波段和 8 个可见光近红外波段（visible and near infrared region，VNIR），其全色波段的空间分辨率达 0.31 m，VNIR 的空间分辨率达 1.24 m；此外，WorldView-3 还拥有用于大气校正的 CAVIS 波段，其空间分辨率为 30 m。空间分辨率的提高、光谱分辨率的加强和大气校正这三项先进技术使 WorldView-3 拥有了很多令人期许的应用。WorldView-3 的平均回访时间不到 1 天，每天能够采集多达 $6.8 \times 10^5 \text{ km}^2$ 范围的数据，相对其他亚米级商业卫星有着更广的光谱范围，使其特征提取/变化监测/植物分析等领域有着卓越的表现。WorldView-3 除了拥有极强的观测能力外，还具有非常快的数据传输能力，可达到1.2 GB/s。WorldView-4 是继 WorldView-3 之后美国 DigitalGlobe 公司发射的又一颗超高分辨率光学卫星，于 2016 年 9 月在美国加利福尼亚范登堡空军基地发射，具有全色波段和 4 个标准的多光谱波段，全色分辨率为 0.31 m，多光谱分辨率为 1.24 m。WorldView-4 和 WorldView-3系迄今为止全球分辨率最高的商业遥感卫星。发射后两颗星将组成星座，从离地球 617 km的高空以平均每天两次的速度为全球用户采集高清影像。

6.2.2　基于高分辨率立体影像的 DEM 提取

传统上基于立体像对提取 DEM 需要经过相对定向、绝对定向、生成核线影像、生成 DEM等步骤，需要借助传感器参数建立严格传感器模型。但目前，大多数商业卫星已不再提供传感器参数，尤其是高分辨率测绘卫星，如 Orbview、IKONOS、WorldView、GeoEye、SPOT、Pléiades-HR、天绘、资源-3 等测绘卫星，这些卫星向商业用户提供有理函数模型（rational function model，RFM）的参数文件。例如，Pléiades-HR 等高分辨率卫星的元数据产品复杂且不易处理，因此提供商对实际成像模型做出理想化处理并向商业用户提供标准形式的理想传感器产品，用户可以使用商业处理软件进行理想传感器影像数据的处理来获取高分辨率DEM，而无须考虑其真实且复杂的严格几何成像模型。理想传感器影像产品来自元影像和其严格传感器模型，是元数据影像经过理想传感器模型几何重采样（加入粗分辨率 DEM 的辅助）得到的（de Lussy et al.，2005）。

理想传感器影像质量受元数据影像质量的影响，其空间分辨率与元数据影像分辨率有关，如 Pléiades-HR 其全色分辨率为 0.7（星下点）~1 m（偏离星下点 30°），多光谱分辨率为 2.8（星下点）~4 m（偏离星下点 30°）。多光谱与全色影像配准精度小于 1.5 像元，融合精度小于 2 像元；长度变形（即水平距离的测量误差）方面，1000 个像元距离的测量误差为 0.7 像元。在有控制点的情况下，高程测量的最大误差为 0.7 m（de Lussy et al.，2005）。

理想传感器模型即有理函数模型（RFM），是一种近似的严格传感器模型，用比值多项式的形式进行独立的地理坐标定位。RFM 使用方便、复杂性低、计算效率高，得到大多数商业软件的支持；更重要的是，RFM 是根据严格传感器模型计算得到的，其精度很高，与严格传感器模型相比的最大误差仅 0.02 像元（de Lussy et al.，2005）。在实际使用时可以完全忽略 RFM 的模型误差，在摄影测量处理过程中，RFM 完全可以替代严格传感器模型。

有理函数模型采用比值多项式的形式，将地面点大地坐标 (X,Y,Z) 和对应的像点坐标 (c, l) 用三阶多项式 $P_i(x, y, z)$ 比值进行关联，即式（6.9）～式（6.11）（Fraser and Hanley，2005），多项式系数共 80 个。Pléiades-HR 卫星面向普通用户提供有理多项式系数（rational polynomial coefficient，RPC）。

$$c = \frac{P_1(X,Y,Z)}{P_2(X,Y,Z)} \tag{6.9}$$

$$l = \frac{P_3(X,Y,Z)}{P_4(X,Y,Z)} \tag{6.10}$$

$$p_i(x,y,z) = a_0 + a_1 x + a_2 y + a_3 z + a_4 x^2 + a_5 xy + a_6 xz + \cdots + a_{18} yz^2 + a_{19} z^3 \tag{6.11}$$

经过上述介绍可以看出，Pléiades-HR 等高分辨率卫星的理想传感器影像数据可以被大多数的商业软件处理，其有理函数模型简化了数据处理过程，且其精度不低于严格几何模型。因此，本小节使用 ERDAS IMAGINE 嵌入的 Leica Photogrammetry 模块进行数据处理和 DEM 提取，基本流程如下：①新建工作空间并设定传感器模型。选择 Pléiades RPC 模型，设置投影坐标系为 UTM WGS 84，垂直基准为 WGS 84 椭球。②导入立体像对数据和 RPC 文件。RPC 文件包含了有理函数模型所需的全部系数，导入该文件后，软件自动完成影像内定向和外定向。③匹配连接点。设置搜索窗口为主 21×21，匹配窗口为 7×7，基于最小二乘法的像元匹配窗口为 5×5，匹配的相关系数阈值为 0.6。基于高效特征匹配算法共自动匹配出 121 个连接点，其中误差小于 0.2 像元。④在没有控制点的情况下根据 RPC 计算得到连接点的地面投影坐标。⑤使用增强自动地形提取（enhanced automatic terrain extraction，eATE）进行点云提取。eATE 采用的高级算法可以生成前所未有的密集高程表面，达到像素级密度输出，充分体现了影像高空间分辨率的优势。⑥对点云进行均值滤波后插值得到 1 m×1 m 空间分辨率的高分辨率 DEM。

6.2.3　高分辨率 DEM 提取结果精度评价

遵循 DEM 提取步骤，以 2008 年于田地震断裂带的 Pléiades-HR 高分辨率立体影像为例，提取该地区的高分辨率 DEM。本小节订购并采集了 2008 年 $M_w7.2$ 于田地震震后的 Pléiades-HR 1A 立体像对的编程数据（获取时间为 2017 年 8 月 15 日），影像覆盖范围如图 6.10 所示，面积为 100 km^2。前视（简写为 F）、正视（简写为 N）、后视（简写为 B）的入射角分别为-17.7°、-4.4°、9.7°。

提取高分辨率 DEM 之后，从两个方面来对生成的点云和 DEM 进行精度分析和评价：先进行点云密度的评价，然后利用外部 LiDAR DEM 数据进行精度评价。

1. 点云密度评价

点云密度影响网格化 DEM 的精度，因此首先需要计算点云密度以及网格化得到 DEM 的能力。图 6.11 所示为基于不同立体像对提取的点云及平均点云密度，分别是 2.57 个/m^2（B-N-F）、0.51 个/m^2（F-B）、0.76 个/m^2（B-N）、0.66 个/m^2（F-N）。以往的实验研究结果显

图 6.10　研究区多光谱影像

示，B-N-F 的点云密度最大（Zhou et al.，2015），在本小节的实验中，同样是 B-N-F 三像对的平均点云密度最大，反映出 Pléiades-HR 卫星三像立体测量的独特优势。研究区没有覆盖植被，因此得到的点云坐标都是地面真实坐标。在研究区东部的高山地区有常年积雪，因此在这些区域没有找到可以匹配的特征点，没能得到地面点云数据。

B-N-F	F-B	B-N	F-N
30.6×107 个$/1.19 \times 108$ m^2 $=2.57$ 个/m^2	6.09×107 个$/1.19 \times 108$ m^2 $=0.51$ 个/m^2	9.02×107 个$/1.19 \times 108$ m^2 $=0.76$ 个/m^2	7.91×107 个$/1.19 \times 108$ m^2 $=0.66$ 个/m^2

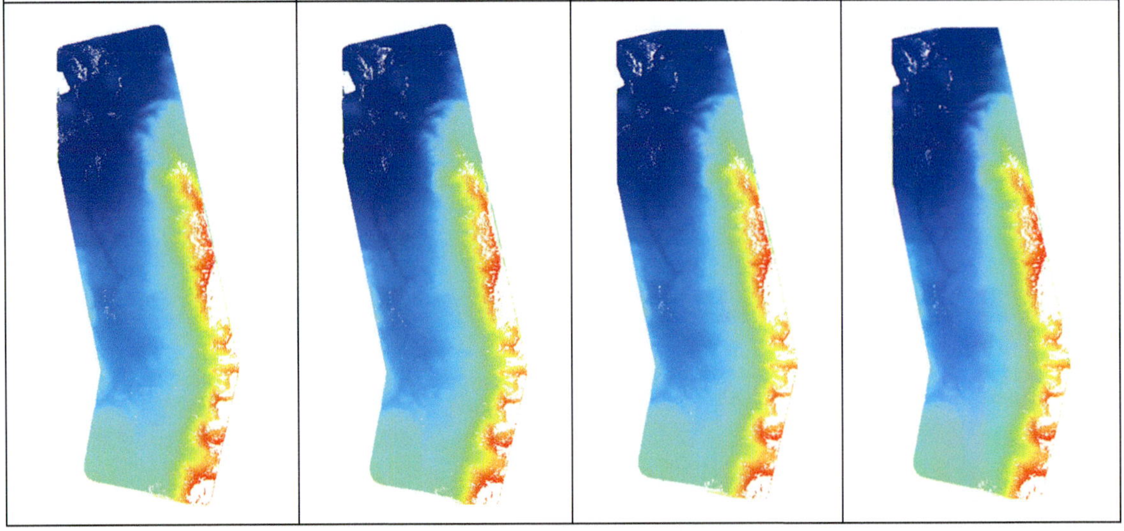

图 6.11　基于不同立体像对提取的地面点云及其平均密度

平均点云密度只能从整体上评价点云提取情况，考虑点云分布的不均匀性，尤其是没有点云分布的区域，需要进一步分析单位单元格的点密度，即将整个区域划分成 1 m×1 m 的单元格，统计落在单元格内点的数量，如 0 个点、1 个点、2 个点、3 个点、>3 个点，如图 6.12 所示。从统计结果来看，单位单元格内点密度≥1 个点的分布情况是：B-N-F 为 53%、F-B 为 25%、B-N 为 36%、F-N 为 27%，仍然是 B-N-F 的单位单元格内（1 m×1 m）点云密度最大，有 53%的单元格内至少有 1 个点，表明根据 B-N-F 的点云插值生成 1 m×1 m 空间分辨率的 DEM 将具有很高的可靠性。

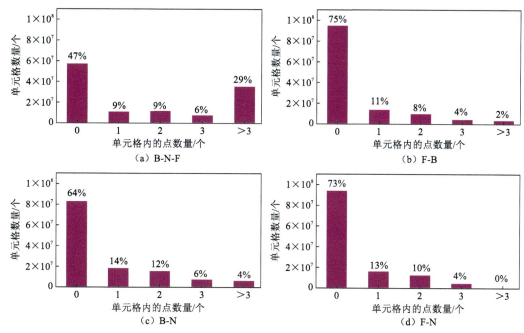

图 6.12 单位单元格（1 m×1 m）的点云密度

选择点云密度最高的三像对（B-N-F）点云数据来生产高分辨率 DEM，首先对点云进行均值滤波处理，然后网格化成 1 m×1 m 空间分辨率的高分辨率 DEM，如图 6.13 所示。

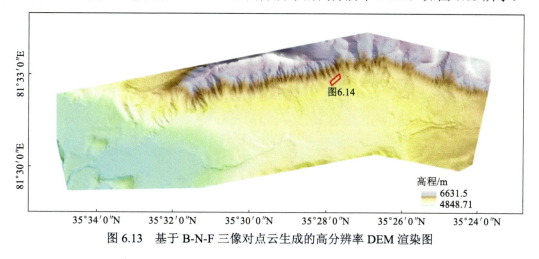

图 6.13 基于 B-N-F 三像对点云生成的高分辨率 DEM 渲染图

2. DEM 高程精度

之前有研究结果显示，在使用 RFM 的情况下，基于 Pléiades-HR 1A 立体像对提取的高分辨率 DEM 的绝对精度为 8.5 m（Oh and Lee，2015），Zhou 等（2015）将 Pléiades DEM 与 LiDAR DEM 配准后，发现 Pléiades DEM 相对 LiDAR DEM 的高程精度为 0.3 m。本小节收集"新疆于田 7.3 级地震与阿什库勒火山综合科学考察"时使用地基 LiDAR 扫描的断错冲沟地形数据（谭锡斌 等，2015），据此评价基于 Pléiades-HR 立体像对提取的高分辨率 DEM 的精度。

图 6.14（a）所示为断错处（81.547 00° E、35.462 69° N）地基 LiDAR 扫描的地面点云数据，经过处理生成 1 m×1 m 空间分辨率的 DEM。图 6.14（b）所示为使用 Pléiades-HR 卫

星立体像对生成的高密度地面点云及 1 m×1 m 空间分辨率的 DEM。地基 LiDAR 使用的平面直角坐标系是自由坐标系，通过目视拾取同名点，利用平面直角坐标系转化公式［式（6.12）和式（6.13）］进行图像配准，(x', y') 为像点原坐标，(x, y) 为像点转换后坐标，t 为待求的两坐标系夹角参数，(x_0, y_0) 为待求的两坐标系原点距离参数。去除系统偏差后，Pléiades-HR DEM 高程与地基 LiDAR 数据的相对残差介于-2.05～2.58 m，如图 6.14（c）所示，残差的均方根误差为 0.51 m，说明本小节生成的高分辨率 DEM 具有较高的高程精度。残差主要来自两方面：①图像配准误差；②地形坡度的影响（Zhou et al.，2015）。为此计算地形坡度图，如图 6.14（d）所示，分析残差与地形坡度的关系，如图 6.14（e）所示，可以看出地形坡度和残差有一定程度的正相关关系。

$$x = x'\cos t - y'\sin t + x_0 \tag{6.12}$$

$$y = x'\sin t + y'\cos t + y_0 \tag{6.13}$$

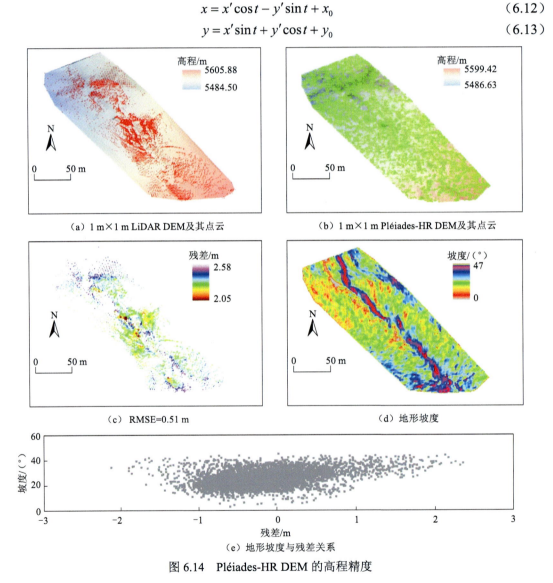

图 6.14　Pléiades-HR DEM 的高程精度

在 3.2 节对则木河断裂 LiDAR DEM 提取中，得到的 LiDAR 地形产品点云密度为 10～60 个/m²，网格间距为 0.5 m，高程精度优于 0.1 m；而于田地震的 Pléiades-HR 卫星三像立体得到的点云密度约为 2.57 个/m²，生成空间分辨率为 1 m 的 DEM，相对于 LiDAR DEM 的高程精度是 0.51 m。Zhou 等（2015）分析得到 Pléiades DEM 相对于 LiDAR 的高程精度是 0.3 m。因此机载 LiDAR 点云数据及其重建得到的 DEM 产品在精度上具有一定优势，更加适用于地貌微小位错量的提取。Lin 等（2013）利用不同分辨率的 LiDAR DEM（0.25 m、0.5 m、2 m和 10 m）来评价高分辨率 DEM 在探测构造-地貌特征上的能力，结果表明，0.5 m 分辨率的DEM 数据足够用来在植被覆盖茂密的山区探测微小的构造断裂，在植被覆盖区能够探测到的最小陡坎约 20 cm。因此，虽然高分辨率立体卫星影像获取数据成本低、时效性高，获取的高分辨率 DEM（分辨率约 1 m，精度为 0.3～0.5 m）在精度和点云密度上有所降低，但是仍然能满足活动断层定量化研究的需要。

6.3 基于高分辨率 DEM 断层三维定量化参数提取方法

由于地震作用，地表会形成特殊的构造地貌，根据这些地震地貌标志，就可以准确标定地震地表破裂带。地震地表破裂带是震源快速破裂到达地表的直接体现，主要反映在平面展布形态、地表变形及其排列组合等方面。而这些位置（断层迹线、长度）、位移（水平和垂直位错）和几何（走向、倾向、倾角、组合形式等）参数的准确识别与提取是活动断层研究的基础，亦是评价和研究断层体系的关键。然而光学影像仅能表达二维平面信息，要想获得三维断层信息需要高分辨率 DEM。高分辨率 DEM 及遥感数据给地震地质研究工作者带来了"类实地"研究体验，能够从二维走向三维，对地震活动断层开展定量化研究。基于高分辨率 DEM和高分辨率卫星影像数据，针对几何、位置和位移参数的特点，研究和开发相应的断层几何和位移参数提取技术，并应用于不同区域、不同类型断层的参数提取，这些最新的定量参数成果有助于提高对断层的活动特征、地震破裂和复发模式的认识。

6.3.1 断层地表破裂带解译

破坏性的大地震通常会破裂到地表，形成许多断错地貌，按运动方向可分成两大类：一类是水平断错地貌，如断错冲沟、河流阶地、洪积扇、山脊等；另一类是垂直断错地貌，如断层陡坎、沟谷裂点及断错洪积扇、河流阶地等。在没有植被覆盖的情况下，从高分辨率影像上可以很容易目视识别出地表破裂带和断错地貌特征。在实际应用中，首先利用立体相对生成的 DEM 对 Pléiades 或 WorldView 卫星多光谱影像数据进行正射校正，然后通过比对Google Earth 上的高分辨率震前数据和震后高分辨率 Pléiades 或 WorldView 卫星多光谱影像数据，识别断层迹线并进行数字化（图 6.15）。基于断层上大的几何变化（如大的弯曲构造和阶区）进行断层分段，每段的断层走向可以基于断层地表迹线进行估算。

图 6.16 为解译的 2008 年于田地震断层破裂迹线，综合解译结果可知地表破裂带的几何形态和破裂特点如下：破裂长度较短，约 30 km；被明显地分成三段，北段和中段形成宽 1 km的阶区构造，南段和中段形成 40° 弯曲，中段和南段有局部小弯曲；地表破裂类型以倾斜正断层陡坎和类地堑正断层陡坎为主，有少量水平断错冲沟，显示出 2008 年于田地震以拉张运动为主兼具少量走滑的运动特点。

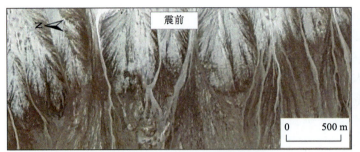

（a）来自 Google Earth的震前影像

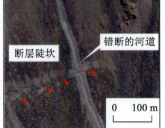

（c）放大的断层陡坎和错开的河道

（b）震后高分辨率Pléiades影像

（d）放大的断层陡坎和错开的河道

图 6.15　断层解译

红色三角所标处为 2008 年于田地震地表破裂

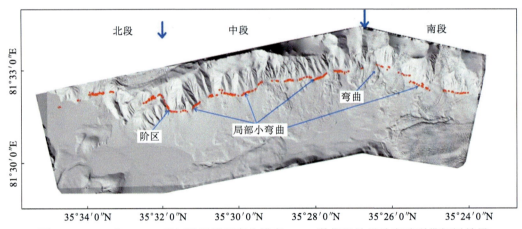

图 6.16　2008 年 M_{w}7.2 于田地震震后高分辨率 DEM 数据及地震地表破裂带解译结果

6.3.2　近地表断层倾角提取

　　获取断层面倾角参数的传统方法是野外实地测量，而基于高分辨率 DEM 可以提取局部近地表断层面倾角，其原理如下：破裂断层面与地面相交表现为破裂迹线，而地面地形一般具有起伏变化，因此破裂迹线上离散点的高程也不同，利用这些高低起伏的离散点就可以拟合出唯一的平面，即断层面。该空间平面方程可以用式（6.1）表示。以断层破裂迹线上的点到断层面的最小距离和式（6.2）为约束，利用最小二乘即可求解方程平面方程参数，进而基于式（6.3）就可求得断层倾角。

　　基于高分辨率 DEM 数据提取近地表断层面三要素能够节省大量的人力物力，且作业效率高，建立的模型比野外实地测量精度高，且具有广泛适用性，使用该模型可以详细刻画整个断层不同区段的破裂断层面。利用该方法对乌恰地震断层面倾角进行提取，根据破裂迹线和地形情况，分别在北段、中段、南段选择最佳测量点，如图 6.17 所示，计算得到近地表断层面倾角分别是 55°±0.9°、62°±0.8°、58°±0.9°，三段断层倾角相差不大。

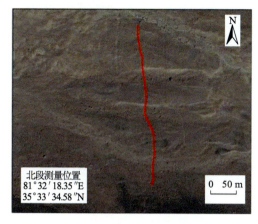 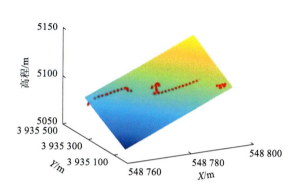

（a）倾角=55°±0.9°

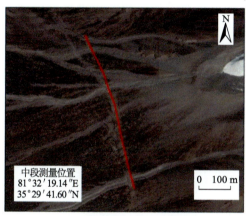 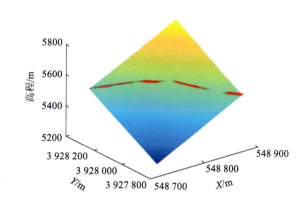

（b）倾角=62°±0.8°

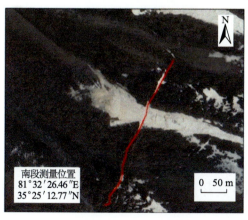 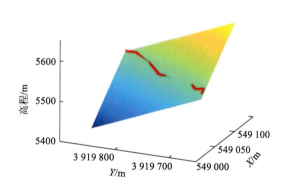

（c）倾角=58°±0.9°

图 6.17　近地表断层面倾角计算过程

红色点表示断层陡坎处的离散点云

6.3.3　断层三维位错（水平和垂直）提取

通常使用高分辨率彩色影像进行水平位移测量，使用提取的高分辨率 DEM 数据进行垂直位移测量。以水平断错冲沟为例，其水平位移的测量方法如下：①选取保留完好的断错冲沟，通常干沟或间歇性冲沟的断错地貌保存较好；②判断错断方向和幅度，排除假象，如河流袭夺现象及其形成的"断头河""断尾河"；③断错位移测量，由于断错水系形态各异，有直线形、S 形，以及与断层走向呈一定夹角的折线形，所以其真实位移是断错冲沟上游、下游在断层走向上垂直投影间距（Elliott，2014），如图 6.18 所示；④确定位移测量误差，冲沟具有沟心线和沟壁线，以沟心线为标准的测量结果为最佳水平位移，以外沟壁线、内沟壁线为标准的测量结果分别为最大、最小位移；⑤对测量结果进行评价。冲沟本身的形态、断错变形或人为改造等因素极大地影响了测量结果，以低、中、高评价断错地貌的测量质量，误差由公式 $[(d_{最大} - d_{最佳}) + (d_{最佳} - d_{最小})] / 2$ 计算。

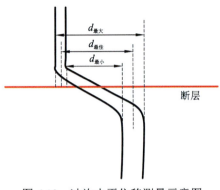

图 6.18　冲沟水平位移测量示意图

基于高分辨率 DEM 数据的断层陡坎垂直位移测量方法如下：①选取保留完好的断层陡坎；②沿剖线提取断层陡坎两侧的地形剖面；③使用 $y_1 = kx + d_1$ 和 $y_2 = kx + d_2$ 线性函数分别拟合断层两侧的地形剖面，y_1 和 y_2 为地面高程值，x 为沿剖面线的距离（图 6.19），k、d_1 和 d_2 为待求参数；④计算断层陡坎处的垂直位移，即 $v = d_1 - d_2$，线性拟合误差可以作为测量误差用来评价测量质量。

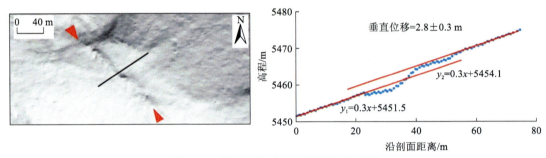

图 6.19　断层陡坎垂直位移测量示意图

6.4　断层几何学和运动学特征分析应用及案例

6.4.1　断层局部几何变化对断层近场形变的控制分析——以 2008 年于田地震为例

基于位移参数提取方法，通过对断层陡坎的量测获得沿着断层的垂直位移分布，同时通过对冲沟等错断地貌的量测获取水平位移分布，由于 2008 年于田地震以正断层为主，所以位移以垂直位错为主。

1）垂直位移

图 6.20（a）展示了选取的可供测量的正断层陡坎位置，共选取到 48 个测点。图 6.20（b）展示了沿断层距离的垂直位移测量结果，图 6.19 是某个测量点的测量过程。Xu 等（2013）和谭锡斌等（2015）之前的野外考察工作测量了一些地表垂直位移数据。图 6.20（b）将高分辨率 DEM 提取的测量结果与 Xu 等（2013）和谭锡斌等（2015）野外测量结果做了比较，其均方根误差为 0.3 m，说明基于高分辨率 DEM 的测量结果具有很高的可靠性，且基于高分辨率 DEM 的测量结果能够得到更多的测量点，详细刻画出整条破裂带上的垂直位移分布情况。

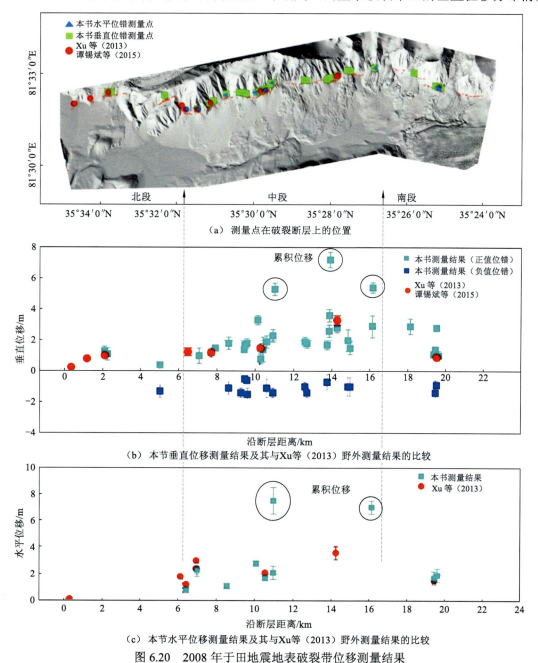

（a）测量点在破裂断层上的位置

（b）本节垂直位移测量结果及其与Xu等（2013）野外测量结果的比较

（c）本节水平位移测量结果及其与Xu等（2013）野外测量结果的比较

图 6.20　2008 年于田地震地表破裂带位移测量结果

2）水平位移

2008 年于田地震错断了部分冲沟，主要集中在中段主体破裂段。订购的立体像对数据包含高分辨率多光谱影像，将全色影像与多光谱影像融合处理得到高空间分辨率的彩色影像，测量冲沟水平位移时使用高分辨率彩色影像。图 6.20（c）绘制出了沿断层距离的水平位移测量结果，与垂直位移测量点相比，水平位移测量点的数目要少得多。与野外实地测量结果进行比较，均方根误差为 0.3 m。

从图 6.16 可以看出，断层地表破裂是不连续的，且沿着走向变化很大。高分辨率 DEM 提供了一个很好的工具来分析断层几何变化对断层运动的影响。2008 年于田地震是一次正断为主加少量走滑的事件，整个的垂直运动应该是西盘下降（断层西倾）。但是，从测量的垂直位错丛集分布结果（图 6.20）来看，在许多点上在近场出现了反向的垂直位移［即西盘上升，图 6.20（b）蓝色点所示］，介于-1.9～-0.5 m。这是因为当断层做左旋或右旋水平运动时，断层小的几何变化导致局部挤压或拉张环境，在这些局部挤压区域，走滑运动转换为局部的缩短，导致局部抬升，这会在近场抵消或改变断层西盘下降的主要运动趋势［图 6.21（a）、（d）和（f）］。同理，在那些局部拉张区域，走滑运动转换为局部拉伸，导致下盘的沉降，最终在断层西盘形成一个小的地堑［图 6.21（b）、（e）和（g）］。

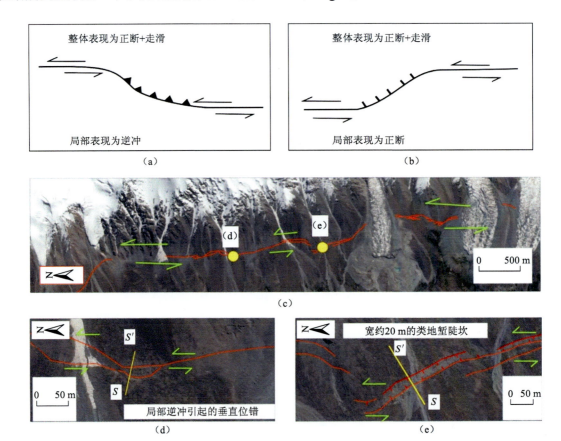

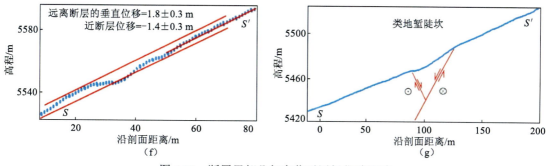

图 6.21 断层局部几何变化对近场位移影响

（a）该卡通图用来展示一条整体上呈现为正断+走滑的断层上，小的断层几何变化是如何导致近断层附近形成一个局部挤压区；
（b）该卡通图用来展示一条整体上呈现为正断+走滑的断层上，小的断层几何变化是如何导致近断层附近形成一个局部拉张区；
（c）震后 Pleiades 卫星影像展示了 2008 年于田地震地表破裂沿走向上的几何变化的细节；（d）一个局部挤压区的放大影像；
（e）一个局部拉张区的放大影像，宽度约为 20m；（f）d 图中所示的跨断层地形剖面，用来测量由局部挤压引起的反向垂直变形；
（g）e 图中所示的跨断层地形剖面，展示了一个由局部拉张引起的局部地堑。2008 年于田地震发震断层在发生水平运动时由断层小的几何变化引起局部区域的压缩和拉张，从而在近断层产生反向位移

6.4.2 几何和位错定量参数揭示断层破裂中的撕裂现象——以 1985 年乌恰地震为例

1985 年乌恰 $M_w7.0$ 地震发生在帕米尔北缘弧形推覆构造带的帕米尔前缘逆冲断裂（PFT），该断裂带由一系列分段明显的逆断层和褶皱组成。近代地震记录显示，PFT 上频繁发生 6.5～7.1 级地震，但是没有特大地震，发生在 PFT 东段的 1985 年乌恰 $M_w7.0$ 级地震是该区域仪器记录史上最大的一次地震。Li 等（2019）通过对石油地震反射剖面的详细解译表明，帕米尔前缘断裂东段（包含乌恰地震破裂带）不仅在走向上分段特征显著，而且断层深部滑脱层和上断坡、下断坡也存在横向转换构造和侧向断坡。乌恰地震让我们有机会洞悉该区域断层的活动行为、破裂机制与断层结构之间的关系。

利用 WorldView 立体卫星像对提取覆盖 PFT 中东段的 DEM，利用断层倾角提取方法，基于高分辨率 DEM 提取沿 1985 年地震破裂带的断层倾角分布（图 6.22），结果显示断层破裂段从西到东整体呈减小趋势，从西段的 40°～50° 降低到东段的 20°～30°，但是在中间的

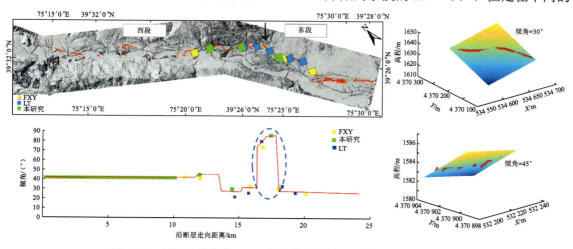

图 6.22 基于高分辨率 DEM 估计的乌恰地震破裂带断层倾角分布

有一小段断层，倾角近直立，大于 70°。此外从量测的位错分布来看，该段以走滑为主，与断层整体的逆冲运动不一致。这是因为断层整体向前做逆冲运动时，由于不同段落岩石性质不同等原因，前冲的位移量不同，有的段落前冲的位移更大，而旁边的段落前冲位移偏小，从而在它们之间会形成一个撕裂段落（图 6.23），该撕裂段的倾角一般比较大，近直立，而且滑动性质以走滑为主，图 6.22 中蓝色椭圆所在段为这种类型断层所在区域。

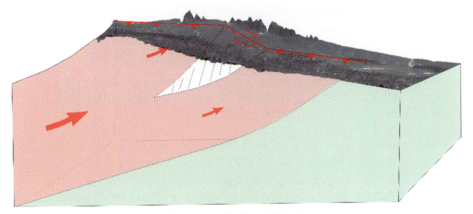

图 6.23　撕裂断层模型图

6.4.3　基于特征地貌上的水平和垂直累积位错揭示地震复发模式 ——以 2008 年于田地震为例

以往地震发生后，研究人员对于断层运动学特征的分析一般只有水平形变数据的约束，这些水平形变数据一般是基于遥感影像进行影像匹配得到，或者通过目视和稀疏的 GPS 观测获取。而近断层垂直形变数据的缺失很可能会引起我们对地震破裂和断层运动机制。亚米级分辨率的高分辨率 DEM 不仅有助于量测断层的水平位错，同时可以直接提取出垂直位错，而一些特殊地貌标志上不同期次的水平/垂直位移比值变化可以用来分析断层的复发模式，即是特征性地震还是非特性型地震。在分析中需要用到断层的水平和垂直位错，因此这种地震复发模式的分析方法适合破裂性质为走滑+正断或走滑+逆冲的断层，不适合纯走滑（或正断或逆冲）的断层。本小节利用 Pléiades-HR 卫星数据以 2008 年于田地震（Song et al.，2019）的研究为例加以说明。

在 2008 年 M_w7.1 于田地震之前，发震区没有古地震及历史地震事件的记录，但本小节在对 2008 年于田地震破裂带进行解译及测量过程中，发现了远大于同震位移的古老冲积扇（81°32'33.60"E、35°29'27.62"N）和冰舌（81°33'1.49"E、35°26'47.57"N）记录的地震累积位移，图 6.24 展示了该古冲积扇和冰舌的解译、测量结果。古老冲积扇共有三期，T3 冲积扇最老，累积水平位移为（7.5±1）m，累积垂直位移为（5.3±0.4）m；同震水平、垂直位移分别为（2.1±0.5）m、（1.9±0.3）m，因此在该古老冲积扇上的累积垂直位移和同震垂直位移之比为 2.79（水平位移之比为 3.57），表明这里发生过三次地震事件。冰舌上测得的累积水平和垂直位移分别为（7.0±0.5）m 和（5.4±0.4）m，从最近的陡坎测得的垂直同震位移为（2.9±0.8）m，因此冰舌上的局部累积-同震位移之比为 1.86，揭示了大约两次地震事件，结合这两个结果，可以推断在 2008 年地震之前，该断层上至少发生过 1～2 次历史地震事件。此外，累积垂直位移与累积水平位移的比率与同震比率相似，说明这里的地震可能属于特征型地震复发模式。

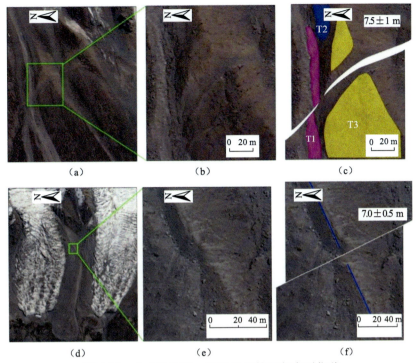

图 6.24　古老冲积扇、冰舌记录的累积水平位移

（a）一个冲积扇的原始高分卫星影像；（b）a 图中绿色框中的放大图；（c）几何解译发现的三个阶地 T1、T2 和 T3，由最老阶地 T3 记录的累积水平位错可达 7.5±1 m；（d）一个冰舌的原始高分卫星影像；（e）d 图中绿色框中的放大图；（f）被冰舌记录的累积水平位错可达 7.0±0.5 m

6.4.4　基于断层位错丛集揭示地震破裂模式——以阿尔金断裂中段为例

高分辨率影像和 DEM 能够对断层几何和运行参数进行精细量测和分析，特别是地表位错数据，比起野外观测，能够沿着断层获取更详细、更全面的断层位错分布数据，从而对断层的地震破裂模式进行分析。

1. 方法流程

（1）利用高分辨率光学影像（如 WorldView-1/2/3/4、Pléiades-HR、GeoEye-1、QuickBird-2 和 Ikonos-2）和高分辨率 DEM 解译出断层地表轨迹，并测量冲沟、冲积扇等特征地貌上的断层位错。

（2）设计几种地震地表破裂方案去分析历史地震地表破裂范围。许多关于地震地表破裂及动力学模拟研究表明，大尺度的断层几何变化（如对于走滑断裂，大于 4～5 km 的阶区或大于 20°的断弯，对于正断层，大于 5～7 km 的阶区）能够阻止地震破裂的传播，限制破裂的长度及地震的震级，因此在设计破裂方案时，将大的几何阶区或断弯作为阻止地震破裂的终止点。

（3）对于每一种破裂方案，地表破裂长度为终止点之间的距离，是一个已知参数，然后使用概率密度函数拟合位错丛集数据，从而提取最可能的位移参数。概率密度函数使用多峰正态分布函数，不同的峰值对应不同的地震事件。对于大多数地震，位移丛集概率密度函数的第一个峰值的期望值（μ）代表最近一次地震的地表平均水平位移，期望加 2 倍中误差（$\mu+2\sigma$）代表其地表最大水平位移；地貌标志记录的累积位移越大，其保留数量一般越少，因此概率密度函数的峰值随位移的增大而减小（Ren et al.，2016；Klinger et al.，2011；Zielke et al.，2012a，2010）。

（4）通过地震参数经验公式加以验证，确定最可能的古地震破裂参数。设各方案地表破裂长度和通过概率密度函数提取的地表位移参数为其测量值，通过 Wells 公式计算各参数的估计值，测量值与估计值之间的误差值是判断各方案可能性的主要依据。具体流程如图 6.25 所示。

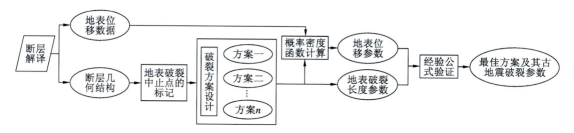

图 6.25　基于断层测量的几何和位错参数进行地震破裂方式分析流程图

2. 阿尔金断裂中段地震破裂模式分析

基于 6.3 节提出的方法，利用高分辨率影像数据对阿尔金断裂（走滑断层）中段（平顶山段至安南坝段）进行精细的断层解译[图 6.26（b）]和断层上大量地貌标志的位错测量[图 6.27（b）]。纵观断层的地表迹线[图 6.27（a）]，可以发现有两个大的几何变化：一个为平顶山双弯构造，其弯曲角度>15°，且在 100 km 处有 4 km 宽的阶区；此外，240 km 处是索尔库里谷地和库什哈谷地的分界，宽 5 km。考虑把这两处作为可能的地震破裂终止点。根据上述两个终止点共设计了 4 种地震破裂范围的方案。方案一是索尔库里段断层发生单独

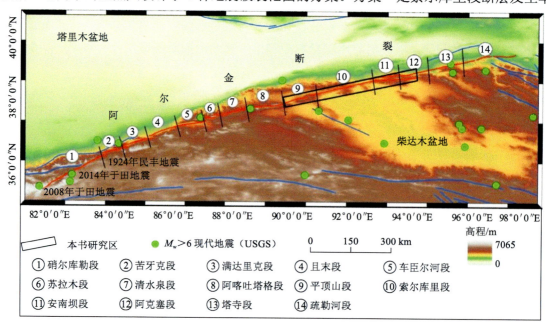

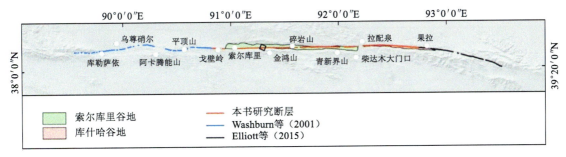

图 6.26 阿尔金断裂平顶山-安南坝段构造背景及本书研究区

破裂；方案二是安南坝断层发生单独破裂；方案三是索尔库里和安南坝段断层同时发生破裂；方案四是平顶山-安南坝段断层全部破裂。针对每种破裂方案，计算位移丛集的概率分布函数，并将概率密度函数求和得到累积错位概率密度（cumulative offset probability densities，COPD），提取破裂范围（SRL0）、平均水平位移（AD0）和最大水平位置（MD0），并基于 Wells 地震经验公式计算出对应的估计值 AD1、MD1、SRL1、SRL2、M_w 和误差，见表 6.2。

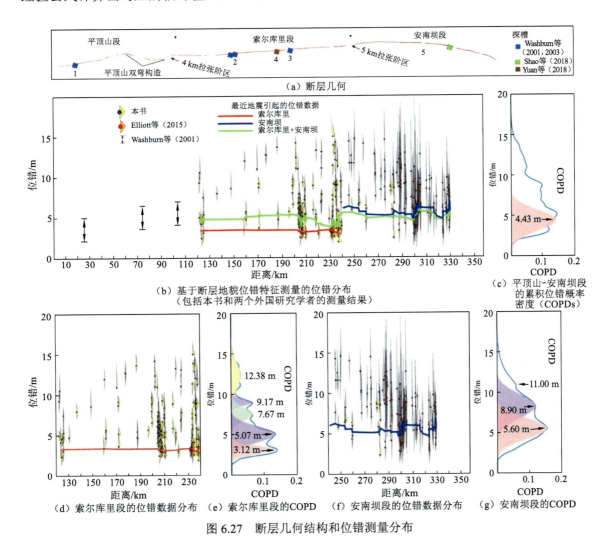

图 6.27 断层几何结构和位错测量分布

表 6.2　各方案地震参数计算结果

项目		方案一	方案二	方案三	方案四
分段		索尔库里	安南坝	索尔库里至安南坝	平顶山至安南坝
在图 6.27（a）中的位置/km		100～240	240～360	100～360	0～360
地表破裂范围 SRL0		140	120	260	360
从概率密度函数提取的地震破裂参数测量值/m	位移数据来源	a	b	a+b	a+b+c
	AD0	3.12	5.60	4.43	5
	MD0	4.15	−8.2	7.25	—
据 Wells 公式计算的参数估计值/m	AD1	3.40	2.90	6.48	9.09
	MD1	6.30	5.27	12.92	18.85
	SRL1	100	147	126	136
	SRL2	77	−119	110	—
	M_w1	7.42	7.37	7.66	8.02
	$M0$ (×10^{20} N·m)	2.62	4.03	6.91	10.80
	M_w2	7.55	7.68	7.83	7.96
误差	1	−0.28	2.7	−2.05	−4.09
	2	−2.15	2.93	−5.67	—
	3	40	−27	134	224
	4	63	1	150	—

注：位移数据来源 a 取自本书，b 取自 Elliott 等（2015），c 参考 Washburn 等（2001）。AD 表示平均水平位移（m）；MD 表示最大水平位移（m）；M_w 表示地震矩震级；SRL 表示地表破裂长度（km）。SRL0、AD0、MD0 表示参数的测量值，通过位移数据的概率密度函数求得。AD1、MD1、SRL1、SRL2、M_w 表示参数的估计值，分别根据 Wells 地震经验公式计算所得；误差 1、2、3、4 表示测量值 AD0、MD0、SRL0 与相应的估计值 AD1、MD1、SRL1、SRL2 的差

从表 6.2 可以看出，方案一的位移误差和破裂长度误差最小，还有重要的一点是此段有着保留完好的地震鼓包、裂槽和断错冲沟，由此推断索尔库里段中最近一次地震事件在索尔库里谷地发生了单独破裂，其地表破裂长度～140 km，地表平均位移为 3.12 m。方案二和方案三的位移误差大于 2 m，方案二的地表破裂长度是最小的，这说明发生在库什哈谷地中的安南坝段最近一次古地震破裂范围介于这两个方案之间，即其不仅破裂了库什哈谷地，而且索尔库里段也部分发生了破裂，其地表平均位移约为 5 m。对于方案四，其破裂长度误差最大，同时阶区和平顶山弯曲构造增大了断层几何的复杂性，因此推断其可能性较低。

3. 阿尔金中段古地震时间及断层破裂模式

1）古地震时间

为了确定古地震时间，本小节总结整理了研究区所有的古地震探槽数据，从而揭示出完整的古地震事件序列（图 6.28），探槽的具体位置如图 6.27（a）所示。1 处探槽在平顶山段，

揭示的最近两次古地震事件分别发生在 1215A.D.～1750A.D.和 200B.C.～1050A.D.（A.D.表示公元纪年）。2、3 以及 4 探槽在索尔库里段，2 探槽揭示的最近两次古地震事件分别发生在 1270A.D.～1430A.D.和 1000B.C～400B.C（Washburn et al.，2001）。3 探槽揭示的最近两次地震事件分别发生在 1456A.D.～1775A.D.和 60A.D.～717A.D.（Washburn et al.，2003）。4 探槽揭示的最近 3 次古地震事件分别发生在 1491A.D.～1742A.D.、676A.D.～927A.D.和 731B.C.～583B.C.（Yuan et al.，2018）。5 探槽在安南坝段，揭示的最近两次古地震事件时间为 977A.D.～1137A.D.和 253B.C.～53B.C.（国家地震局阿尔金活动断裂带课题组，1992）。

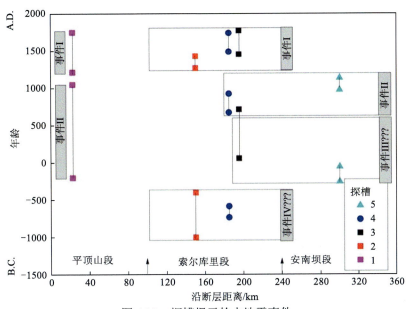

图 6.28　探槽揭示的古地震事件

???表示不确定

　　将以上探槽揭示的古地震时间序列沿断层绘制成图 6.28，综合推断 2、3、4 探槽揭示出索尔库里谷地的古地震事件 I 发生在 1270A.D.～1775A.D.，4 和 5 探槽揭示的古地震事件 II 发生在 676A.D.～1137A.D.，3 和 5 探槽揭示的古地震事件 III 发生在 253B.C.～676A.D.，2 和 4 探槽揭示的古地震事件 IV 发生在 1000B.C.～400B.C.（B.C.表示公元前）。虽然 2 和 3 探槽紧邻，但 2 探槽没有记录到事件 II 和 III，也正是由此 Washburn 等（2003）提出了破裂长度～50 km 的多次地震破裂模式，用于解释古地震探槽相互之间缺失地震事件的现象。而本小节认为早期开挖探槽的解译、测年技术可能导致了时间的偏差，而 Yuan 等（2018）的新成果应更可靠，他开挖的探槽 4 在探槽 2 和 3 之间，但揭示出地震事件 I 和 II，虽然还不能完全排地震缺失的现象，但部分否定了短破裂长度的多次地震破裂模式。

　　综合以上结果，本小节推断 2、3、4 探槽揭示的古地震事件 I（1270A.D.～1775A.D.）指向索尔库里谷地的最近一次地震事件，即本小节推断的方案一。此外，库什哈谷地中的探槽揭示出最近一次古地震事件（977A.D.～1137A.D.）（国家地震局阿尔金活动断裂带课题组，1992），它与探槽 4 揭示的地震事件（676A.D.～927A.D.）可能是同一次事件，指向古地震事件 II（676A.D.～1137A.D.），即本小节推断的介于方案二和方案三之间的古地震事件。探槽位置见图 6.27（a）。结合所有信息，推测索尔库里峡谷内的事件 I 发生在 1270A.D.～1775A.D.，在索尔库里和安南坝段的事件 II 发生在 676A.D.～1347A.D.。

2）断层破裂模式

前人针对研究区的断层提出了两种破裂模式，其中第一种短破裂长度的多次地震模式受到新探槽数据的质疑，假设地表破裂长度为 50 km，其由经验公式计算的地表平均水平位移是 1.17 m，而本小节的位移丛集数据没有显示这一位移峰值，因此短地表破裂长度的多次地震模式缺少直接的证据。第二种破裂模式认为平顶山-安南坝段在一次地震中发生了全部破裂，即方案四，而方案四的地表破裂长度误差最大，此外平顶山段早期探槽 1 揭示的古地震事件与 2、3、4 探槽的结果也没有很好的一致性，所以大地震全部破裂模式也缺少直接的证据。因此以上两种模式都没有很好解译地表位移数据和古地震事件序列。

本小节经过计算分析后确定了两次地震事件，根据其破裂参数提出一种新的断层破裂模式：索尔库里段和安南坝段断层为独立地表破裂单元，同时也具有连通破裂的能力，且单次地震地表破裂长度>100 km，在这一破裂模式中平顶山弯曲起到抑制地表破裂的作用（图 6.29）。这一破裂模式与断层活动演化有直接关系，库什哈谷地中古地震破裂带发育在谷地北界控制断层上，且该断层早期为张性运动，而索尔库里古地震破裂带的东段沿索尔库里压陷谷地北界控制断层分布，该断层早期为逆冲运动。现今，研究区断层发展成以走滑运动为主（国家地震局阿尔金活动断裂带课题组，1992）。在这一演化过程中，断层经历了破裂连通的过程（丁国瑜，1995），斜穿索尔库里谷地断层的发育就是其协调运动的结果。现今阿尔金断裂的左旋运动使平顶山双弯构造的角度增大，结果就是增大该弯曲的抑制作用，使索尔库里段和安南坝段断层成为稳定的独立破裂单元。

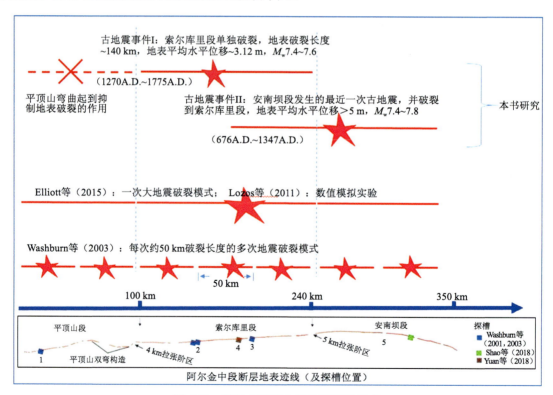

图 6.29　阿尔金断裂中段地震破裂模式

综合以上计算和分析结果：索尔库里谷地中最近一次古地震事件（1270A.D.～1775A.D.）发生在索尔库里谷地中，其地表破裂长度约为 140 km，地表平均水平位移约为 3.12 m，

$M_w7.4\sim7.6$；库什哈谷地中最近一次古地震（676A.D.～1347A.D.）发生在库什哈谷地中，并且破裂到了索尔库里段谷地，地表平均水平位移>5 m。这两次地震的破裂范围表明断层的现今破裂模式介于前人提出的两种模式之间，即平顶山弯曲构造的形成和发展使索尔库里段和安南坝段成为独立的地表破裂单元，平顶山段弯曲构造抑制了地表破裂西向传播。

参 考 文 献

毕丽思, 何宏林, 徐岳仁, 等, 2011. 基于高分辨率 DEM 的裂点序列提取和古地震序列的识别: 以霍山山前断裂为实验区. 地震地质, 33(4): 963-977.

丁国瑜, 1995. 阿尔金活断层的古地震与分段. 第四纪研究, 15(2): 97-106.

国家地震局阿尔金活动断裂带课题组, 1992. 阿尔金活动断裂带. 北京: 地震出版社.

韩娜娜, 2018. 基于高分辨率遥感数据的地震活动断层定量化研究. 青岛: 中国石油大学 (华东).

何宏林, 魏占玉, 毕丽思, 等, 2015. 利用基岩断层面形貌定量特征识别古地震: 以霍山山前断裂为例. 地震地质, 37(2): 400-412.

李峰, 徐锡伟, 陈桂华, 等, 2008. 高精度测量方法在汶川 M_S 8.0 地震地表破裂带考察中的应用. 地震地质, 30(4): 1065-1075.

李占飞, 刘静, 邵延秀, 等, 2016. 基于 LiDAR 的海原断裂松山段断错地貌分析与古地震探槽选址实例. 地质通报, 35(1): 104-116.

刘静, 陈涛, 张培震, 等, 2013. 机载激光雷达扫描揭示海原断裂带微地貌的精细结构. 科学通报, 58(1): 41-45.

马洪超, 姚春静, 张生德, 2008. 机载激光雷达在汶川地震应急响应中的若干关键问题探讨. 遥感学报, 12(6): 925-932.

孙家抦, 2003. 遥感原理与应用. 武汉: 武汉大学出版社.

谭锡斌, 徐锡伟, 于贵华, 等, 2015. 三维激光扫描技术在正断层型地表破裂调查中的应用: 以2008 M_S 7.3 于田地震为例. 震灾防御技术, 10(3): 491-500.

唐新明, 谢俊峰, 张过, 2012. 测绘卫星技术总体发展和现状. 航天返回与遥感, 33(3): 17-24.

杨景春, 李有利, 2011. 活动构造地貌学. 北京: 北京大学出版社.

杨景春, 李有利, 2012. 地貌学原理. 北京: 北京大学出版社.

尹光华, 蒋靖祥, 吴国栋, 2008. 2008 年 3 月 21 日于田 7.4 级地震的构造背景. 干旱区地理, 31(4): 543-549.

袁小祥, 王晓青, 窦爱霞, 等, 2012. 基于地面 LiDAR 玉树地震地表破裂的三维建模分析. 地震地质, 34(1): 39-46.

张培震, 李传友, 毛凤英, 2008. 河流阶地演化与走滑断裂滑动速率. 地震地质, 30(1): 43-57.

郑文俊, 雷启云, 杜鹏, 等, 2014. 激光雷达(LiDAR): 获取高精度古地震探槽信息的一种新技术. 地震地质, 37(1): 232-241.

Arrowsmith J R, Zielke O, 2009. Tectonic geomorphology of the San Andreas Fault zone from high resolution topography: An example from the Cholame segment. Geomorphology, 113(1): 70-81.

Bevis M, Hudnut K, Sanchez R, et al., 2005. The B4 project: Scanning the San Andreas and San Jacinto fault zones. San Francisco: EOS Trans AGU, Fall Meet.

Chen T, Zhang P Z, Liu J, et al., 2014. Quantitative study of tectonic geomorphology along Haiyuan fault based on airborne LiDAR. Chinese science bulletin, 59(20): 2396-2409.

Chinnery M A, 1969. Earthquake magnitude and source parameters. Bulletin of the Seismological Society of America, 59(5): 1969-1982.

Clark M M, 1972. The Borrego Mountain earthquake of April 9, 1968. US Geological Survey Professional Paper, 787: 55-86.

Cowgill E, 2007. Impact of riser reconstructions on estimation of secular variation in rates of strike-slip faulting: Revisiting the Cherchen River site along the Altyn Tagh Fault, NW China. Earth and Planetary Science Letters, 254(3): 239-255.

Cowgill E, Gold R D, Chen X H, et al., 2009. Low quaternary slip rate reconciles geodetic and geologic rates along the Altyn Tagh fault, northwestern Tibet. Geology, 37(7): 647-650.

de Lussy F, Gigord P, Airault S, 2006. The Pléiades-HR mosaic system product. Revue Francaise de Photogrammetrie et de Teledetection, 184: 70-75.

Elliott A J, 2014. Control of rupture behavior by a restraining double-bend from slip rates on the Altyn Tagh Fault. California: University of California.

Elliott A J, Oskin M E, Liu-Zeng J, et al., 2015. Rupture termination at restraining bends: The last great earthquake on the Altyn Tagh Fault. Geophysical Research Letters, 42(7): 2164-2170.

Elliott J R, Walters R J, England P C, et al., 2010. Extension on the Tibetan plateau: Recent normal faulting measured by InSAR and body wave seismology. Geophysical Journal International, 183(2): 503-535.

Fraser C S, Hanley H B, 2005. Bias-compensated RPCs for sensor orientation of high-resolution satellite imagery. Photogrammetric Engineering & Remote Sensing, 71(8): 909-915.

Haddad D E, Akçiz S O, Arrowsmith J R, et al., 2012. Applications of airborne and terrestrial laser scanning to paleoseismology. Geosphere, 8(4): 771-786.

Haugerud R A, Harding D J, Johnson S Y, et al., 2003. High-resolution lidar topography of the Puget Lowland, Washington. GSA Today, 13(6): 4-10.

Jackson J A, 1997. Glossary of geology. 4th ed. Alexandria: American Geological Institute.

Klinger Y, Etchebes M, Tapponnier P, et al., 2011. Characteristic slip for five great earthquakes along the Fuyun fault in China. Nature Geoscience, 4(6): 389-392.

Li T, Chen Z, Chen J, et al., 2019. Along-strike and downdip segmentation of the Pamir frontal thrust and its association with the 1985 M_w 6.9 Wuqia earthquake. Journal of Geophysical Research: Solid Earth, 124: 9890-9919.

Lin A, Guo J, Fu B, 2004. Co-seismic mole track structures produced by the 2001 M_s 8.1 Central Kunlun earthquake, China. Journal of Structural Geology, 26(8): 1511-1519.

Lin Z, Kaneda H, Mukoyama S, et al., 2013. Detection of subtle tectonic-geomorphic features in densely forested mountains by very high-resolution airborne LiDAR survey. Geomorphology, 182: 104-115.

Lozos J C, Oglesby D D, Duan B, et al., 2011. The effects of double fault bends on rupture propagation: A geometrical parameter study. Bulletin of the Seismological Society of America, 101(1): 385-398.

Oh J, Lee C, 2015. Automated bias-compensation of rational polynomial coefficients of high resolution satellite imagery based on topographic maps. ISPRS Journal of Photogrammetry and Remote Sensing, 100: 14-22.

Oskin M E, Arrowsmith J R, Corona A H, et al., 2012. Near-field deformation from the El Mayor-Cucapah earthquake revealed by differential LiDAR. Science, 335(6069): 702-705.

Ren Z, Zhang Z, Chen T, et al., 2016. Clustering of offsets on the Haiyuan fault and their relationship to paleoearthquakes. Geological Society of America Bulletin, 128(1/2): 3-18.

Song X G, Nana H, Xin J S, et al., 2019. Three-dimensional fault geometry and kinematics of the 2008 M_w 7.1 Yutian earthquake revealed by very-high resolution satellite stereo imagery. Remote Sensing of Environment, 232: 111300.

Tocher D, 1958. Earthquake energy and ground breakage. Bulletin of the Seismological Society of America, 48(2): 147-153.

Washburn Z, Arrowsmith J R, Dupont-Nivet G, et al., 2003. Paleoseismology of the Xorxol segment of the central Altyn Tagh fault, Xinjiang, China. Annals of Geophysics, 46: 1015-1034.

Washburn Z, Arrowsmith J R, Forman S L, et al., 2001. Late Holocene earthquake history of the central Altyn Tagh fault, China. Geology, 29(11): 1051-1054.

Wells D L, Coppersmith K J, 1994. New empirical relationships among magnitude, rupture length, rupture width, rupture area, and surface displacement. Bulletin of the seismological Society of America, 84(4): 974-1002.

Wesnousky S G, 2008. Displacement and geometrical characteristics of earthquake surface ruptures: Issues and implications for seismic-hazard analysis and the process of earthquake rupture. Bulletin of the Seismological Society of America, 98(4): 1609-1632.

Xu J, Liu-zeng J, Yuan Z, et al., 2022. Airborne LiDAR-based mapping of surface ruptures and coseismic slip of the 1955 Zheduotang earthquake on the Xianshuihe fault, east Tibet. Bulletin of the Seismological Society of America, 112(6): 3102-3120.

Xu X, Tan X, Yu G, et al., 2013. Normal-and oblique-slip of the 2008 Yutian earthquake: Evidence for eastward block motion, northern Tibetan Plateau. Tectonophysics, 584: 152-165.

Yuan Z, Liu Z J, Wang W, et al., 2018. A 6000-year-long paleoseismologic record of earthquakes along the Xorkoli Section of the Altyn Tagh Fault, China. Earth and Planetary Science Letters, 497: 193-203.

Zhou Y, Parsons B, Elliott J R, et al., 2015. Assessing the ability of Pléiades stereo imagery to determine height changes in earthquakes: A case study for the El Mayor-Cucapah epicentral area. Journal of Geophysical Research: Solid Earth, 120(12): 8793-8808.

Zhou Y, Walker R T, Elliott J R, et al., 2016. Mapping 3D fault geometry in earthquakes using high-resolution topography: Examples from the 2010 El Mayor-Cucapah(Mexico) and 2013 balochistan (Pakistan) earthquakes. Geophysical Research Letters, 43(7): 3134-3142.

Zielke O, Arrowsmith J R, Ludwig L G, et al., 2010. Slip in the 1857 and earlier large earthquakes along the Carrizo Plain, San Andreas Fault. Science, 327(5969): 1119-1122.

Zielke O, Arrowsmith J R, Ludwig L G, et al., 2012a. High-Resolution topography-derived offsets along the 1857 fort tejon earthquake rupture trace, San Andreas Fault. Bulletin of the Seismological Society of America, 102(3): 1135-1154.

Zielke O, Arrowsmith J R, 2012b. LaDiCaoz and LiDARimager: MATLAB GUIs for LiDAR data handling and lateral displacement measurement. Geosphere, 8(1): 206-221.

第 7 章

基于高频 GNSS 的地震预警及典型案例

随着高频 GNSS 地震学与地震观测手段的发展和进步，人们开始探究震时断层近场瞬时运动过程（单新建 等，2019；Allen et al.，2009）。可靠的地表运动位移时间序列在地震预警、灾情评估和灾后救援等方面具有重要的应用潜力。本章着重介绍高频 GNSS 地震预警方法，并结合 2008 年汶川 M_w 7.9 地震、2021 年玛多 M_w 7.3 地震实测高频 GNSS 数据对该方法进行测试与验证，以期在未来强震时利用震中周边的高频 GNSS 数据能够快速获取强震震源参数及破裂过程，进而为区域强震预警等提供依据。

7.1 高频 GNSS 地震预警方法

7.1.1 震源参数估计算法

1. 震中位置快速估计算法

震源位置是指地震破裂起始点的位置，其在地面上的投影称为震中位置。震中信息有利于搜索发震断层位置，最终反演断层破裂过程。因此地震发生之后，快速准确的震中信息可以为地震预警系统、地震灾情分析评估和震后救援工作提供重要帮助。理论上利用台站的三维坐标和地震波初至时刻可以反演震源三维坐标。相比于传统地震仪观测数据，GNSS 位移波形采样率低、灵敏度较差，因此直接利用现有的传统地震学方法在计算震中位置时可能会有一定的局限性。通常使用的方法有 Geiger 线性定位法和网格搜索法两种。

1）Geiger 线性定位法

Geiger（1912）提出了一种经典的线性定位法，基本思想是地震波到达各个台站的实际到时与理论到时残差平方和最小。在此基础上，假设地震波沿各个方向的传播速度 v 相等，则根据地震波到达各个观测台站的时间差得到的观测方程为

$$\begin{cases} D_2 - D_1 - v(t_2 - t_1) = 0 \\ D_3 - D_1 - v(t_3 - t_1) = 0 \\ \quad\vdots \\ D_n - D_1 - v(t_n - t_1) = 0 \end{cases} \tag{7.1}$$

式中：D_i 为第 i 测站的震中距；t_i 为第 i 测站的地震波初至时刻，$i(i = 1, 2, \cdots, n)$ 为测站个数。

对观测方程线性化，依据最小二乘原理迭代计算即可得到震中坐标（B，L）和地震波速度

v。震中位置的初值坐标可以设为任意值，与真实坐标越近收敛速度越快。GNSS 台站观测到的地震波信号主要是 S 波，波速一般为 3～4 km/s，因此将地震波速初值设为 4 km/s。地震的发震时刻 T_0 可根据震中坐标、测站坐标和地震波速度 v 计算得到，并对多个测站结果取平均削弱粗差影响，公式为

$$T_0 = \frac{\sum_{i=1}^{n}\left(t_i - \dfrac{D_i}{v}\right)}{n} \tag{7.2}$$

式中：D_i 为第 i 测站的震中距；t_i 为第 i 测站的地震波初至时刻；v 为地震波速度。

2）网格搜索法

当 4 个或更多 GNSS 台站获得地震波，可结合地震波到时和台站坐标，使用网格搜索法获取震中位置。解算震中位置之前，先在国际地球参考框架（international terrestrial reference frame，ITRF）下建立一定范围的搜索区域，按照一定的分辨率对所选区域划分网格。一旦 4 个台站探测到地震波，将网格点作为震中位置的候选点，计算 GNSS 站点到各个网格点的到时残差绝对值和，函数可表示为

$$r_{\min} = \min\left[\sum_{i=1}^{3}\sum_{j=2}^{4}\left|\frac{d_j - d_i}{v} - (t_j - t_i)\right|\right] \tag{7.3}$$

式中：d 为 GNSS 台站到格网点的距离；v 为地震波速度；t 为地震波到时。

上述函数最小时对应的网格点即为震中位置。

2. 震级快速估计算法

震级是地震的基本参数之一，目前最基本的震级标度有 4 种：地方性震级（M_L）、体波震级（M_B）、面波震级（M_s）、矩震级（M_w）。M_L 也称作为里氏震级，是 Richter（1935）在通过测量 Wood-Anderson 地震仪记录的最大振幅来确定的，并不常用。M_B、M_s 是 Gutenberg（1945a，1945b）提出利用 P 波、面波来确定震级的方法，两者均适合表示远震的大小，也被称为远震震级。M_w 是通过计算地震矩测定地震震级，与地震震源的物理过程直接相关，为当今国际地震学界推荐优先使用的震级标度（Hanks and kanamori，1979）。

利用 GNSS 数据来获取矩震级主要有以下两种方法。

第一种方法是从震源物理过程出发，利用 GNSS 数据获取的同震位移反演得到发震断层滑动分布结果，根据滑动量计算出地震矩 M_0，计算公式为

$$M_0 = \mu L W \overline{m} \tag{7.4}$$

式中：L、W 分别为有限断层长度、宽度；μ 为介质的刚性系数，通常取 30 GPa；$\overline{m}$ 为平均滑动量。

根据 M_0 与 M_w 之间的关系式（Hanks and Kanamori，1979）计算出 M_w：

$$M_w = \frac{2}{3}\lg M_0 - 6.033 \tag{7.5}$$

该方法也是基于高频 GNSS 的强震震源参数快速获取时的主要方法。

第二种方法称为经验关系法，是利用 GNSS 获取的实时位移、速度波形数据，结合波形中某个震相幅度与震级之间的经验关系来获取地震震级。

（1）P_d 经验公式。Crowell 等（2013）利用美国、日本地区的 5 个地震事件（M_w 5.3～9.0）

的强震仪数据和高频 GNSS 数据，通过获取 P 波到时后 5 s 内的水平向最大峰值位移 P_d，构建了 P_d 与 M_w 之间的经验公式：

$$\lg P_d = A + B \times M_w + C \times \lg R \tag{7.6}$$

$$M_w = \frac{\lg P_d - C \times \lg R - A}{B} \tag{7.7}$$

式中：R 为震中距；A、B、C 为回归系数，$A = -0.893$、$B = 0.526$、$C = -1.731$，计算得到的震级不确定度为 ± 0.383。

（2）PGD 经验公式。根据所获得的 GNSS 测站动态位移三分量结果即可提取出该测站的 PGD 值，其计算公式为

$$PGD = \max\left(\sqrt{N_d{}^2(t) + E_d{}^2(t) + U_d{}^2(t)}\right) \tag{7.8}$$

式中：$N_d(t)$、$E_d(t)$、$U_d(t)$ 分别为北、东、高三方向的位移分量。

Crowell 等（2013）首次利用 5 次发生在美国加利福尼亚州、日本周边的 M_w 5.3～9.0 地震实测大地测量数据（GNSS 与强震台站并址），总结归纳出了 PGD 与 M_w 之间的回归模型，其表达式为

$$\lg PGD = A + B \times M_w + C \times M_w \times \lg R \tag{7.9}$$

$$M_w = \frac{\lg PGD - A}{B + C \times \lg R} \tag{7.10}$$

式中：A、B、C 为回归系数；M_w 为地震震级；R 为震中距。

通过该回归公式，在地震断层破裂完成之前，能够合理、有效地估计出 M_w。Melgar 等（2015）、Crowell 等（2016，2013）、Ruhl 等（2019）基于更多的实测震例数据对其回归系数进行逐渐更新与完善，所得到的系数如表 7.1 所示。

表 7.1　PGD 震级估计系数

序号	A	B	C	来源	备注
1	−5.013	1.219	−0.178	Crowell 等（2013）	PGD 单位为 cm
2	−4.434	1.047	−0.138	Melgar 等（2015）	PGD 单位为 cm
3	−6.687	1.500	−0.214	Crowell 等（2016）	PGD 单位为 cm
4	−5.919	1.009	−0.145	Ruhl 等（2019）	PGD 单位为 m

（3）PGV 经验公式。根据获得的 GNSS 测站动态速度三分量结果即可提取 PGV 值，计算公式为

$$PGV = \max\left(\sqrt{N_v{}^2(t) + E_v{}^2(t) + U_v{}^2(t)}\right) \tag{7.11}$$

式中：$N_v(t)$、$E_v(t)$、$U_v(t)$ 分别为北向、东向、垂向的速度分量。

Fang 等（2021）构建了 PGV 与 M_w 之间的回归模型，可用于计算得到 M_w：

$$\lg PGV = A + B \times M_w + C \times M_w \times \lg R \tag{7.12}$$

$$M_w = \frac{\lg PGV - A}{B + C \times \lg R} \tag{7.13}$$

式中：A、B、C 为回归系数。

Fang 等（2021）得到的回归系数分别为 $A = -5.025$、$B = 0.741$、$C = -0.111$，在该回归公式中，PGV 的单位为 m/s。

已有研究结果表明，使用相同的高频 GNSS 测站数据进行强震震级估计时，PGD、PGV 方法在时间上较 P_d 方法拥有更多的震源信息，能够得到更为准确的震级结果（宋闯 等，2017）。本节在进行强震震级估算时，使用的是 PGD、PGV 震级估计方法。

7.1.2　断层破裂过程准实时反演

1）发震断层模型的构建

考虑潜在的双边破裂及其不确定性（Shan et al.，2021；Colombelli et al.，2013），以地震学方法确定的震中位置为中心根据断层走向与倾向向两侧选取发震断层，发震断层的长度为 3 倍的震级-破裂长度经验计算结果（Wells and Coppersmith，1994）。参照青藏高原地区发生的历史地震情况，很少有地震的破裂深度能够大于 30 km，为了避免破裂范围超过模型几何范围，采用 30 km 深度作为有限断层模型的深度范围，并将得到的断层模型划分成一定规格的矩形位错单元。

2）位移时间序列平滑

地震波到达时刻高频单历元位移结果的跳跃性较大（李志才 等，2021），即可能存在高动态震荡解，为有效抑制 GNSS 位移时间序列中的高频动态振荡信号，避免反演时震级与滑动量被高估，选取 20 s 移动平滑窗口对位移时间序列进行平滑（Allen et al.，2009）。

3）断层滑动分布快速反演

针对平滑后的水平位移时间序列，当有三个测站水平位移同时超过 2 cm 时，开始滑动分布反演。每一个历元时刻均采用最速下降法（Wang et al.，2013，2011，2006）进行反演，根据残差值最小值判定出断层滑动分布反演的最优方案，并输出震级大小及断层滑动分布结果（Shan et al.，2021；尹昊 等，2018）。同时使用跟踪方差法（Melgar et al.，2012）确定每个高频 GNSS 测站的事件结束时刻，当所有高频 GNSS 测站检测到事件结束时，认为滑动分布反演的迭代已经达到收敛状态（Shan et al.，2021；尹昊 等，2018），输出最终反演得到的震级结果及滑动分布结果（Gao et al.，2022）。

7.2　2008 年汶川 M_w7.9 地震

2008 年汶川 M_w 7.9 地震发生于北京时间 2008 年 5 月 12 日 14 时 28 分 4 秒，震中位于四川省阿坝藏族羌族自治州汶川县映秀镇（31.0 ° N、103.4 ° E）。2008 年汶川 M_w 7.9 地震造成了近 300 km 长的地表破裂带（徐锡伟 等，2008），发震断裂位于松潘-甘孜地块与四川盆地所在的扬子地台的接合部位，既是青藏高原的东界，又是现今龙门山山前盆地的西界，属于松潘-甘孜褶皱带的前缘冲断带（李勇 等，2006；骆耀南 等，1998；许志琴，1992），是印度板块与欧亚板块碰撞及其向北推挤的作用下在青藏高原东缘的产物（张培震 等，2008）。2008 年汶川 M_w 7.9 地震发生后，关于此次地震的活动构造、震源参数获取、震源机制与同震地表破裂的相关研究一直在进行。

7.2.1 震中位置快速估计

2008 年汶川 M_w 7.9 地震震中周边有 7 个高频 GNSS 台站（图 7.1）观测到地震波信号。选用历元差分方法获取这些测站的三维速度和位移波形结果，PIXI 台站三维速度和位移序列如图 7.2 所示。同时为了验证历元差分算法的精度，使用 GAMIT/GLOBK 软件中的 TRACK 模块，以 LUZH 台站为参考站计算 PIXI 台站位移时间序列，并将两种结果作比较。结果表明，东西向均方根误差为 1.4 cm，南北向为 2.3 cm，垂向为 2.4 cm，利用历元差分方法获得的结果精度较高。

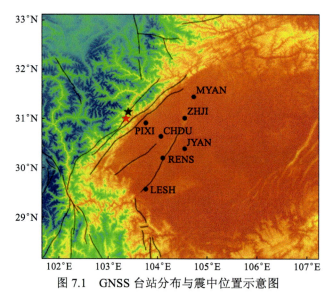

图 7.1　GNSS 台站分布与震中位置示意图

黑色圆点表示台站位置；红色星号表示测震学的震中位置；黑色星号表示 GNSS 数据给出的震中位置

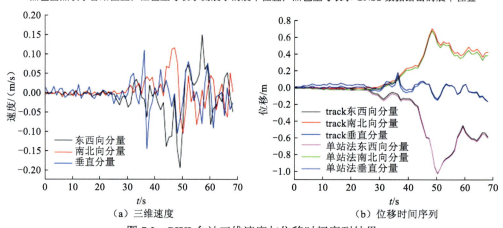

（a）三维速度　　　　　　　　　　　（b）位移时间序列

图 7.2　PIXI 台站三维速度与位移时间序列结果

采用 Geiger 线性定位法与网格搜索法得到的震中位置几乎一致，其中格网搜索法给出的震中坐标为 31.1576° N、103.4153° E，如图 7.1 所示，计算得到的发震时刻为 14 时 28 分 12.6 秒。而利用地震学方法给出的震中坐标为 31.021° N、103.375° E，发震时刻为 14 时 27 分 58.8 秒。可以看出，两者在震中位置上有约 15 km 的差别，在发震时刻上有近 13 s 的差别。以地震学获得的地震参数为基准，GNSS 得到的震源参数产生偏差的原因可能有：①地震波速度具有各向异性，导致同等距离下不同方向的台站地震波到时存在差异；②采用的是 1 Hz 的高频 GNSS 数据，最小时间单位为 s，而地震波波速一般为 3～4 km/s，因而波到时中包含的误差将会对震中位置产生影响；③地震仪具有较高的灵敏度，地震学方法给出的震中指向断层破裂的初始位置，称作仪器震中，而高频 GNSS 的观测噪声较大，对微弱地表形变不敏感，震中结果更加靠近能量释放的位置，称作宏观震中，两种震中信息并不是一致的。需要强调的是，在地震台网幅度饱和时，高频 GNSS 依旧能够很好地刻画震源参数，为震情研判、震后救灾等提供基础数据。

7.2.2 强震数据模拟 GNSS 数据特征

GNSS 连续站分布密度较低，难以满足地震近场位移准实时观测的需求，强震仪加速度记录可作为地表形变观测的重要补充手段。通常情况下，利用加速计获取阈值来确定基线漂移时间的算法容易实现；但是，实际的基线漂移并不一定伴随着强烈的地面震动，基于阈值法的计算方法可能导致评定结果高于或低于真实的基线漂移结果。而其他人工干预的校正方案过多依赖于主观的校正参数的选择。自动经验基线校正方案（Wang et al.，2011）能够有效地弥补上述存在的不足之处，其具体实现过程如图 7.3 所示。

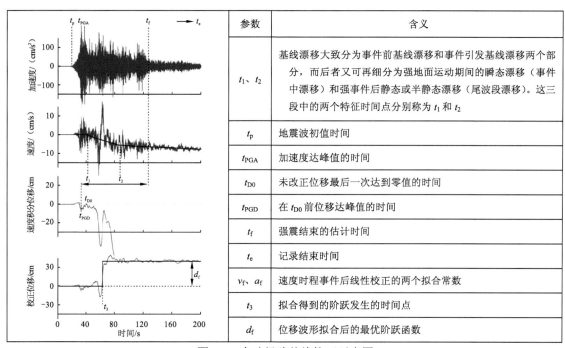

参数	含义
t_1、t_2	基线漂移大致分为事件前基线漂移和事件引发基线漂移两个部分，而后者又可再细分为强地面运动期间的瞬态漂移（事件中漂移）和强事件后静态或半静态漂移（尾波段漂移）。这三段中的两个特征时间点分别称为 t_1 和 t_2
t_p	地震波初值时间
t_{PGA}	加速度达峰值的时间
t_{D0}	未改正位移最后一次达到零值的时间
t_{PGD}	在 t_{D0} 前位移达峰值的时间
t_f	强震结束的估计时间
t_e	记录结束时间
v_f、a_f	速度时程事件后线性校正的两个拟合常数
t_3	拟合得到的阶跃发生的时间点
d_f	位移波形拟合后的最优阶跃函数

图 7.3　自动经验基线校正示意图

自动经验基线校正具体流程如下。

（1）利用阈值方法估计 t_p，利用 t_p 前 10～20 s 的时间窗口确定初始基线偏移，并将该偏移量从整个记录中将移除。

（2）确定 t_{PGA} 和 t_f，t_f 是加速度累积能量的阈值比率（如 90%）；如果有必要，从 t_e 时开始计算，即 $t_e \leqslant t_p + 4(t_f - t_p)$。

（3）将加速度积分得到速度和位移，从而确定 t_{D0} 和 t_{PGD}。

（4）确定一个 t_e 与 t_f 间位移记录的二次最优或三次最优方程，并利用最优方程的导数获取后改正参数 v_f 和 a_f。

（5）利用 t_2 和 t_1 来检查所有候选的基线改正，通过非线性回归得到阶跃函数 $\mathrm{d}fH(t-t_3)$，利用阶跃函数拟合改正的位移。

（6）选择 t_1 和 t_2 的最优值使改正后的位移与阶跃函数符合得最好，并做最后的基线改正。

（7）确定与最终改正后的位移符合最好的斜坡函数，并从斜坡函数的震后平台得到同震位移。

2008 年汶川 M_w 7.9 地震周边高频 GNSS 台站较稀疏，且地震期间部分台站数据出现中断，采用中国地震台网中心的强震记录模拟高频 GNSS 数据特征。强震记录和高频 GNSS 数据主要有两点不同：地震发生时，强震记录受到仪器倾斜、旋转等因素的影响，由积分得到的地表位移会出现基线偏移，而高频 GNSS 没有这种现象；强震记录一般为 200 Hz，高频 GNSS 为 1 Hz，采样率不同也会导致两种数据的峰值地面加速度（peak ground acceleration, PGA）、PGV 和 PGD 存在较大差异。因此，本小节采用强震数据基线自动校正的方式，对收集到的 40 个强震台站数据进行基线校正。

图 7.4 给出的是 2008 年汶川 M_w 7.9 地震期间 PIXI 台站的基线校正结果，可以看出，该方法可以很好地去除基线漂移，得到稳定可靠的位移时间序列；基线校正后得到的测站位移时间序列与并址高频 GNSS 台站给出的位移时间序列具有较好的一致性。对基于强震记录得到的位移进行重采样，将采样率降低为 1 Hz，再对时间求一次和二次导数分别得到速度和加速度数据，以此来模拟震时高频 GNSS 数据特征。采用强震仪数据得到的 2008 年汶川 M_w 7.9 地震同震形变场如图 7.4 所示，可以看出进行基线漂移校正后的强震动同震位移与 GNSS 同震位移具有较好的一致性。

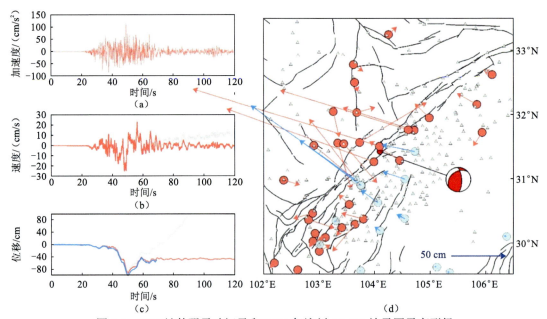

图 7.4　PIXI 站的强震动记录和 2008 年汶川 M_w 7.9 地震同震变形场

（a）为 PIXI 站的加速度，灰线表示原始观测值，浅红线表示校正基线误差后的加速度；（b）和（c）为通过积分得到的 PIXI 站的速度和位移，灰线表示原始观测结果，浅红线表示基线校正后的结果，淡蓝线表示高频 GNSS 记录的位移序列；（d）中浅红色和蓝色箭头表示来自强震动和 GNSS 数据的同震位移，浅蓝色圆圈为 GNSS 台站，浅红色圆圈表示强震动台站，灰色三角形表示 GNSS 流动站

7.2.3 断层破裂过程回溯性反演

就测站位移时间序列，采用移动平均窗口对位移数据作平滑，基于最速下降法和OKADA模型，对2008年汶川M_w7.9地震断层破裂过程的进行回溯性准实时反演，结果如表7.2、图7.5和图7.6所示。结果表明，2008年汶川M_w7.9地震主断层由西南向东北方向破裂，以14时28分4秒为基准，在震后20 s提供初始震级M_w7.0，震后70 s震级稳定在M_w7.8，但断层仍在破裂，在震后159 s根据位移波形判断事件基本结束，在震后179 s时输出最终震级（M_w7.8）。同时也能够看出在2008年汶川M_w7.9地震发生之后，主断层由西南向东北方向破裂，一共产生了4个明显的滑动集中区，与前人研究成果相符合。震后30 s时，形成了第一个滑动区，此后破裂继续向东北方向延伸；到震后60 s时，又出现了两个明显的滑动区，在震后80 s时，滑动量继续增加，特别是第三块集中区，滑动范围持续扩大，且出现了第四个滑动区；截止到跟踪方差方法提供终止时刻，即震后159 s得到的滑动分布结果与最终断层滑动分布基本相同。

表 7.2   2008 年汶川 M_w 7.9 地震震源破裂快速反演的震级随时间演变过程

项目	震后时间/s								最终结果
	20	30	40	60	70	80	159	179	
M_w	7.0	7.3	7.6	7.7	7.8	7.8	7.8	7.8	7.8
拟合度/%	83.61	88.3	95.98	97.66	97.27	96.12	93.79	93.85	93.83

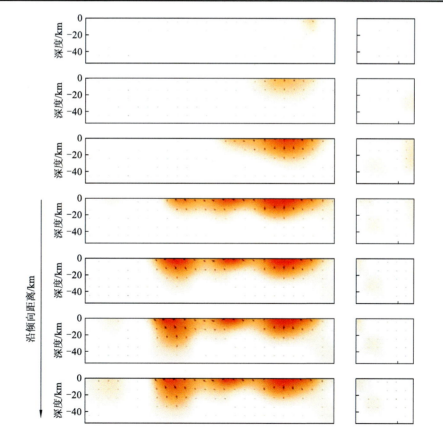

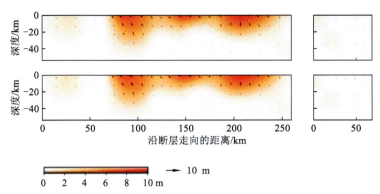

图 7.5　2008 年汶川 M_w 7.9 地震断层滑动分布随时间的变化

从上到下分别表示震后 20 s、30 s、40 s、60 s、70 s、80 s、159 s、179 s 及最终的断层滑动分布

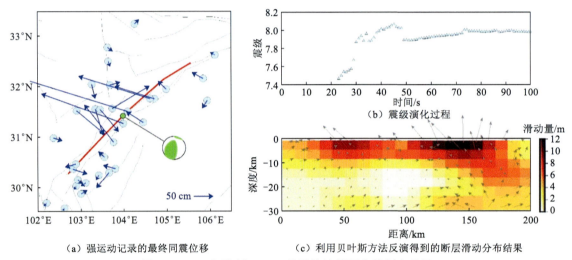

（a）强运动记录的最终同震位移　　　（c）利用贝叶斯方法反演得到的断层滑动分布结果

图 7.6　2008 年汶川 M_w 7.9 地震快速震源参数判定结果

绿色圆圈表示 2008 年汶川 M_w 7.9 地震震中位置；红色线表示对应的发震断层

因此，2008 年汶川 M_w 7.9 地震发生后，将地表位移数据引入地震预警系统，就可以快速准确地获取地震矩震级、断层破裂方向和灾情分布特征，这对应急避险和灾后救援具有重要的意义。

7.3　2021 年玛多 M_w7.3 地震

基于高频 GNSS 的强震震级估计、滑动分布快速反演算法尚未得到充分的测试与验证。发生于青藏高原内部的 2021 年玛多 M_w 7.3 地震周边较密集分布的高频 GNSS 测站成功记录到此次地震引起的位移与速度波形信息，本节选取这个地震实例对基于高频 GNSS 的强震震级估计、滑动分布快速反演算法进行测试。

7.3.1　位移/速度波形结果

本小节收集 2021 年 M_w 7.3 级玛多地震期间震中附近 550 km 范围内的 55 个 GNSS 台站

原始观测数据，台站分布如图 7.7 所示。其中，14 个 GNSS 台站源自中国地壳运动观测网，41 个 GNSS 台站源自青海省北斗高精度基准服务平台。所有测站均使用天宝 NetR8 与 NetR9 接收机，配备相应的类型可以有效地抑制多路径误差影响的天宝大地测量天线扼流圈。首先对所有观测数据进行质量评估，剔除观测时段缺失或观测记录缺失的数据（如 MADU 测站在震后 20 s 范围内，接收机记录到的 GNSS 卫星仅 2 颗，无法获取坐标时间序列结果）。

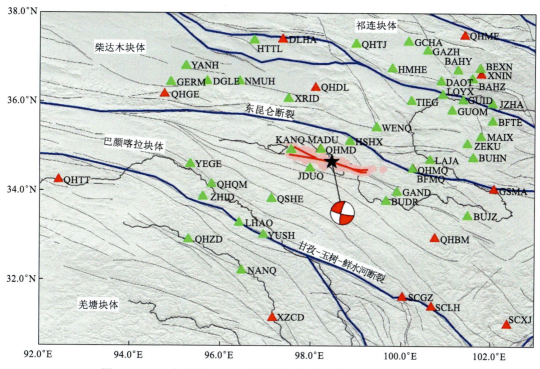

图 7.7　2021 年玛多 M_w 7.3 地震构造背景及高频 GNSS 台站分布

黑色五角星表示 2021 年玛多 M_w 7.3 地震震中位置；红色沙滩球表示 USGS 给定的 2021 年玛多 M_w 7.3 地震震源机制；绿色和红色三角形分别表示青海省北斗高精度基准服务平台和中国地壳运动观测网的高频 GNSS 测站；粉红色点表示精定位后的余震分布结果（Wang et al.，2021）；红色线表示 2021 年玛多 M_w 7.3 地震产生的地表破裂迹线（Wang et al.，2021）；蓝色线和黑色线分别表示块体边界线和区域活动断裂

选取相对定位方法对所有高频 GNSS 数据进行处理，得到位移时间序列结果；选取变异测量方法（variometric approach）（Crowell，2021；Colosimo et al.，2011），结合广播星历数据对所有高频 GNSS 测站数据进行处理，得到速度时间序列结果。部分测站位移/速度波形结果如图 7.8 所示。

由图 7.8 可以看出，在地震发生前以及地震波到达之前，所有台站在东西向、南北向的位移、速度波形近平直；地震波到达之后各个台站相继记录到位移、速度波形变化情况，距离断层破裂位置最近的 GNSS 台站记录了最大的位移、速度波形幅度（如 QHMD 站），其变化幅度随震源距的增大而呈现逐渐衰减的趋势。可能受 GNSS 垂向定位精度的影响，在地震波到达之前，各 GNSS 台站的位移、速度波形具有一定的变化幅度；在地震波到达台站之后，变化幅度均有明显增强，且随震中距的增加而呈现逐渐衰减的趋势。然而，有一些台站（如 QHMQ 站和 GSMA 站）可能受破裂断层和场地效应的影响，它们的位移、速度波形变化幅度不会随着震中距增大而减小。这些高精度的 GNSS 位移、速度波形结果可为准确震级估计、破裂过程反演奠定良好的基础。

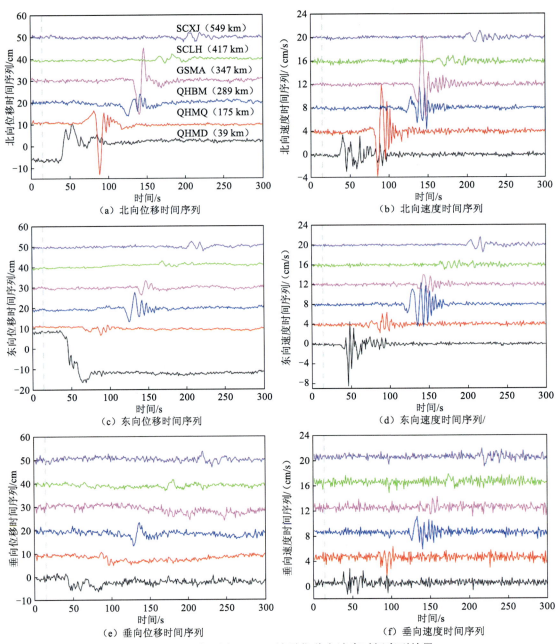

图 7.8　2021 年玛多 M_w 7.3 地震位移和速度时间序列结果

灰色虚线表示地震发生时刻 2021 年 5 月 21 日 18:04:13（UTC）

7.3.2　震级快速估计

结合获得的地震位移和速度波形结果提取各个测站对应的 PGD、PGV，其与震中距之间的对数关系如图 7.9 所示。可以看出，PGD、PGV 散点分布于 M_w 7.3 地震 PGD/PGV 与震中距之间的理论关系曲线（Fang et al.，2021；Ruhl et al.，2019）附近，PGD、PGV 与震源中的对数值具有显著的线性关系，其线性趋势也体现了此次地震震级的大小，而且可以看出 PGD 和 PGV 值随着震中距的增加而减小。

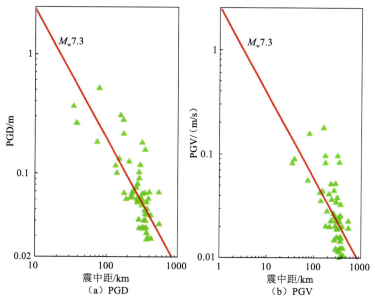

图 7.9　2021 年玛多 M_w 7.3 地震 PGD、PGV 与震中距的对数关系图

红色线表示 Ruhl 等（2019）、Fang 等（2021）得到的 PGD、PGV 震级估计模型预测结果

选取 Ruhl 等（2019）得到的 PGD 震级估计回归模型（$A=-5.919$、$B=1.009$、$C=-0.145$）进行 2021 年玛多 M_w 7.3 地震震级估计。绘制 2021 年玛多 M_w 7.3 地震周边各高频 GNSS 台站 PGD 震级随时间演化图像（图 7.10）。可以看出，所有台站 PGD 震级收敛过程均呈阶梯形变化；随着震中距的不断增加，PGD 震级的收敛时间也随之不断延长。通过这些高频 GNSS 台站得到的 PGD 震级的最大值和最小值分别为 M_w 8.0 和 M_w 6.8。不同的高频 GNSS 台站得到的 PGD 震级幅度变化很大，这可能与台站场地效应或辐射模式有关。根据单新建等（2019）研究结果，由于单个高频 GNSS 台站计算结果容易受到场地效应等因素的影响，对多个 GNSS 台站结果取平均即可得到更可靠的强震震级估计结果。对所有高频 GNSS 台站对应的震级结果进行平均，最终得到收敛后的平均震级估计值为 M_w 7.25，略小于 USGS 报告的震级（M_w 7.3），进一步表明利用高频 GNSS 数据进行 PGD 震级估计是合理的、可靠的。

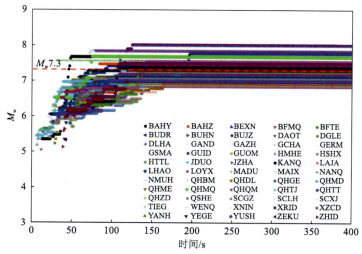

图 7.10　2021 年玛多 M_w 7.3 地震高频 GNSS 台站 PGD 震级收敛过程

红色虚线表示 USGS 报告的 2021 年玛多 M_w7.3 地震的震级

同时，选取 Fang 等（2021）得到的 PGV 震级估计回归模型（$A=-5.025$、$B=0.741$、$C=-0.111$）进行震级估计，绘制震级随时间收敛过程（图 7.11）。可以看出，所有台站 PGV 震级收敛过程均呈阶梯形变化；随着震中距的不断增加，PGV 震级的收敛时间也随之不断延长。通过这些高频（1 Hz）GNSS 台站得到的 PGV 震级与 PGD 震级略有不同，其具有更大的偏差结果。据此得到的最大值和最小值震级分别为 M_w 8.7 和 M_w 6.6。最终得到收敛后的平均震级估计值为 M_w 7.31，略大于 PGD 震级估计结果，但与 USGS 报告的震级（M_w 7.3）一致。

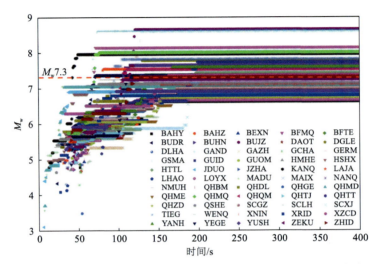

图 7.11　2021 年玛多 M_w 7.3 地震高频 GNSS 测站 PGV 震级收敛过程

红色虚线表示 USGS 报告的 2021 年玛多 M_w 7.3 地震的震级

上述结果表明，尽管不同高频 GNSS 台站进行的震级估计结果有所不同，但通过高频 GNSS 数据的 PGD 和 PGV 都可以获得与测震学方法一致的结果。

7.3.3　断层破裂过程回溯性反演

通过高频 GNSS 数据得到的 2021 年玛多 M_w 7.3 地震永久静态同震形变结果［图 7.12（a）］表明，断层以北的测站向西北向运动，而南部的测站向东南向运动，说明这次地震以走滑运动为主，与已公布的震源机制一致。可以看出，随着 GNSS 台站与震中之间距离的增加，水平同震位移呈现逐渐减小的趋势。在距震中约 35 km 的 JDUO 站观测到最大水平同震位移，为 28.6 cm；距震中约 39 km 和 175 km 的 QHMD 站和 QHMQ 站水平同震位移分别为 22.1 cm 和 2.2 cm。

2021 年玛多 M_w 7.3 地震断层破裂过程如图 7.12 所示，震级随时间演变过程如表 7.3 所示。2021 年玛多 M_w 7.3 地震主断层破裂呈现非对称性破裂，以发震时刻 18 时 4 分 13 秒为基准，震后 34 s（强震破裂尚未结束）就能够获取初始震级为 M_w 6.65，随后随着时间演变震级逐渐增大，震后 60 s 时震级达到 M_w 7.38，之后震级逐渐收敛，但断层仍在破裂；使用跟踪方差法判断出事件结束时刻，即震后 163 s 时滑动分布反演停止，滑动分布反演收敛，最终确定的震级为 M_w 7.40。

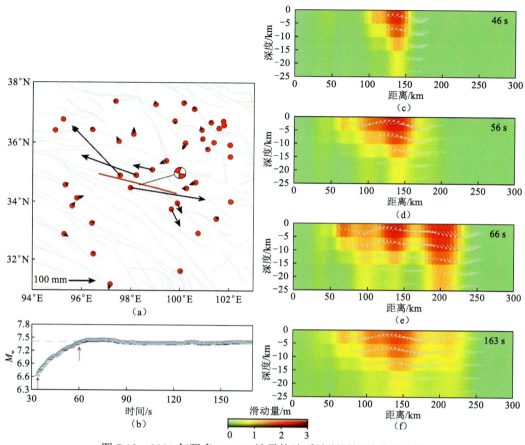

图 7.12　2021 年玛多 M_w 7.3 地震快速反演断层滑动分布结果

（a）为震中 400 km 范围内的高频 GNSS 台站永久静态同震变形结果，红点表示高频 GNSS 台站位置，红色线表示快速断层滑动
分布反演时所选取的源断层，红色震源机制解来自 USGS；（b）为反演震级演变过程，黑色箭头表示反演得到初始震级的时间，
红色箭头表示震级达到收敛时的时间；（c）～（e）为不同时刻断层滑动分布结果；（f）为最终的断层滑动分布结果

表 7.3　2021 年玛多 M_w 7.3 地震震源破裂快速反演的震级随时间演变过程

项目	震后时间/s							
	34	40	50	60	70	80	90	100
M_w	6.65	6.96	7.20	7.38	7.43	7.43	7.38	7.37
R /%	98.37	99.32	99.50	99.22	98.64	98.31	98.81	98.73

项目	震后时间/s							最终结果
	110	120	130	140	150	160	163	
M_w	7.37	7.37	7.39	7.39	7.39	7.40	7.40	7.40
R /%	99.28	98.92	98.96	98.69	98.51	98.38	98.49	99.03

注：OT 为地震发生时刻，即 18 时 4 分 13 秒（UTC）；R 为观测值与反演拟合结果之间的相关系数。

2021 年玛多 M_w 7.3 地震同震滑动分布结果表明此次地震为不对称双侧破裂，共有三处破裂凹凸体。震后约 46 s 出现第一个明显的滑移区[图 7.12（c）]。随后，破裂逐渐向震中以西扩展，在地震发生后约 56 s 触发了第二个明显的滑移区[图 7.12（d）]。第三个明显的滑移区在地震发生后约 66 s 出现，位于震中东侧[图 7.12（e）]。地震发生后 163 s，滑动分布反演停止。最终的滑动分布结果[图 7.12（f）]表明最大滑动量约为 2.05 m，地震矩为

$1.56×10^{20}$ N·m，相当于一个 M_w 7.4 地震事件。主要的滑动区位于 0～15 km 深度，且同震破裂到达地表，与 InSAR 反演结果（Chen et al.，2021；He et al.，2021；Jin and Fialko，2021；Zhao et al.，2021）一致。

为了测试基于高频 GNSS 快速反演滑动分布的可靠性，使用相对定位和 PPP 方法后处理得到的同震位移来反演同震滑动分布，结果如图 7.13（c）～（d）所示。可以看出后处理方法得到的滑动分布结果与快速滑动分布结果[图 7.12（f）、（b）]基本一致。后处理得到的最大滑动量约为 2.28 m（相对定位）[图 7.13（c）]和 2.40 m（PPP）[图 7.13（d）]。两种方式反演得到的地震矩均为 $1.56×10^{20}$ N·m，相当于一个 M_w 7.4 地震事件。这些结果也表明滑动分布具有三个明显的滑动凹凸体，并且破裂到达地表。

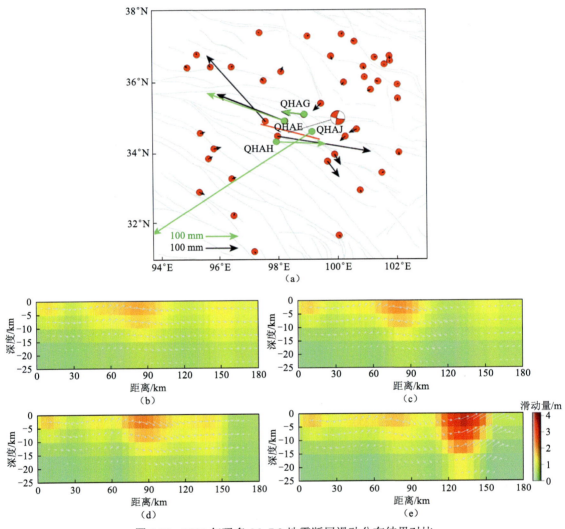

图 7.13 2021 年玛多 M_w 7.3 地震断层滑动分布结果对比

（a）为密集 GNSS 同震形变结果，绿色剪头数据源自李志才 等（2021）；（b）～（d）为相对定位快速、相对定位后处理、精密点定位后处理得到的断层滑动分布结果；（e）为增加了李志才 等（2021）的 4 个低频 GNSS 台站后反演得到的滑动分布结果

上述研究结果表明，利用高频 GNSS 数据反演的最大同震滑动量小于在事件发生后的几天内获取 InSAR 数据所约束的最大滑动量，分别约 4.2 m（He et al.，2022）、6 m（华俊 等，2021；Zhao et al.，2021）和 5 m（Chen et al.，2021；He et al.，2021）。造成这些差异的一个

原因可能是 InSAR 数据是在事件发生后几天获得的，并且 InSAR 数据约束的同震变形可能包含早期的震后变形，这可能会导致最大滑动量的高估。这些 InSAR 结果均是基于最可靠的同震滑动模型（Guo et al.，2022；Zhao et al.，2021）获得的，而快速反演结果基于最简单的滑动分布模型。另一个更合理的原因可能是发震断层附近过于稀疏且分布不均匀的高频 GNSS 台站。值得注意的是利用 InSAR 数据反演得到的最大滑动区位于震中东侧（Guo et al.，2022；He et al.，2022，2021；Chen et al.，2021；Jin and Fialko，2021；Zhao et al.，2021），这个区域恰好没有高频 GNSS 台站。幸运的是，一个低频（30 s）GNSS 台站（QHAJ）记录到了此次地震的同震变形（李志才 等，2021），其同震水平位移约为 58.6 cm［图 7.13（a）］。此外，近场的其他三个 GNSS 台站（QHAE 站、QHAG 站和 QHAH 站）［图 7.13（a）］也记录了此次地震的同震变形。将这些测站的同震形变结果增加到最终滑动分布反演过程中，可以发现得到的最大滑动增加至约 4.26 m［图 7.13（e）］，这与已有研究结果（约 4.2 m）（Chen et al.，2022；He et al.，2022）基本一致。利用更加密集的 GNSS 台站数据反演得到的地震矩为 1.62×10^{20} N·m，相当于一个 M_w 7.41 事件，与 InSAR 结果基本一致。

参 考 文 献

华俊, 赵德政, 单新建, 等, 2021. 2021 年青海玛多 M_w 7.3 地震 InSAR 的同震形变场、断层滑动分布及其对周边区域的应力扰动. 地震地质, 43(3): 677-691.

李勇, 周荣军, Densmore A L, 等, 2006. 青藏高原东缘龙门山晚新生代走滑-逆冲作用的地貌标志. 第四纪研究, 26(1): 40-51.

李志才, 丁开华, 张鹏, 等, 2021. GNSS 观测的 2021 年青海玛多地震(M_w 7.4)同震形变及其滑动分布. 武汉大学学报(信息科学版), 46(10): 1489-1497.

骆耀南, 俞如龙, 侯立玮, 等, 1998. 龙门山-锦屏山陆内造山带. 成都: 四川科学技术出版社.

单新建, 尹昊, 刘晓东, 等, 2019. 高频 GNSS 实时地震学与地震预警研究现状. 地球物理学报, 62(8): 3043-3052.

宋闯, 许才军, 温扬茂, 等, 2017. 利用高频 GPS 资料研究 2016 年新西兰凯库拉地震的地表形变及预警震级. 地球物理学报, 60(9): 3396-3405.

徐锡伟, 闻学泽, 叶建青, 等, 2008. 汶川 M_s 8.0 地震地表破裂带及其发震构造. 地震地质, 30(3): 597-629.

许志琴, 1992. 中国松潘-甘孜造山带的造山过程. 北京: 地质出版社.

尹昊, 单新建, 张迎峰, 等, 2018. 高频 GPS 和强震仪数据在汶川地震参数快速确定中的初步应用. 地球物理学报, 61(5): 1806-1816.

张培震, 徐锡伟, 闻学泽, 等, 2008. 2008 年汶川 8.0 级地震发震断裂的滑动速率、复发周期和构造成因. 地球物理学报, 51(4): 1066-1073.

Allen R M, Brown H, Hellweg M O, et al., 2009. Real-time earthquake detection and hazard assessment by ElarmS across California. Geophysical Research Letters, 36: L00B08.

Chen H, Qu C, Zhao D, et al., 2021. Rupture kinematics and coseismic slip model of the 2021 M_w 7.3 Maduo (China) earthquake: Implications for the seismic hazard of the Kunlun fault. Remote Sensing, 13: 3327.

Chen K, Avouac J P, Geng J, et al., 2022. The 2021 M_w 7.4 Madoi earthquake: An archetype bilateral slip-pulse rupture arrested at a splay fault. Geophysical Research Letters, 49: e2021GL095243.

Colombelli S, Allen R M, Zollo A, 2013. Application of real-time GPS to earthquake early warning in subduction and strike-slip environments. Journal of Geophysical Research: Solid Earth, 118(7): 3448-3461.

Colosimo G, Crespi M, Mazzoni A, 2011. Real-time GPS seismology with a stand-alone receiver: A preliminary feasibility demonstration. Journal of Geophysical Research: Solid Earth, 116: B11302.

Crowell B W, 2021. Near-field strong ground motions from GPS-Derived velocities for 2020 intermountain western United States earthquakes. Seismological Research Letters, 92(2A): 840-848.

Crowell B W, Bock Y, Melgar D, et al., 2013. Earthquake magnitude scaling using seismogeodetic data. Geophysical Research Letters, 40: 6089-6094.

Crowell B W, Schmidt D A, Bodin P, et al., 2016. Demonstration of the Cascadia G-FAST geodetic earthquake early warning system for the Nisqually, Washington, earthquake. Seismological Research Letters, 87(4): 930-943.

Fang R X, Zheng J W, Geng J H, et al., 2021. Earthquake magnitude scaling using peak ground velocity derived from high-rate GNSS observations. Seismological Research Letters, 92(1): 227-237.

Gao Z, Li Y, Shan X, et al., 2022. Testing a prototype earthquake early warning system: A retrospective study of the 2021 M_w 7.4 Maduo, XizanG, earthquake. Seismological Research Letters, 93(3): 1650-1659.

Geiger L, 1912. Probability method for the determination of earthquake epicenters from arrival time only. Bulletin Saint Louis University, 8:60-71.

Guo R, Yang H, Li Y, et al., 2022. Complex slip distribution of the 2021 M_w 7.4 Maduo, China, earthquake: An event occurring on the slowly slipping fault. Seismological Research Letters, 93(2A): 653-665.

Gutenberg B, 1945a. Amplitudes of P, PP and S and magnitude of shallow earthquakes. Bulletin of the Seismological Society of America, 35: 57-69.

Gutenberg B, 1945b. Amplitudes of surface waves and magnitudes of shallow earthquakes. Bulletin of the Seismological Society of America, 35: 3-12.

Hanks T C, Kanamori H, 1979. A moment magnitude scale. Journal of Geophysical Research, 84(B5): 2348-2350.

He K, Wen Y, Xu C, et al., 2022. Fault geometry and slip distribution of the 2021 M_w 7.4 Maduo, China, earthquake inferred from InSAR measurements and relocated aftershocks. Seismological Research Letters, 93(1): 8-20.

He L, Feng G, Wu X, et al., 2021. Coseismic and early postseismic slip models of the 2021 M_w 7.4 Maduo earthquake (western China) estimated by space-based geodetic data. Geophysical Research Letters, 48: e2021GL095860.

Jin Z, Fialko Y, 2021. Coseismic and early postseismic deformation due to the 2021 M7.4 Maduo (China) earthquake. Geophysical Research Letters, 48: e2021GL095213.

Melgar D, Bock Y, Crowell B W, 2012. Real-time centroid moment tensor determination for large earthquakes from local and regional displacement records. Geophysical Journal International, 188(2): 703-718.

Melgar D, Crowell B W, Geng J, et al., 2015. Earthquake magnitude calculation without saturation from the scaling of peak ground displacement. Geophysical Research Letters, 42: 5197-5205.

Richter C F, 1935. An instrumental earthquake magnitude scale. Bulletin of the Seismological Society of America, 25: 1-32.

Ruhl C J, Melgar D, Chung A I, et al., 2019. Quantifying the value of real-time geodetic constraints for earthquake early warning using a global seismic and geodetic data set. Journal of Geophysical Research: Solid Earth, 124: 3819-3837.

Shan X, Li Y, Wang Z, et al., 2021. GNSS for quasi-real-time earthquake source determination in eastern Tibet: A prototype system toward early warning applications. Seismological Research Letters, 92(5): 2988-2997.

Wang R, Diao F, Hoechner A, 2013. SDM-A geodetic inversion code incorporating with layered crust structure and curved fault geometry. Vienna: EGU General Assembly Conf.

Wang R, Lorenzo-martin F, Roth F, 2006. PSGRN/PSCMPL: A new code for calculating co- and post-seismic deformation, geoid and gravity changes based on the viscoelastic-gravitational dislocation theory. Computers Geosciences, 32(4): 527-541.

Wang R, Schurr B, Milkereit C, et al., 2011. An Improved automatic scheme for empirical baseline correction of digital strong-motion records. Bulletin of the Seismological Society of America, 101(5): 2029-2044.

Wang W, Fang L, Wu J, et al., 2021. Aftershock sequence relocation of the 2021 M_s 7.4 Maduo earthquake, Qinghai, China. Science China Earth Sciences, 51(7): 1193-1202.

Wells D L, Coppersmith K J, 1994. New empirical relationships among magnitude, rupture length, rupture width, rupture area, and surface displacement. Bulletin of the Seismological Society of America, 84(4): 974-1002.

Zhao D, Qu C, Chen H, et al., 2021. Tectonic and geometric control on fault kinematics of the 2021 M_w 7.3 Maduo (China) earthquake inferred from interseismic, coseismic, and postseismic InSAR observations. Geophysical Research Letters, 48: e2021GL095417.

结　语

地震大地测量学这一交叉学科，作为地震研究与监测的前沿领域，正经历着技术的飞速进步与理论的不断革新。在本书的撰写过程中，我们深入探讨了地震大地测量学的广泛应用和显著进展。从早期的基础理论到现代高科技的应用手段，地震大地测量学的发展历程体现了科学探索与技术进步的紧密结合。无论是在理解地震机制、评估地震风险，还是在设计防震减灾策略方面，地震大地测量学都发挥了至关重要的作用。

回顾本书内容，我们首先探讨了现代地震大地测量技术的进展，如 InSAR/GNSS 地壳形变监测技术、高频 GNSS 地震预警技术、高分辨率 DEM 断层形变提取技术、影像偏移技术和多源影像数据三维形变技术等。这些技术提升了我们对断层相关形变的观测精度，实现了对断层不同活动阶段（震间-同震-震后）的形变监测，进而促进了我们对地震机制的深入理解。

在此基础上，本书详细介绍了地震大地测量学在震间、同震和震后形变监测及其在运动学和动力学研究中的应用案例。这些案例不仅展示了地震大地测量学在地震事件分析和活断层研究中的关键作用，也揭示了我们在地震科学和防震减灾方面面临的共同挑战。通过分析不同地震事件和活动断裂带，我们显著深化了对地震运动学特征和动力学机制的理解。此外，我们进一步探讨了地震大地测量学在震后形变监测、基于高分辨率影像的活断层定量化研究以及高频 GNSS 在地震预警中的应用。具体而言，高分辨率影像帮助我们精确追踪同震地表破裂的细微变化，测定断层位移和形变模式，揭示地震的断层滑动特征。与此同时，高频 GNSS技术提高了地震预警的准确性和时效性，通过实时监测地壳变形数据，优化了应急响应。这些技术的应用不仅增强了我们对地震活动的监测能力，也为未来的地震风险评估提供了宝贵支持。

地震大地测量学的发展是跨学科合作的结晶，这一研究领域不仅需要地震学、地质学和测量学的紧密结合，还需要社会科学、工程学等领域的支持。展望未来，我们可以预见几个显著的发展趋势，这些趋势将深刻影响地震科学研究的方向，并提升我们应对地震风险的能力。

首先，高分辨率和高频次的数据采集将成为地震大地测量学的核心发展方向。随着卫星技术、无人机技术和地面传感器的不断进步，我们将能够以更高的精度和更短的时间间隔获取地壳变形和地震活动数据。例如，下一代卫星将提供更高分辨率的 SAR 影像，使地震前后的地壳变形能被实时捕捉。这种高频次的数据采集将极大地增强对地震活动的动态监测能力，帮助我们更好地理解地震前兆和地震发生的机制。

其次，大数据与人工智能技术的应用将在地震大地测量学中发挥越来越重要的作用。地震监测产生的数据量极其庞大，传统的数据处理和分析方法已难以应对这一挑战。人工智能和机器学习技术的引入，可以帮助我们从海量数据中提取出有效的模式和信息。例如，深度学习使地表变形的检测和分析变得更加精准和高效，深度学习模型能够帮助处理 InSAR 数据并抑制噪声，以及自动识别和分类地表变形模式，提升数据分析的精度和速度。

再次，多学科融合将推动地震大地测量学的进一步发展。地震研究本身是一个复杂的系统工程，涉及地质学、地球物理学、测量学、计算科学等多个领域。未来，跨学科的研究将成为推动地震大地测量学发展的重要力量。例如，将地震学与社会科学相结合，可以更好地理解地震对社会经济的影响，并制定出更为有效的灾害应对策略。跨学科的合作不仅能促进新理论和新技术的诞生，还能为应对复杂的地震灾害提供全面的解决方案。

最后，全球合作与数据共享将进一步增强地震大地测量学的研究能力。地震活动具有全球性，不同地区的研究成果可以为其他地区提供宝贵的参考。国家间的数据共享平台和合作项目，将使全球范围内的地震大地测量数据得以整合和利用。这种全球视野不仅能提升我们对地震活动的整体认识，还能促进不同国家和地区在地震预警和灾害管理方面的协同合作。

综上所述，地震大地测量学的未来充满了机遇与挑战。随着技术的不断进步和研究领域的不断拓展，这一学科将在地震科学研究中发挥更加重要的作用。最后，我们希望本书能为广大研究人员、工程师以及相关领域的从业者提供有价值的参考资料。地震大地测量学作为一门不断发展壮大的学科，仍有许多未知的领域等待我们去探索。通过共同努力，我们有望揭示更多地震现象的奥秘。